硒在大米中的组学解析及其功能调控

方勇 编著

化学工业出版社

·北京·

内容简介

《硒在大米中的组学解析及其功能调控》详细阐述了富硒大米含硒蛋白酶解物和含硒肽在免疫调节、抗氧化、神经保护等方面的功能活性及其调控机制，并对大米硒肽的功能活性保护方法加以总结，旨在帮助读者系统了解富硒大米及其有效成分的营养效应。本书将为富硒产品中含硒功能因子的挖掘与活性研究提供可靠的理论依据，进一步加快新型富硒食品的设计研发，大力推动基础研究成果逐步走向应用，满足广大居民的膳食需求，具有重要的科学价值和实际意义。

本书可供从事功能食品、生物技术、食品安全、食品营养等相关领域生产、科学研究、产品开发的工程师和技术人员阅读和参考。

图书在版编目（CIP）数据

硒在大米中的组学解析及其功能调控 / 方勇编著
. —北京：化学工业出版社，2023.1
ISBN 978-7-122-42934-6

Ⅰ. ①硒… Ⅱ. ①方… Ⅲ. ①硒-保健食品-研究
Ⅳ. ①TS218

中国国家版本馆 CIP 数据核字（2023）第 024644 号

责任编辑：李建丽　　装帧设计：韩　飞
责任校对：宋　夏

出版发行：化学工业出版社（北京市东城区青年湖南街 13 号　邮政编码 100011）
印　　装：大厂聚鑫印刷有限责任公司
710mm×1000mm　1/16　印张 13¾　字数 254 千字　2023 年 11 月北京第 1 版第 1 次印刷

购书咨询：010-64518888　　售后服务：010-64518899
网　　址：http://www.cip.com.cn
凡购买本书，如有缺损质量问题，本社销售中心负责调换。

定　　价：80.00 元

《硒在大米中的组学解析及其功能调控》

作者简介

编著者：方勇，教授/博士生导师，研究方向为硒的营养与功能、粮油安全控制技术与标准、谷物品质评价及其高值化利用。入选教育部“长江学者奖励计划”青年学者、“全国粮食行业青年拔尖人才”等多项国家或省级人才计划奖励。近年来，主持“十四五”国家重点研发计划项目，国家自然科学基金等国家和省部级项目 20 余项。以第一完成人获得教育部科技进步二等奖 2 项，获国家发明专利授权 22 件，发表论文 300 余篇。参与制定国家标准《发芽糙米》等 5 部。

参编：樊凤娇，讲师/硕士生导师，主要从事蛋白质、多肽功能性研究。入选江苏省“双创博士”。目前主持国家自然科学基金青年科学基金项目 1 项、江苏省高等学校自然科学研究面上项目 1 项。获国家发明专利授权 10 件，发表论文 50 余篇。参编英文著作 1 部。

前　言

硒（Se）是人体生长代谢必需的天然微量元素，对其开展研究至今已有200多年历史，已被证实在抗氧化、增强免疫力、抗病毒等多方面发挥着重要的生理学功能。近20年来，研究者经实践研究证实每日适量补硒能够预防多种疾病，科学补硒刻不容缓。水稻是我国最主要的粮食作物之一，其可作为硒的生物强化载体，为居民日常摄入硒提供有效的膳食途径。在当前健康精准营养调控的大背景下，食用以富硒大米为典型代表的天然富硒谷类食品日渐流行，富硒产品的功能挖掘和开发利用已成为功能食品创新和分子营养研究领域的前沿热点。

富硒大米的研究始于20世纪90年代，到2005年取得了阶段性进展。近二十年来，随着蛋白质组学、肽组学等技术的快速发展，富硒大米除其基础营养价值外的多种健康益处和研究潜质逐渐被发现，人们对富硒大米蛋白和富硒大米肽的合成、吸收和代谢机制以及生理活性的研究也逐步展开。

《硒在大米中的组学解析及其功能调控》是一本聚焦学科前沿的学术著作，聚焦于作者二十年来本、硕、博体系化的研究成果，以及本课题组成员近年来在富硒大米研究领域的科研成果，就富硒大米营养品质及其不同酶解产物的功能活性给读者以全面、科学的介绍。本书在介绍硒元素研究历史、营养价值与富硒产品开发现状的前提下，对水稻生物强化富硒技术及富硒大米中硒化合物的金属组学进行评价解析，对富硒大米含硒蛋白的提取鉴定及生物有效性进行充分评价。同时，本书详细阐述了富硒大米含硒蛋白酶解物和含硒肽在免疫调节、抗氧化、神经保护等方面的功能活性及其调控机制，并对大米硒肽的功能活性保护方法加以总结，旨在帮助读者系统了解富硒大米及其有效成分的营养效应。基于课题组成员前期实践的理论结晶，本书将为富硒产品中含硒功能因子的挖掘与活性研究提供可靠的理论依据，进一步加快新型富硒食品的设计研发，大力推动基础研究成果逐步走向应用，满足广大居民的膳食需求，具有重要的科学价值和实际意义。

本书可供从事功能食品、生物技术、食品安全、食品营养等相关领域生产、科学研究、产品开发的工程师和技术人员阅读和参考。

目　录

第 1 章　硒的营养与富硒产品

1.1　硒的概述

硒（Selenium，Se）是一种非金属元素，位于元素周期表第四周期第ⅥA 主族（第 34 号元素），原子量为 78.96。

1.1.1　硒的研究发展史

1817 年，瑞典化学家 Berzelius 从硫酸厂铅室中的红色废泥中发现一种微量元素，并将其命名为 Selenium（硒）。在之后的很长一段时间内人们都定义硒是与砷、汞性质相似的有毒物质。直到 1949 年，美国威斯康星大学 Clayton 等人首次报告饲料中添加一定量硒能够预防二甲基氨基苯对大鼠的致结肠癌作用，为硒与癌症的关系提供了依据。正式认识其生理作用是于 1957 年，美国科学家 Schwarz 首次发现含硒的第三因子参与机体的抗氧化保护作用。1973 年，Rotruck 等人研究并揭示硒是谷胱甘肽过氧化物酶（Glutathione peroxidase，GSH-Px）的重要组成部分。同年，世界卫生组织（WHO）宣布硒是人类和动物生命活动中不可缺少的微量元素之一。

中国对硒的营养研究始于 20 世纪 70 年代末至 80 年代初。1980 年，“硒与克山病”的研究成果荣获国际“施瓦茨”奖。我国科学家证实克山病、大骨节病与地方缺硒有关，在第二次国际硒大会上，中国预防医学科学院杨光圻教授宣布用硒防治克山病取得了成功。我国科学界“硒与克山病”的研究成果有力证明了硒是人体的必需微量元素，受到国外学者的高度重视。1988 年，中国营养学会（CNS）将硒列为 15 种人体每日膳食中必需的营养素之一。2017 年 9 月发布的新版《中国居民膳食营养素参考摄入量》中规定成人每日硒的摄入量为 60～400μg。多年来，科学家们从营养学、病理学、生物化学等多个方面对硒的生物学效应不断进行探索，硒与人体健康关系的研究取得了重大进展。

1.1.2　硒的存在形式与分布

硒在自然界主要有无机和有机两种化学形态，无机硒包括硒化物（如 H_2Se、SeO_2）、亚硒酸盐［selenite, Se(Ⅳ)］、硒酸盐［selenate, Se(Ⅵ)］；有机硒则主要以硒代氨基酸（seleno amino acid）和硒蛋白（selenoprotein）等形式存在。

硒元素在地壳中广泛分布但相对稀有，全球大部分土壤属于低硒或缺硒状态，由于成土母质以及地貌、生物气候等因素的影响，存在着较显著的地域差异，且可利用硒资源十分有限，一些缺硒地区土壤中硒含量小于 0.1mg/kg，而硒含量高的地区可达到 1200mg/kg。据调查，我国缺硒范围广、程度深，全国土壤中硒含量平均值仅为 0.29mg/kg，缺硒地区约占国土的 72%，从东北到西南形成明显的缺硒带，湖北恩施、陕西紫阳、安徽石台为世界高硒区，湖北恩施被誉为“世界硒都”，湖南、江西、青海等地部分地区硒资源也较丰富。

1.2 硒的金属组学研究进展

1.2.1 金属组学

金属组学（metallomics）是继基因组学（genomics）、蛋白组学（Proteomics）后，一门新兴的前沿交叉学科，是对若干涉及金属相关生命过程的分子机制以及对细胞与组织内全部金属离子和金属配合物进行综合研究的学科，主要涉及医学、毒理学、食品科学、农学、环境科学、生物地质化学中的其他金属辅助功能性生物学科。近年来，金属组学与这些学科领域交叉融合产生了众多新的学科方向，例如环境金属组学（environmetallomics）、纳米金属组学（nanometallomics）、农业金属组学（agrometallomics）、临床金属组学（clinimetallomics）、放射金属组学（radiometallomics）等。在金属组学中，生命体系中所有的金属蛋白质、金属酶，含金属的生物分子（如氨基酸、DNA 片段、四吡咯等大环螯合剂、多糖和糖蛋白等）以及游离金属离子的集合统称为金属组（metallome），这个概念与基因组学中的基因组和蛋白质组学中的蛋白质组相类似。金属组学的研究对象是生命体系中的所有金属元素，还包括非金属的微量元素，如砷（有活化锌的作用）、硒（GSH-Px 酶的成分）和碘（激活甲状腺）。图 1.1 为生物体系中不同类别的金属形态。

2004 年，日本名古屋大学分析化学家 Haraguchi 教授提出一个融合原子光谱/质谱分析和分子生物功能研究的崭新研究领域——金属组学，这一概念的提出引起了学术界的广泛关注。近年来，国际上金属组学研究进展十分迅速，不论基础理论还是技术方法，都在不断进步和完善。2007 年底，首届国际金属组学会议于日本名古屋举办，来自世界各地约 400 名专家学者与会。国际上第一个金属组学研究中心——北美金属组学研究中心于美国辛辛那提大学成立。此外，英国皇家化学会于 2009 年 1 月起发行名为的《金属组学》（*Metallomics*）的刊物，这是金属组学研究领域的第一本专业性期刊，为金属组学学科的发展提供了一个良好的平台。

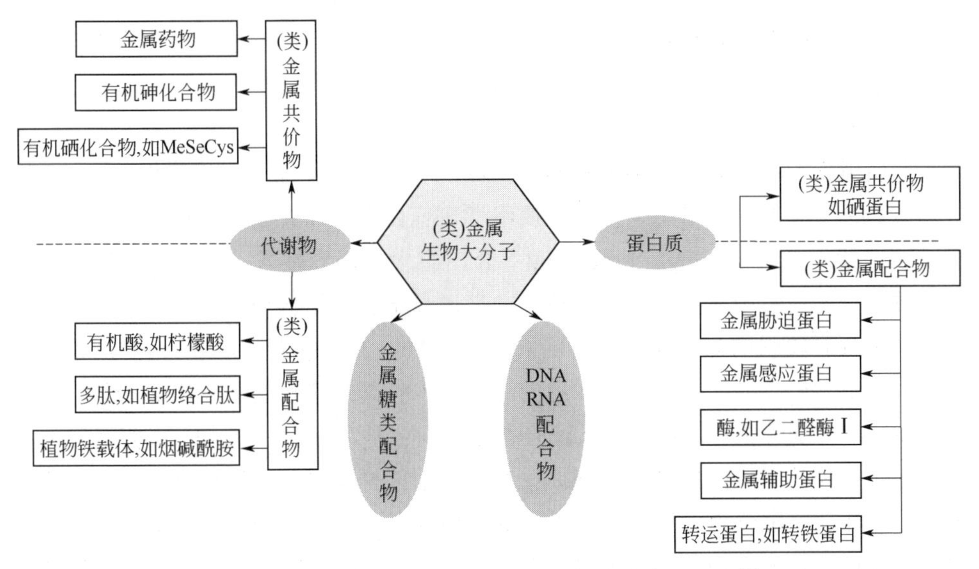

图 1.1　金属组：生物体系中不同类别的金属形态[1]

近年来，我国金属组学研究也取得了不少重要成果，相继举办了一系列金属组学学术会议，在国际上产生了积极影响。例如于 2008 年举办的首届金属组学及金属蛋白质组学研讨会，2015 年 9 月于北京首次举办的第五届金属组学国际研讨会议，2020 年 1 月主办的北京金属组学平台启动会暨研讨会（BMF 2020）等。2021 年，我国科学家在《农业与食品化学》（*Journal of Agricultural and Food Chemistry*）期刊首次提出了“农业金属组学”（Agrometallomics）的概念[2]，并对农业金属组学相关的分析技术和手段进行了系统综述，对进一步推动我国金属组学研究具有重大意义。

1.2.2　金属组学的研究方向、内容与方法

在生命体系中，有 1/3 蛋白质是含有金属元素的，金属离子在蛋白质的结构、稳定性和功能上起着重要作用。结合金属元素在生命体系中的作用，Haraguchi 提出，金属组学的研究内容包括：①生物体液、细胞、器官中元素的分布分析；②生物体系中元素的形态分析；③金属组的结构分析；④金属蛋白质和金属酶的鉴定；⑤应用模型络合物阐释金属组反应机理；⑥生物分子和金属的代谢研究；⑦基于多元素分析的与微量元素相关的健康和疾病的医学诊断；⑧地球上生命体系的化学演变；⑨化学治疗中无机药物的设计；⑩医学、环境科学、食品科学、农学、毒物学、生物地质化学中的其他金属辅助功能性生物科学等。

目前，金属组学研究集中在以下几个重要方向：①金属蛋白质及其模拟物的结构-功能分析；②环境和生物体系中金属蛋白质的分析识别和生物痕量元素的化学分析；③金属离子的生物调控及代谢；④与痕量金属元素有关的疾病的医学诊断以及

金属药物（metallodrug）的医疗应用。蛋白质组学是在蛋白质层次上大规模研究基因及其细胞功能，因此金属组学与蛋白质组学之间的共同点是对金属蛋白质结构与功能的研究。

金属组学的研究方法必须能够同时检测多种金属组（含量、分布及其相互作用等）或一种金属的多种形态。根据金属组学研究内容可以看出，金属组学的研究方法应该包括：高通量（high-throughput）金属组含量研究技术；高通量金属组分布研究技术；高通量金属组形态分析技术；高通量金属组结构分析的技术及其他技术等。由于具有较强的分离能力和特定的灵敏检测能力，色谱-光谱/质谱联用技术已成为金属组学研究的主要方法。常用的分离技术有高效液相色谱（HPLC）、气相色谱（GC）、毛细管电泳（CE），有研究者总结了各种分离技术特点，表明适用于小分子化合物和基本较简单的样品分离；对较复杂的样品可用多维色谱分离，而排阻色谱、电泳、毛细管电泳和聚丙烯酰胺凝胶电泳适用于大分子化合物的分离。元素的特定性检测技术有原子吸收光谱法（AAS）、原子荧光光谱法（AFS）、电感耦合等离子体质谱法（ICPMS）等，其中 ICPMS 由于具有高的灵敏度且分析快速，是一个理想的检测手段，而分子质谱用于表征分子结构，如电喷雾-质谱法（ESI-MS），飞行时间质谱法（TOF-MS）等技术。

1.2.3　硒的形态研究

在相当长的一段时间里，人们对形态分析（speciation analysis）的概念众说纷纭，模糊不清。1998 年，国际纯粹和应用化学联合会（IUPAC）正式给出了“形态分析”的定义，“形态分析是指某一待测物的原子和分子状态获得证实的过程。”随着现代科学技术的发展，人们对自然界中存在的元素及其化合物的认识不断深化。元素的形态分析在环境和生物分析中特别重要，因为元素的毒性、有益作用及其在生物体内的代谢行为在相当大的程度上取决于该元素在试样中存在的化学形态，元素的形态分析已经属于金属组学的一个研究范畴。硒虽为非金属元素，但由于它的特殊性，将其研究纳入金属组学的研究范围。硒元素的有益效果是由被体内消化的硒和其形态决定的，而不简简单单是总硒的含量。在硒的形态研究过程中，硒组（Selenome）和硒的组学（Selenomics）在很多文献中多次被提到，但未明确定义，其实与金属组和金属组学的概念是相似的。

1.2.3.1　硒在植物体内的转运及形态

自然界中，硒有+6、+4、0、−2 几种价态。无机形态的硒有：单质硒、硒金属化合物、硒氢化物、亚硒酸盐、硒酸盐等。生物体中硒存在的化学形式主要分为有机硒和无机硒。其中，无机硒形态如 Se(Ⅳ)（SeO_3^{2-}，亚硒酸盐），Se(Ⅵ)（SeO_4^{2-}，硒酸盐）或硒化物（如 HgSe）。有机硒的存在形式很复杂，从简单的 MeSeH 到复杂的硒蛋白，它们的分子量和电荷各不相同。如硒代半胱氨酸（SeCys）、硒同型半胱氨酸（Selenohomocysteine）、硒代甲硫氨酸（SeMet）、甲基硒等含硒小分子，以及硒与蛋白质、纤维和碳水化合物中的 C、N 等原子相结合而形成的含硒生物大分子，如硒蛋白、含硒蛋白、硒多糖等。目前研究已经明确的是 SeMet，SeCys 和硒甲基硒代半胱氨酸（MeSeCys）。与无机硒相比，有机硒毒性更低，生物活性更高，因此更有利于人体吸收利用。大蒜、洋葱、韭菜等能从土壤里积聚硒的植物中鉴定出 MeSeCys 是主要的硒化合物，它与 γ-谷氨酰硒甲基硒代半胱氨酸（GluMeSeCys，MeSeCys 的运输载体）被认为是植物中存在的具有抗肿瘤效应的含硒化合物。谷物和大豆中含硒蛋白较丰富，其中 SeMet 能够非特异性替代 Met 残基存在于蛋白质链中，是硒在谷物植物中的主要贮藏形式。表 1.1 列举出生物体内存在的研究较多的硒形态及其结构。

表 1.1　主要硒化合物及其结构

化学名称	结构	分子量
亚硒酸 ［Selenous acid（selenite）］	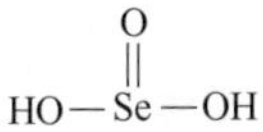 HO—Se(=O)—OH	129
硒酸 ［Selenic acid（selenate）］	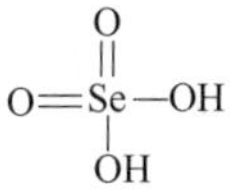 O=Se(=O)(—OH)—OH	145
二甲基硒 （Dimethylselenide）	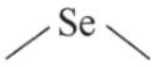 ╱Se╲	109
三甲基硒阳离子 （Trimethylselenonium cation）	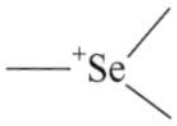 —⁺Se（三甲基）	125
二甲基二硒醚 （Dimethyldiselenide）	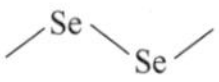 ╱Se╲Se╱	188
硒脲 （Selenourea）	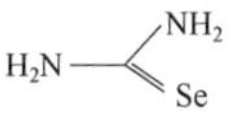 H_2N—C(=Se)—NH_2	123
硒代胱胺 （Se-Cystamine）	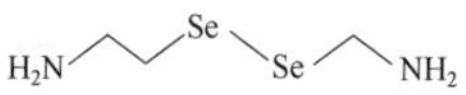 H_2N╱╲╱Se╲Se╱╲╱NH_2	246
硒代胱氨酸 （Selenocystine）	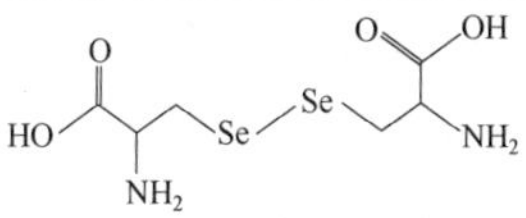 HO(O=)C—CH(NH_2)—CH$_2$—Se—Se—CH$_2$—CH(NH_2)—C(=O)OH	334
硒代半胱氨酸 （Selenocysteine）	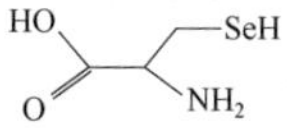 HO(O=)C—CH(NH_2)—CH$_2$—SeH	168
甲基硒代半胱氨酸 （Selenomethylcysteine）	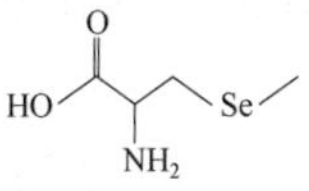 HO(O=)C—CH(NH_2)—CH$_2$—Se—CH$_3$	183

续表

化学名称	结构	分子量
硒代甲硫氨酸（Selenomethionine）	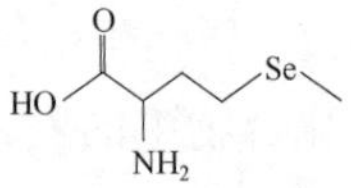	197
硒代甲硫氨酸氧化物（Selenomethionine selenoxide）	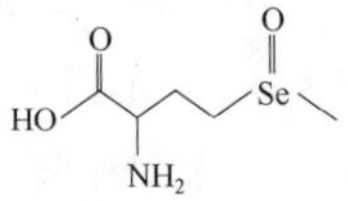	212
硒代乙硫氨酸（Selenoethionine）	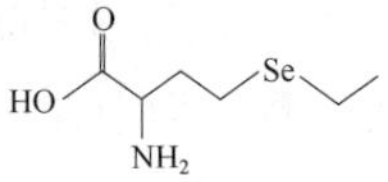	211
硒代高半胱氨酸（Selenohomocysteine）	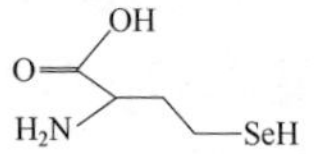	182
硒代胱硫醚（Se-Cystathione）	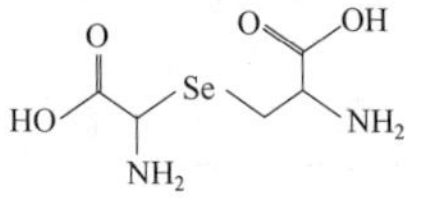	227
γ-谷氨酰硒甲基硒代半胱氨酸（γ-glutamyl-Se-methylselenocysteine）	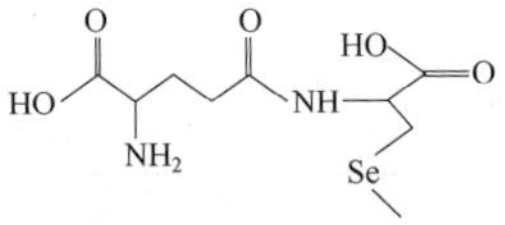	312
硒蛋白（Selenoprotein）	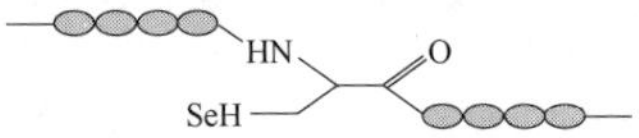	大分子
含硒蛋白（Se-containing protein）	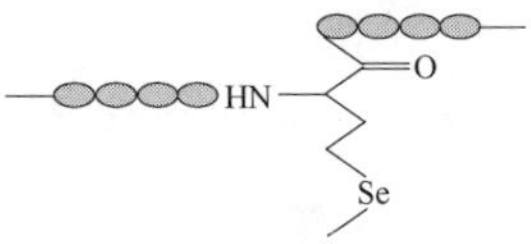	大分子
硒糖（Selenosugar）	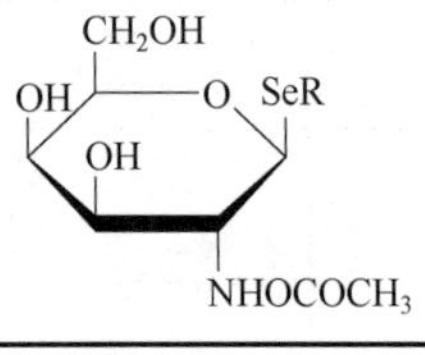	大分子

1.2.3.2　硒在动物体内的形态及吸收代谢

动物的细胞和组织中都含有硒。一般来说，动物肝脏、肾脏、胰腺、垂体及毛发中含硒量较高，肌肉、骨骼和血液中相对较低，脂肪组织中最低。硒在细胞内的分布不同，且随日粮中硒水平的改变而变化。硒在人体中的正常含量在 0.05～0.1mg/kg，当超过 5～15mg/kg 时，则表现出中毒现象。硒在动物体内主要以硒蛋白（Selenoprotein，Sel）和含硒蛋白（Se-containing protein）两种形式存在，其中硒以 SeCys 的形式，掺入多肽链中的蛋白质被称为硒蛋白，占总量的 50%以上。目前已在动物体内发现并分离了至少 35 种硒蛋白，其中功能比较明确的硒蛋白有谷胱甘肽过氧化物酶（GSH-Px）家族（GSH-Px1～GSH-Px6）、脱碘酶家族（ID1～ID3）、硫氧还蛋白还原酶家族（TrxR1～TrxR3）、硒磷酸化物合成酶（SPS2）、精子线粒体膜硒蛋白（MCS）、15kDa 前列腺上皮硒蛋白（Sel15）、硒蛋白 P（SelP）和硒蛋白 W（SelW）。还有存在鱼组织中的鱼 15kDa 硒蛋白，硒蛋白 J（SelJ）和硒蛋白 U（SelU）已经被发现，但其功能尚不明确。

硒以不同膳食营养形式（无机硒，SeCys，SeMet 和 MeSeCys 等），在动物的胃、肠道中被吸收，然后进入血液，与血液中的 α 球蛋白、β 球蛋白结合，经血浆运载进入各组织。多数研究结果认为，无机硒和有机硒具有不同的代谢途径（图 1.2）。无机硒主要的代谢场所是肝脏，可以简单地被还原成关键代谢中间体——H_2Se，然后，由它参与硒蛋白的合成，或生成甲基化代谢产物排出体外。其中，亚硒酸盐的吸收方式为简单扩散，可被红细胞快速地选择性吸收，其被谷胱甘肽（GSH）和 GSH-Px 还原并以硒化物的形式在血浆中运输，与白蛋白结合后被运输到肝脏。而硒酸盐被吸收后降解为亚硒酸盐，与还原性 GSH 反应生成谷胱甘肽硒代三硫化物（Gs-Se-SG）[4]。有机硒中，SeCys 一般存在于硒蛋白中，或通过 *β*-裂解酶（*β*-lyase）转化为 H_2Se 后参与代谢，H_2Se 是硒蛋白合成中的活性硒源，参与合成硒磷蛋白和 GSH-Px。甲基化硒代氨基酸（MeSeCys，GluMeSeCys）也是在 *β*-lyase 酶作用下，裂解成 MMSe，经过粪、尿和呼吸等途径排出体外，或脱甲基成 H_2Se，被硒磷酸合

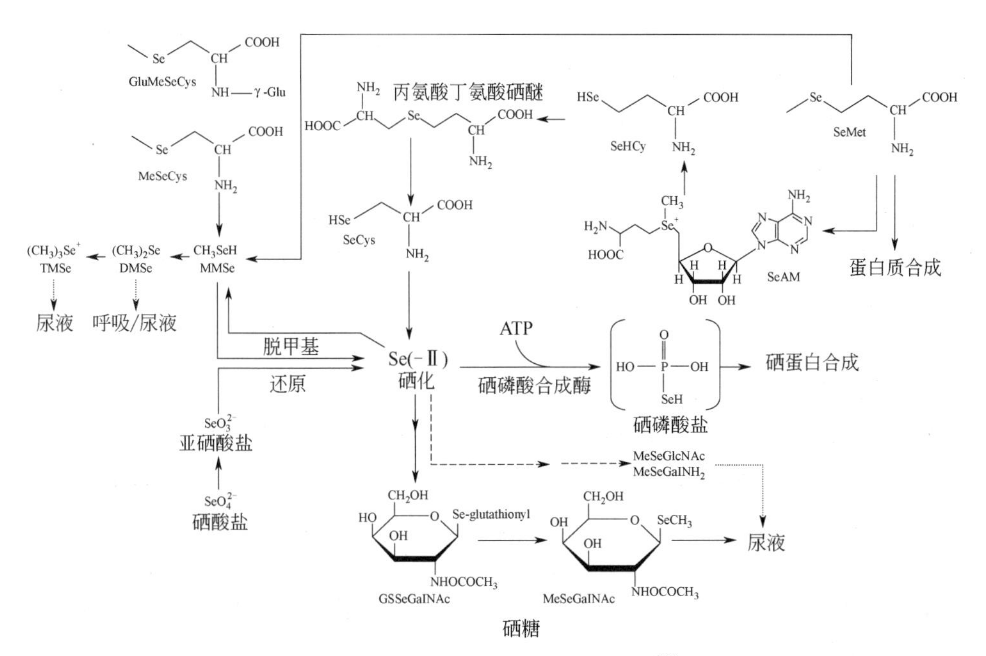

图 1.2　硒在动物体内的代谢途径[3]

成酶利用生成硒蛋白。SeMet 主要通过肠甲硫氨酸转运途径被人体吸收，吸收率可达 70%～90%，其代谢相对复杂，主要有三条代谢途径：一是，SeMet 在 γ-裂解酶（γ-lyase）的作用下分解成 MMSe，然后，进一步脱甲基生成 H_2Se，用于硒蛋白的合成与代谢；二是，SeMet 通过较复杂的反转硒化途径，进入 SeCys 的代谢；第三个途径是，在蛋白质合成过程中，SeMet 能作为 Met 的类似物掺入到蛋白质中，和 Met 的代谢途径类似。在代谢过程中，含硒化合物由尿液和粪排出，其中除了 TMSe、DMSe 和尿硒外，近年来还发现主要代谢产物硒糖。若当日摄入硒水平超过能合成硒糖的剂量时，中间体 H_2Se 将会积累，对机体产生毒性。

1.2.3.3 硒的形态与生物学功能关系

硒在食品中的富集主要依靠植物、动物或微生物对无机硒的同化，由于普通食品含硒量较低，通过食用各类食物不能满足人体硒摄入量。国内外学者开始寻求一种高硒含量、生物活性较高但细胞毒性低的化合物或植物。绿茶、大米、西兰花等作物在富硒后，都表现出较高的抗氧化或抗肿瘤活性[5,6]。然而，硒的有益剂量和毒性剂量范围很窄，在实际生物体内，通常硒仅在一个有限的浓度阈值范围内发挥作用。各种硒化物具有不同的生理、生物活性及其迁移转化规律，这不仅取决于硒的总浓度水平，而且同硒的不同生物化学形态以及不同形态下硒化物的浓度水平直接相关。

20 世纪 80 年代至 90 年代，研究者们发现不同形式的硒在体内有不同的作用，其生物活性有很大的差异。硒的抗癌活性与其生物化学形式和代谢密切相关。在人肺癌细胞试验中，SeMet 能激活肿瘤抑制蛋白 p53 由氧化态向还原态的转变，达到防癌的效果。无机硒盐如 Na_2SeO_3/Na_2SeO_4，经常用于抗癌的动物试验中，在抗癌方面比 SeMet 效率高，具有较高的抗癌活性，但其代谢产物 H_2Se 能杀死癌细胞，也能使正常细胞坏死，而 SeMet 可以长期保留在机体组织中，在提高组织硒水平和（GSH-Px）方面更有效。硒化合物 MeSeCys 和 GluMeSeCys 主要来自植物性食品，具有很高的抗癌活性，它们是机体内 MMSe 的合成前体，而 MMSe 被认为是潜在的抗癌剂，具有抑制癌细胞增殖、诱导细胞凋亡的作用。研究表明，硒的甲基化程度是影响硒的抗癌活性的重要因素。完全甲基化的硒，如 TMSe，相对活性较低，而 MMSe 则活性较高。Abdulah 和 Ganther[7,8]研究荷瘤大鼠模型中硒的代谢机理，结果表明 Na_2SeO_3、Na_2SeO_4 和 SeMet 代谢为 H_2Se，而硒碱、MeSeCys 和 GluMeSeCys 是 MMSe 的代谢前体，因此有较高的化学防癌作用。因此，硒化物的多种甲基化的转化是一个同肿瘤发展相关的重要代谢途径。选择合适的甲基硒化物的前体，结合有效的生物与化学形态分析手段，找到具有较好抗癌活性的硒化物，是研究硒的抗癌生物学功能的一个重要发展方向。

1.3　硒形态解析方法

有关硒的生物与化学形态解析的探索已成为十分引人注目的研究热点。当前随着分析化学领域同生命科学领域的不断深入交叉融合，建立各种新的解析技术与新的解析方法研究硒的生物化学形态，进一步探讨硒在生命过程中的行为，阐明硒与疾病和健康的因果关系，将硒的生物化学研究同生理功能研究工作充分结合起来，是一个十分重要的研究课题。根据硒的形态解析的特点，采用化学分离与仪器检测相结合的技术——联用技术。在诸多的联用技术中，高灵敏度的原子光谱/质谱检测技术与选择性的色谱分离的组合，被公认为最有发展前景的联用技术。近年来，它以旺盛的活力向生命科学各个领域渗透，发展迅速。

1.3.1　样品前处理技术——硒的形态提取

在硒的形态分析检测前，需要将样品中天然存在的含硒化合物从它们所存在的基体环境中分离出来，根据形态分析方法的要求，使其成为适宜的分析形式，以避免分析时基体对测量结果的干扰。由于生物体内的基体复杂，各种含硒化合物形态多样并且每种含硒化合物的硒含量很低，这就要求在硒形态分析前尽可能地提取硒的不同形态，同时还要避免天然存在的各种含硒化合物在处理过程中的损失和发生的形态转变。样品的前处理中，主要有缓冲盐提取技术、酸碱提取技术、酶分解技术、微波辅助提取技术、超声辅助提取技术等。根据不同的生物样品及硒的形态，可选用适合的提取技术。

1.3.1.1　常规提取技术

一般地，如果提取样品中游离的含硒小分子如无机硒、硒代氨基酸和不同类别的完整含硒蛋白，可以用水提取游离小分子硒化合物，缓冲液（如 Tris-HCl）提取完整蛋白质，或用 0.5mol/L NaCl 提取盐溶性蛋白质，75%乙醇提取醇溶性含硒蛋白，0.1mol/L NaOH 提取碱溶性含硒蛋白。若要分析含硒蛋白质链中硒的掺入方式，一般用盐酸溶液分解，如 6mol/L HCl，110℃，长时间水解，然后分析组成硒代氨基酸的种类和含量。此法虽然回收率高，但反应剧烈，样品的强酸度影响色谱分离效果，而且多数硒的化合物易发生转变。因此，多数研究用相对温和的酸性条件 0.1mol/L HCl 去提取非结合态的含硒小分子化合物，如无机硒、硒代氨基酸。铁梅等[9]用 Tris-HCl 缓冲液提取富硒金针菇中可溶性含硒化合物，发现硒主要是小分子硒化合物，再用 4mol/L HCl 溶液进一步水解大分子含硒蛋白，证明富硒金针菇中硒主要以 $SeCys_2$ 和 SeMet，以及由二者组成的含硒多肽存在。

1.3.1.2　酶分解技术

酶分解技术是一种用于分析化学的前处理技术，其原理是根据试样的特性，利用一种或多种专一生物酶将蛋白质断裂为氨基酸的生化作用。酶分解是一种温和的试样前处理技术，不会造成对分析试样的破坏，且提取效率高。缺点是分解过程慢，有时不一定分解完全。但是，酶分解技术因其提取效率高，具专一性、温和性等优点，在硒的形态分析中是经常用到的一种研究手段，常用的分解酶有蛋白酶 K、蛋白酶ⅩⅣ、崩溃酶、胃蛋白酶和胰蛋白酶等。

在多数硒的形态研究中，酶分解技术经常结合常规技术提取目标硒化合物。通常用 NaOH 提取高分子质量的硒化合物（>10kDa），而低分子质量硒化合物的典型提取方法有热水提取、盐酸提取和酶分解等，酶分解用于分析蛋白结合硒。提取率主要由样品性质和提取条件决定。Shah 等[10]用 SEC 色谱法分离 NaOH 提取的富硒洋葱中大分子硒化合物，IP-RP 色谱分离 0.1mol/L HCl，蛋白酶 K 和蛋白酶ⅩⅣ提取小分子化合物。Casiot 等[11]研究了从富硒酵母中提取硒化合物的多种方法，得到的提取物经 HPLC-ICPMS 分析，结果表明用水和甲醇浸提的回收率仅为 10%～20%，得到 8 种硒化合物，主要包括 SeMet 和四价 Se 化合物 $Se^{Ⅳ}$，用崩溃酶分解可以释放 20%的 SeMet，用 SDS 提取后占 30%总硒的含硒蛋白溶解，用蛋白酶水解，硒的回收率可达 85%左右，主要形态是 SeMet。

1.3.1.3　辅助提取技术

为了高效地提取生物样品中的硒的形态，一般需要一种或多种辅助手段。通常有加热、搅拌、微波和超声波等辅助提取技术。微波辅助提取技术提供了一种使试样内部受热的加热方式，通过加入的介质对微波能的吸收，极大地加速了待测物分子与介质分子之间的相互作用，使提取效率显著提高，可以克服常规分解技术存在的一些缺点，诸如耗时、低效、耗试剂及污染等。超声波辅助提取技术是利用强而高频率的超声波作用于含有固体试样的溶液，使两者充分混合，并发生物理或化学反应，这一过程大大加速了固体试样的预处理过程，显著提高了提取效率。因此，与常规提取技术相比，超声波技术是一个被优先考虑的辅助提取技术。

酶水解用于硒的形态分析是一种很好的手段，但是此法非常耗时（通常需要 20～48h），为了加速酶分解速度，微波和超声波方法是很好的辅助提取技术。Peachey 等[12]将微波辅助技术应用于酶法提取富硒酵母标准样品，优化了提取过程的微波功率、提取温度、时间等参数，酶提液经 HPLC-ICPMS 同位素稀释精确定量 SeMet，结果表明该方法定量标准品 SeMet 的回收率达 100.1%，且提取时间由原来常规酶解的 20h 缩短至 30min。在样品前处理中，超声波用于细胞破碎、团聚物分解、乳化和匀质等作用，此法快速简便，可以达到传统 48h 酶解相近的效果，同时可以防止长时间提取导致的硒形态转变。Moreda-Piñeiro[13]等将均化的巴西坚果样品中加入 3mL Tris-HCl（60mmol，pH 7，含 25mg 蛋白酶ⅩⅣ和 20mg DTT）缓冲液，在 37℃下通过微波法处理样品，大大缩短了提取时间，并分析得出巴西坚果中的有机硒形态主要为 $SeCys_2$ 和 SeMet。王铁良等[14]在样品富硒高脂作物样品中加入 15mg 链霉蛋白酶进行超声酶提取，采用高效液相色谱-氢化物发生-原子荧光光谱（HPLC-HG-AFS）技术进行硒形态分析，该方法能在 10min 内实现五种硒形态的基线分离，且线性良好，回收率在 89.8%～100.6%之间，结果发现高脂作物种的硒形态为 SeMet，其含量占总硒含量的 88%～96.9%。

1.3.1.4　循序提取技术

样品前处理是做好硒形态分析的第一步，因此要尽可能提取目标硒化合物，而且保证硒的形态不发生转变。生物体内的硒存在形态非常复杂，为了更好地了解硒的存在形式，大多数研究综合运用多种提取技术阐明硒的具体形态。很多研究发现通过多种酶同时分解，或顺序酶解，可以使硒的提取率达到 90%以上。Reyes 等[15]用二维色谱（SEC-RP）研究了富硒酵母中的含硒化合物的生物有效性，并采用 ESI-MS 在线与 HPLC 联用模拟测定肠胃消化过程中产生的低分子量硒化合物，提取过程包括：37℃，4h 模拟人体条件下先后用胃蛋白酶和胰蛋白酶提取，最后硒的提取率达 89%±3%，未消化的残渣再用 4%SDS，Tris-HCl 缓冲液进一步提取。为了系统地了解富硒大蒜中硒的具有存在形式，Mounicou 等[16]利用多种方法循序提取大蒜中的不同硒化合物，按提取顺序包括：水提，混合裂解酶（纤维素酶、壳聚糖酶和 β-葡聚糖酶），蛋白酶ⅩⅣ，HCl 提取，Na_2SO_3 和 CS_2 提取，硒的回收率达 90%以上。

1.3.2　硒形态的联用检测器技术

原子吸收光谱法（AAS）是根据蒸气相中被测元素的基态原子对其原子共振辐射的吸收强度来测定试样中被测元素的含量，目前已成为无机元素定量分析应用最广泛的一种分析方法。主要包括火焰法原子吸收法（F-AAS）、石墨炉原子吸收法（GF-AAS）和氢化物-原子吸收法（HG-AAS）。其中，F-AAS 主要吸收短波，应用广泛，仪器价廉，操作简单，检出限一般能达到 0.2μg/mL 以下。GF-AAS 的检出限为亚 ng/mL 级，通常需要加入 Ni、Pb、Mg 等基体改进剂减少硒损失，操作较为烦琐。

原子荧光光谱法（AFS）是通过测量待测元素的原子蒸气在特定频率辐射能激发下所产生的荧光发射强度，以此来测定待测元素含量的方法。AFS 与 AAS 相比，光谱线简单，干扰少，检测范围广，适用于能生成氢化物的元素，如砷、汞、硒等，灵敏度优于 AAS，仪器简单、价廉（见表 1.2）。冷蒸汽原子荧光分析技术是目前应用最多的测汞技术，同时双通道原子荧光技术可以在线同时测定两种元素的含量。氢化物-原子荧光光谱法（HG-AFS）主要是通过在酸性条件下还原剂 $NaBH_4$ 与+4 价硒进行反应生成 H_2Se，再经由载气带入进行原子化来检测的，具有操作简单、精确度高等优点。

表 1.2　AFS，F-AAS，GF-AAS，ICP-AES 和 ICPMS 的技术应用比较

技术指标	AFS	F-AAS	GF-AAS	ICP-AES	ICPMS
测定元素	部分元素 较好	部分元素 较好	部分元素 非常好	绝大部分元素 很好	绝大部分元素 非常好
同时多元素	可以	否	否	可以	可以
同位素分析	不能	不能	不能	不能	能
样品量	mL 级	mL 级	μL 级	mL 级	μL 级或 mL 级
检出限	pg/mL 级～ ng/mL 级	ng/mL 级～ μg/mL 级	pg/mL 级	ng/mL 级～ μg/mL 级	pg/mL 级
干扰	多	多	适中	多	少
速度	很快	很快	慢	较快	快
价格与运行费用	低	低	适中	高	很高
元素形态 在线分析	较多	少	极少	多	广泛

电感耦合等离子体发射光谱（ICP-AES）主要测定样品中各元素特征的谱线和强度，与标准样品进行比较分析，大部分元素检出限为 1～100ng/mL，一些元素在洁净的试样中也可得到令人瞩目的亚 ng/mL 级的检出限。该方法具有较好的精密度、准确度和检出限。

电感耦合等离子体质谱（ICPMS）的原子质谱技术原理与原子光谱技术不同，它是依据离子质量对电荷的比值来鉴定和定量检测气态离子的。ICPMS 高效快速、灵敏准确，谱线简单，相对于光谱技术干扰较少，其多元素同时测定远优于 GF-AAS 的单元素逐个测定，同位素比测定更是 ICPMS 方法的特有功能。ICPMS 技术可快速同时检测周期表上几乎所有元素，多数元素检出限达 pg/mL 级以下。虽然仪器运行成本高，但在分析能力上，超过传统的无机分析技术如 ICP-AES、GF-AAS 和 AFS 的总和，被称为当代分析技术最激动人心的发展。

F-AAS，AFS，ICP-AES 和 ICPMS 四种原子光谱/质谱联用检测技术可以很容易地与色谱连接用作色谱分离的后续检测器。HPLC-AAS 的联用优势在于仪器及操作的简单和普遍性，但 AAS 的背景吸收大，检测灵敏度较低，且不是多元素检测器，在很多研究中受到限制。HPLC-AFS 联用检测部分元素灵敏度较高，通常适用于能生成氢化物的元素联用（如 Hg, As, Se 等），同时需要在线消解。HPLC-HG-AFS 是目前测定 Se 形态最常用的方法之一，操作方便，线性范围广，精密度高，能够满足大多数植物中 Se 形态分析要求。ICP-AES 可用作 HPLC 的多元素检测器，但 HPLC-ICP-AES 的检出限仅为 10～100ng/mL，不能满足生物样品中大多数元素形态分析的要求。ICPMS 由于其多元素检测能力，低检出限，高灵敏度和可进行同位素稀释分析等优点而备受分析家们的青睐。实际上，四极杆 ICPMS 可提供的 ng/L 级的检出限，HPLC-ICPMS 可用丰富的稳定同位素做示踪，一般可以同时测量 8～12 个同位素，且具有足够的精密度，因此在生物样品中硒的形态分析试验中，ICPMS 作为首选的联用检测器。

1.3.3　硒形态的联用分离技术

硒在生物和环境样品中含量极低，所以在形态分析过程中，对仪器的灵敏度和精确度的要求很高。国内外大量研究显示，联用技术被认为是进行化学形态分析的有效手段，ICPMS 的联用作为一种高灵敏的硒形态分析方法也日趋成熟。ICPMS 的超高灵敏度和低基体效应，很多不同的流动相都可用于联用研究，因此，ICPMS 成为联用系统中硒形态分离后的主流检测技术。在硒的形态分离技术方面，GC、CE 和 HPLC 是各类分离技术中最佳的选择，在硒元素形态分析与鉴定中可发挥重要作用。表 1.3 归纳出 ICPMS 联用技术应用于生物样品中的各种形态分析方法，下面着重讲述以 ICPMS 为检测器的最新联用技术在硒形态分析方面的研究进展。

表 1.3　ICPMS 联用技术应用于生物样品中硒的形态鉴定

样品	主要分析技术	鉴定的硒形态	参考文献
空气	GC	DMSe	[17]
土壤	HPLC (AX)	Se^{VI}, Se^{IV}	[18]
	HPLC (AX, IP-RP)	Se^{VI}, Se^{IV}，单质硒	[19]
海水	GC	DMSe, DMDSe, DMSeS	[20]
欧洲鲈鱼	HPLC (SEC, AX)	Se^{IV}, $SeCys_2$, SeMet	[21]
红虾	HPLC (AX, CX)	Se^{VI}, $SeCys_2$, SeMet	[22]
猪肝	HPLC (SEC, RP-CX 双柱) ACPI-MS/MS	硒糖	[23]
猪肌肉	HPLC (IP-RP)	$SeCys_2$, SeMet, MeSeCys, SeUr	[24]
人血浆	SEC-HPLC, RP-capHPLC, IDA	$SeCys_2$, SeMet	[25]
人乳	HPLC (SEC)	含硒蛋白	[26]
人尿	HPLC (AX, RP)	$TMSe^+$，硒糖	[27]
	GC(旋光，衍生)	L-SeMet	[28]
	IP-RP-HPLCCE-ESI-MS	硒糖	[29]
	HPLC (IP-RP)	$TMSe^+$，两个未知硒化合物	[30]

续表

样品	主要分析技术	鉴定的硒形态	参考文献
小球藻	HPLC(AX, CX)	DMSeP, AllSeCys, SeEt	[31]
面粉	HPLC(SEC, CX)	SeMet, $SeCys_2$	[32]
大米	HPLC(IP-RP)	无机硒, SeCys, 未知硒化合物	[33]
	μ-XANES	MeSeCys, SeMet	[34]
	HPLC (IP-RP, AX), nano-ESI-MS	无机硒, SeMet, SeOMet, $SeCys_2$	[35]
小麦	HPLC (AX)	Se^{VI}, Se^{IV}, $SeCys_2$, SeMet	[36]
大蒜	HPLC (RP, AX), 柱后衍生	MeSeCys, $SeCys_2$, SeMet	[37]
	HPLC (RP, IP-RP)	GluMeSeCys	[38]
	IP-RP-HPLC, ESI-MS	Se^{VI}, MeSeCys, GluMeSeCys	[39]
	GC	DMSe, DMDSe 和未知硒化合物	[19]
蘑菇	HPLC (SEC, IP-RP)	无机硒, $SeCys_2$，SeMet, MeSeCys	[40]
	HPLC (SEC, RP, AX), IDA	SeMet	[41]
葱类	HPLC (AX, CX)	无机硒, SeMet, MeSeCys	[42]
	HPLC (SEC, IP-RP)	无机硒, MeSeCys, $SeCys_2$, SeMet	[43]
	IP-RP-HPLC	Se^{VI}, MeSeCys, GluMeSeCys	[39]
	HPLC (SEC, IP-RP), ESI-MS	无机硒, MeSeCys, $SeCys_2$, SeMet, GluMeSeCys	[10]
巴西坚果	HPLC (IP-RP), ESI-MS	SeMet, 含硒多肽	[44]
	SEC-HPLC, nanoHPLC-ICPMS, nanoHPLC-ESI-Q-TOFMS	15 个含硒多肽序列	[45]
酵母	HPLC (SEC, CX)	无机硒, SeMet	[32]
	HPLC (AX, CX), ESI-MS	SeMet, SeOMet	[31]
	CE (旋光)	L-SeMet	[46]
	HPLC (SEC, AX), CE, ESI-MS	Se-adenosylhomocysteine	[47]
	GC (衍生), IDA	SeMet	[48]
	HPLC (SEC, RP), MALDI-TOFMS, ESI-Q-TOFMS	两种含硒多肽(SIP18 和 HSP12)	[49]
	HPLC (SEC, SAX, HILIC), ESI-MS, q-TOF-MS	SeMet, MeSeCys, GluMeSeCys selenohomolanthionine, γ-Glu-selenocystathionin	[50]
	HPLC (IP-RP)	Se^{IV}, SeMet, SeCys	[51]

1.3.3.1 GC-ICPMS

气相色谱（gas chromatography, GC）最广泛地应用于易挥发或中等含量的硒化合物，其分离效果主要取决于化合物和所用固定相的极性。常规的气相色谱检测器（如电子捕获检测器）对硒元素无选择性，而 ICPMS 可特定性检测硒元素的同位素。近年来，GC-ICPMS 联用技术发展迅猛，是由于该技术将 GC 的高分辨率和高分离效率与 ICPMS 的高灵敏度（检出限达 1fg）、高基体耐受量、同位素比测定能力有机地结合在一起。同时该联用系统可以消除多干扰，简化分离步骤，以及提高分析的准确度。气相色谱一般用于挥发性含硒化合物的检测，如DMSe、DMDSe等，在空气、海水、含挥发性硒化合物的样品中应用较广泛。在进行气相色谱分离之前一般都用固相微波萃取法（SPME）将挥发性物质萃取、浓缩，之后经气相色谱分离的化合物仍保持气态，可直接引入到ICPMS中，省去雾化过程，实现100%进样，有效提高样品离子化效率。Caruso研究小组[52]用SPME-GC-ICPMS联用技术测定了几种硒和硫的类似物，阐明芥菜在发芽过程中硒的代谢途径，结果表明，DMSe和DMDSe是主要的代谢终产物。由于一些富硒植物如富硒芥菜能够通过植物挥发过程吸收土壤中有害的高浓度硒，在体内转化成毒性较小的挥发性硒化合物后，排出到周围环境中，这种植物挥发过程也被看作植物自身的解毒过程。要阐明植物挥发过程的机制、分析富硒植物中挥发性硒化合物的种类，使用气相色谱法无疑是最好的选择。

1.3.3.2 CE-ICPMS

毛细管电泳（Capillary Electrophoresis, CE）的分离原理是基于不同离子的电泳淌度不同，而离子的电泳淌度在很大程度上是由它们的质荷比、空间大小及其与缓冲组分的相互作用来决定。CE是20世纪80年代迅速发展起来的一种新型的分离技术，具有分离效率高、耗样量小、分离条件温和等特点，可从小分子、离子到生物大分子的分离，已在硒分子形态分析中获得了广泛的应用。Mounicou等[47]先用SEC-HPLC分离富硒酵母中含硒组分，然后用CE-ICPMS分离无机硒、$SeCys_2$、SeMet和SeEt标样来分析富硒酵母中的硒形态。Zhao等[53]采用CE-ICPMS实现18min内完全分离Se^{VI}、Se^{IV}、$SeCys_2$和SeMet，并得出结论富硒大米样品中的硒主要以SeMet存在，检测限范围为0.1～0.9ng/mL，回收率为90%～103%。但是CE-ICPMS联用技术的接口设计和构建比GC-ICPMS中更复杂，及样品基体和分离条件对CE形态分析结果的较大影响，限制了CE-ICPMS在真实试样中硒的形态分析和应用。近年来，CE-ICPMS技术不断完善，发展相对成熟，已经能够对硒、砷、汞等多种元素的形态进行分析。

1.3.3.3 HPLC-ICPMS

高效液相色谱（High Performance Liquid Chromatography, HPLC）是近二十年来发展起来较为广泛的快速分离技术，它具有分离能力强、测定灵敏度高、选择性好、分析速度快、检出限低等优点，非常适合分离样品中非挥发的化学形态。HPLC-ICPMS联用技术广泛用于多种生物样品中SeMet、多肽和蛋白质研究，检出限达ng/mL级。因为硒与蛋白质结合的复杂性和处理样品中的基质效应，有时需要同时运用几种分离手段来鉴定生物样品中的硒的形态。HPLC主要分离原理包括体积排阻、离子交换和反相色谱等。为了适应二维色谱分析和微量试样的需要，除了常规 HPLC 外，还有微流高效液相色谱（capHPLC）和纳流高效液相色谱（nanoHPLC）用于硒的形态分析。

（1）反相离子对色谱

反相色谱是指极性流动相（如水或水/甲醇）中的分析物在非极性固定相上进行分离，一般固定相用硅胶上含有化学共价键合的 C_4～C_{18} 碳氢化合物。由于部分有机硒化合物在固定相上很难保留，通常在洗脱流动相中加入离子对试剂（TFA，HFBA，PFPA 等）。反相离子对色谱（Ion Pairing Reversed-phase Chromatography）是目前使用最广泛的分离硒化合物的一种色谱分离方法。反相离子对色谱的分辨率受到许多因素的影响，包括：缓冲液的浓度、pH 值、流动相中的离子强度、固定相的特性以及离子对试剂的疏水性等。Kotrebai 等[38]研究了 20 多种标准硒化合物在相同浓度（0.1%）的三种离子对试剂下，在反相硅胶填料上的保留特性，评价了离子对试剂中碳原子数目的差异对反相离子对色谱分离硒化合物的影响。其随后选用分离效果较好的 HFBA 为离子对，将优化后的分离方法应用于大蒜中硒的形态分析，发现一种生物活性较高的硒的化合物 GluMeSeCys，并用 ESI-MS 鉴定其结构。Gergely 等[40]用酶分解提取含硒化合物，然后用 IP-RP-HPLC 联用 ICPMS 分析两种蘑菇中硒的形态，保留时间匹配法和加标法结果表明，两种样品中都含有无机硒、$SeCys_2$、SeMet 和 MeSeCys，还有若干未知硒化合物。为了提高色谱的分辨率和样品的基质效应，有研究者用混合离子对反相色谱分离各种硒化合物。Zheng 等[30]用 2.5mmol/L 1-丁烷磺酸钠和 8mmol/L 羟化四甲铵作为混合离子对分析尿液中硒的化合物，优化的分离方法克服的尿液中 Cl^-的质谱干扰。通常，IP-RP 还被用作多色谱中第二维色谱去绘制含硒肽谱，用高分辨率的质谱在线或离线鉴定含硒多肽的分子量和种类。

（2）离子交换色谱

离子交换色谱（Ion-exchange Chromatography，IEC）是硒的形态分析中一种最常用的分离技术，分为阳离子交换色谱（CX）和阴离子交换色谱（AX），是基于流动相中阴（阳）离子分析物与固定相中的带正（负）电荷基团反应对分析物进行分离。IEC 的洗脱剂一般选用水溶性的缓冲液，根据分离要求可以选择适当的淋洗剂及淋洗条件。阴离子交换色谱分离含硒蛋白时，流动相中浓度经常超过 0.1mol/L，这样缓冲盐会积累在雾化器、采样锥和截取锥，导致后续检测器灵敏度的变化。为保证长时间的高灵敏度，常采用低浓度的缓冲盐梯度洗脱。Cuderman 等[54]用 SAX 色谱分离富硒马铃薯中存在的硒化合物，用 3～10mmol/L 的低浓度柠檬酸缓冲液梯度洗脱，但分离时间长达 1h。在阴离子交换色谱分离过程中，pH、流动相组成及浓度、离子强度及柱温等是影响硒的化合物分离效果的主要因素。Ayouni 等[55]通过 Plackett-Burman 响应面优化各种洗脱条件（对羟基苯甲酸浓度，pH，梯度洗脱等），

详细考察了 $Se^{Ⅳ}$、$Se^{Ⅵ}$、SeMet、MeSeCys、$SeCys_2$ 和 SeOMet 等在 Hamilton RPR-X 100 阴离子色谱柱上的分离机理，并将最优分离条件应用于富硒酵母药片的硒形态分析，结果良好。秦冲等[56]以 6mmol/L 柠檬酸为流动相（pH 5），实现 9min 内完全分离富硒小麦中 4 种硒形态，其中 SeMet 检出限为 0.3μg/L。

在阳离子流动相中 $Se^{Ⅳ}$ 和 $Se^{Ⅵ}$ 以 SeO_3^{2-} 和 SeO_4^{2-} 阴离子形式存在，因此，CX 色谱不适合分离这两种无机硒。为更好考察莳萝根中阳离子硒形态，Cankur 等[57]在 SCX 色谱联用 ICPMS 分析时，用两种不同的洗脱程序分析样品中不同的硒化合物，结果表明主要以 MeSeCys 和 MeSeMet 存在。阳离子交换色谱使用较少，但由于分离可在酸性介质（如吡啶-甲酸缓冲液）中进行，这对采用 ESI-MS 鉴定硒化合物结构颇具吸引力。Kápolna 等[58]在用 SCX 结合 SAX 色谱联用 ICPMS 分析胡萝卜中 SeMet 和 GluMeSeCy 后，再用类似分离条件的 SCX 在线联用 ESI-MS 鉴定样品中存在的 SeMet。离子交换色谱同时还广泛用于其他富硒样品中硒的形态分析，如茶叶、花生、南瓜子、蘑菇等。

（3）体积排阻色谱

体积排阻色谱（Size Exclusion Chromatography，SEC）是一种根据化合物分子量大小进行筛分的分离技术，分子量较大的组分在色谱柱中保留时间短，较早被洗脱液从柱上洗脱，分子量较小的组分在色谱柱上保留时间长，最后被洗脱，达到分离纯化的效果。一般来说，通过已知化合物的分子量与保留时间之间存在线性关系来绘制标准曲线，可以测定未知化合物的分子量。SEC 是一种温和的色谱分离技术，一般不会引起分离试样的“损害”，或者发生“在柱”反应，这样就可以在分离体系中保留存在于试样中的某些重要化合物的天然状态。根据排阻色谱的分离特性，它主要适用于分离生物样品中 10～1000kDa 大小的硒蛋白和硒多肽等一些生物大分子。Daun 等[59]报道了 SEC 法分离七种动物肌肉组织中的硒化合物，讨论了不同动物品种肌肉中硒的分布和肉的品质。SEC 又是一种分辨率低的色谱分离技术，特别是对复杂的多组分体系，导致在分离后各个洗脱组分中含有许多分子量相近的化合物，这就限制了它在形态分析中的应用。通常 SEC 被当作一种初步筛选的分离方法，和其他类型色谱组成二维色谱来分析生物样品中的含硒蛋白的分布。Mounicou 等[60]利用二维色谱法分析筛选富硒芥菜样品中的含硒蛋白，利用 Superdex 75 体积排阻色谱柱分离富硒芥菜不同分子量的含硒蛋白，然后用 Mono-Q5/50 强离子快速蛋白柱分析收集的含硒蛋白，进一步分析其中的小分子硒化合物。在富硒酵母的硒形态分析中，SEC-ICPMS 联用技术可以先将富硒酵母提取物分离成多个含硒组分，收集每个组分后，再利用阴离子交换或反相色谱分离，得到的 2D HPLC 或 3D HPLC 纯化组分，再进一步用 ESI-MS 或 MALDI-TOF-MS 去鉴定含硒多肽结构。Bhatia 等[61]采用由 SEC 和 AX 组成的二维色谱技术，有效分离富硒平菇体外模拟消化液中的硒化物，并通过 ICPMS 测定富硒平菇的生物利用率，研究发现富硒平菇中的有机硒可被酶解为小分子硒肽或其他硒化物，其中 SeMet 的生物利用率最高。

（4）毛细管高效液相色谱和纳流高效液相色谱

为了微量试样分析的需要，如二维电泳中的斑点的消化液、个体细胞区室、人体活组织检查提取物的分析等，纳流分离技术在近十年得到了迅速发展。尽管电色谱技术（如毛细管电泳和毛细管电色谱）不断普及和应用，但毛细管高效液相色谱（capHPLC）仍占据着优势地位。虽然对于各种类型的样品，HPLC 确实是一种强有力的、可靠的、重现性好的分离技术，特别是在梯度模式中，它能提供高的分辨率，可用于各种类型的样品分析和不同的应用领域；此外还可以按比例缩小到纳流（nanoflow）大小，并应用于一维或多维的分离体系中，然而在硒的组学研究中，capHPLC 与 ICPMS 联用之间的匹配有不协调之处，其流速与常规雾化器所需要的流速（0.7～1.0mL/min）要低得多，因此，双通道 Scott 雾化室的死体积大（40～100cm^3）也导致了冲洗时间延长和峰形变宽。近年有报道用各种微喷雾器和直接注射高效喷雾器进行 capHPLC 与 ICPMS 的界面连接。capHPLC-ICPMS 和 nanoHPLC-ICPMS 的最有前景的改进是基于微喷雾器总消耗量（流速在 0.5～7.5mL/min 范围内）的界面设计：capHPLC 和 ICPMS 间的无管鞘界面可以保证高效喷雾和最小峰宽效应，使对含 30 多条含硒多肽混合物的分离有较好分辨率，而其中许多肽在传统耦联的 HPLC- ICPMS 上无法分离。

近年 capHPLC 和纳流高效液相色谱（nanoHPLC）在微量含硒蛋白分析中应用越来越普遍，如二维凝胶电泳后蛋白质斑点消解产物、单细胞样品、人体活组织检查切片提取物等的分离。它们还可用于多维分离，是强有力的高分辨率分离技术。凝胶电泳后的含硒蛋白质条带或斑点，经胰酶胶内消化、抽提后，capHPLC 或 nanoHPLC 分离，根据酶解产物在 HPLC-ICPMS 色谱图中各峰的保留时间，与已纯化和表征的含硒蛋白的多肽谱图相比较，进行蛋白质鉴定。当常规孔柱、毛细管柱和纳流柱色谱用于分离蛋白质组分中硒肽时，发现柱尺寸从常规柱 4.6mm 减小到 capHPLC，再到纳流 HPLC，其绝对检出限从 10pg 左右分别降低到 150fg 和 50fg 左右。Tastet 等[62]将 capHPLC-ICPMS 用于含硒蛋白的纯化和识别。将硒化酵母中水溶性蛋白进行一维或二维凝胶电泳后，所得蛋白质条带或斑点经胰酶消化后进行 capHPLC-ICPMS 分离检测，硒的检测限低于 pg 级水平，并可估算每个多肽中硒的量。由于其高灵敏度和无基质抑制的效应，该法所提供的色谱图信噪比为 10∶1000，高于普通的 ESI-Q-TOFMS/MS 检测能力。Ballihaut 等[63]在一维凝胶电泳后，先用 LA-ICPMS 检测蛋白质条带是否含硒，将含硒蛋白质条带经酶解后回收，用 nanoHPLC 平行连接 ICPMS 和 ESI-MS/MS，nanoHPLC-ICPMS 进行分离检测，得到一个含硒多肽强峰，再将该含硒多肽用 ESI-MS/ MS 进行证实，用此方法识别和鉴别了凝胶电泳后的大鼠硫氧还蛋白还原酶。

1.3.4　分子质谱在硒形态结构鉴定方面的研究

ICP 是一种破坏性离子源，常规的 ICPMS 仅用作超灵敏的元素检测器，不能提供相关的化学形态信息。色谱联用 ICPMS 联用技术在进行硒形态分析时，试样中未知硒形态的识别一般是通过与标准化合物的保留或迁移时间的匹配进行的。然而，这种通过与标准化合物的保留时间或迁移时间匹配识别的方法存在以下问题：①硒的形态分析中的标准化合物是非常有限的；②在实际样品分析中，由于基体的复杂性，分析物的保留时间或迁移时间会发生变化，基于保留或迁移时间识别未知硒的形态的方法往往会给出错误的结论；③保留或迁移时间匹配是假定色谱分离是完全的，每一个色谱峰对应于单一的纯化合物，但实际情况并非总是如此。因此，要识别样品中硒的化合物，需要一个能提供完整的形态分子信息的技术。

分子质谱技术（如 ESI-MS, MALDI-TOF-MS）结合 ICPMS 检测技术可以解决上述存在的问题。在硒形态鉴定研究中，这两种技术各有各的优势。ESI-MS 用于硒的形态分析的报道近年来迅速增加，它在硒形态分析中发挥着重要作用。ESI 是一种软电离方式，通常不产生碎片离子、各种样品（生物大分子）都可以得到准离子和其多电荷离子峰，由于 ESI 能产生多重电荷形式的离子，因而利用常规 *m*/*z* 范围的质谱仪即可实现分子量离子的测定，它还有灵敏度高、应用范围广等优点。传统的 ESI-MS 只能揭示化合物分子量，而 ESI-MS_n 越来越多应用于化合物的结构表征。由于样品的基体效应，不能直接应用 ESI-MS 去鉴定硒的化合物，而是通过一维或二维的色谱分离手段将含硒化合物纯化去克服基体效应。相比之下，MALDI 受基体效应的影响较小，大多能生成单个带电荷离子，在硒的形态结构鉴定中有很大优势。分子质谱在富硒酵母中硒的形态鉴定应用较广泛。Casiot 等[64]用 IP-RP-HPLC 联用 ICPMS 分离小分子硒化合物，收集含硒组分并冻干，然后用 ESI-MS 鉴定出富硒酵母中 Se-腺苷高半胱氨酸（Se-adenosylhomocysteine）。经过二维色谱纯化后的含硒组分，同样可以再用优化好的 RP-HPLC 分离方法与 ESI-MS 在线联用，鉴定富硒酵母中的主要硒化合物 SeMet、MeSeCys。ESI-MS 分子质谱技术还被用于鉴定富硒大蒜、洋葱中的 GluMeSeCys 和蘑菇中的 SeMet。同时研究者用 HPLC-ICPMS 和 ESI-MS 结合鉴定正常人群尿液中的一个主要代谢物硒-甲基硒代半乳糖胺（Se-methylselenogalactosamine），而在补硒人群中没发现硒-甲基硒-*N*-乙酰半乳糖胺（Se-methylseleno-*N*-acetylgalactosamine）[29]。

高分辨率的分子质谱在生物样品中硒的形态分析的应用，优势在于可以鉴定较大分子量的含硒多肽或蛋白序列。Dernovics 等[45]建立了一种鉴定巴西坚果中含硒多肽的方法，利用 SEC 联用 ICPMS 分离酶解液中的多肽，然后用 nanoHPLC-ESI-/

QTOF/MS/MS 分析含硒多肽的胰蛋白酶解液，大约有 15 种含硒多肽被鉴定。Ruiz Encinar 等[49]用二维色谱 SEC-RP 联用 ICPMS 分离富硒酵母水溶性含硒蛋白的胰酶解液，再用 MALDI-TOFMS 分析目标含硒多肽的序列，第一次鉴定出两个 SeMet 取代的蛋白质，盐胁迫蛋白 SIP18（分子质量为 8874Da）和热休克蛋白 HSP12（分子质量为 11693Da），这两个蛋白质硒含量占水溶性含硒蛋白总硒的 95%以上。有学者在酵母水溶性硒蛋白中也鉴定出这两个含硒蛋白，用的是 2D 凝胶电泳分离技术和 nanoHPLC 联用 ICPMS 和 ESI-TOF-MS，简化了含硒蛋白的鉴定过程。

这些研究中的生物样品高硒酵母、甘蓝、大蒜、洋葱通过硒的富集，总硒含量高达几十甚至上百个 μg/mL 级，大多可以满足 ESI-MS 的要求。但是，普通样品中的目标硒形态如果浓度过低，就很难达到 ESI-MS 的检出限，常规的 ESI-MS 难以克服这些困难。如何更新样品净化和预浓缩技术，是 ESI-MS 的样品前处理的发展方向。nanoESI-MS 技术具有低消耗量、耐高盐、低检出限等优点，目前该技术的逐渐成熟为硒化合物的鉴定提供了良好的平台。

1.4 硒的营养与生理功能

人体不能自身合成硒，所需的硒几乎全部通过饮食摄入。我国许多地方性高发症，如克山病、大骨节病、癌症、心脑血管疾病、糖尿病、不育症、机体免疫力减退和衰老过程等疾病均与膳食中硒摄取不足有关[65]。硒作为人类和动物必需的微量元素之一，在人体内各项功能的调节中发挥着重要的生理作用，与人类健康有密切联系[66]。其中，最为突出的作用为抗氧化、提高免疫力、抗癌和防癌、缓解重金属毒性、预防心脑血管疾病和糖尿病等，因此科学补硒对于提高人民健康水平具有重大意义。

1.4.1 抗氧化作用

硒是多种抗氧化酶的必需组分，特别是 GSH-Px 的重要组分，每 1mol GSH-Px 含 4g 原子硒。目前，研究发现 GSH-Px 至少有 8 个类型（GSH-Px1～GSH-Px8）[67]，它们主要存在于细胞液（GSH-Px1）、胃肠道和血浆（GSH-Px2，GSH-Px3）、细胞膜（GSH-Px4）和附睾组织（GSH-Px5），而 GSH-Px6 存在于嗅觉上皮细胞和胚胎组织。其中，GSH-Px1～GSH-Px4 和 GSH-Px6 为硒蛋白，都具有较强的抗氧化活性。GSH-Px 的作用是催化还原性谷胱甘肽与过氧化物的氧化还原反应，所以可发挥抗氧化作用。机体内存在大量的不饱和脂肪酸，当它们受到具有强氧化力的化合物攻击时，会发生过氧化反应生成过氧化物。硒的抗氧化作用主要通过 GSH-Px 酶促反应清除脂质过氧化物和自由基。因此，通常将 GSH-Px 活性作为衡量硒在生物体内功能的指标。

1.4.2　免疫作用

硒几乎存在于所有免疫细胞中，补硒可明显提高机体免疫力，其机制可能是通过 GSH-Px 和 TrxR 调节免疫细胞的杀伤和保护作用。硒能有效提高机体的体液免疫和细胞免疫功能，增强 T 细胞介导的肿瘤特异性免疫，有利于细胞毒性 T 淋巴细胞（CTL）的诱导，并明显加强 CTL 的细胞毒活性，能刺激蛋白质及抗体的产生，显著提高吞噬过程中吞噬细胞的存活率和吞噬率。此前研究表明，科学家在受试药物中加入硒补充剂后，硒对艾滋病病毒（HIV）感染病人的寿命具有明显的延长作用，这有可能与 HIV 导致 T 淋巴细胞的凋亡有关。硒具有调节免疫淋巴细胞的保护作用，但这类证据较少，且硒的适用剂量仍需要进一步研究。

1.4.3　防癌抗癌作用

硒还被科学家称之为人体微量元素中的“防癌之王”。近年来，美国的多项防癌试验充分证明，硒可以降低致癌因子的诱变能力，同时能够干扰致癌物质的代谢，抑制癌细胞的增殖和分化，对多种人类癌症具有防治保护作用。早在 20 世纪 60 年代，研究发现癌症可能与机体缺硒有关，以后在多种动物模型试验中证明，硒能抑制肿瘤的生长，显著降低乳腺癌、皮肤癌、结肠癌、肝癌等多种癌的发生率。硒是癌细胞基因表达的调节因子，能够诱导癌细胞程序性死亡，对机体细胞起到免疫作用。硒可抑制癌细胞 DNA 合成，改变癌细胞的恶性表型特征，具有诱导癌细胞分化的显著作用。

医学地理学研究表明，肿瘤的发病率和死亡率与硒的地理分布呈负相关，低硒地区肿瘤的发病率及死亡率较高，肿瘤患者体内硒水平较正常人低。Lener 等[68]调查发现，86 例肺癌患者体内平均血清硒水平仅为 63.2μg/L，而对照组平均值为 74.6μg/L。越来越多的研究证明，硒对人体肿瘤和癌症的预防和治疗有一定的作用，膳食添加硒能有效预防各种癌症的发病率，肿瘤“硒化学预防”已成为世界许多国家的研究热点。

1.4.4　与重金属拮抗作用

硒是带负电荷的非金属离子，能拮抗和减弱机体内砷、汞、铬、镉等重金属元素的毒性。硒与金属的结合力很强，能抵抗镉对肾、生殖腺和中枢神经的毒害，与体内的汞、铅、锡、铬等重金属结合，形成金属硒蛋白复合而达到解毒、排毒的作用。胡良[69]研究发现有机硒能够改善砷污染土壤的微生物群落结构，抑制土壤中萝卜对砷的吸收，促进其生长。

1.4.5 预防心脑血管疾病

硒与心脑血管结构、功能及疾病发生关系密切。硒是维持心脏正常功能的重要元素，对心脏肌体有保护和修复的作用。多项研究表明心血管疾病与人体内硒水平呈负相关。低硒导致末梢组织缺血，可诱发心脑血管系统疾病。流行病学也证明，心血管疾病死亡率的分布有显著的地区性差异，而这种差异与硒含量相关。在我国，缺硒是克山病这种地方性疾病的主要病因。克山病是以心肌坏死为主的地方性心肌病，发病快，症状重，类似缺血、缺氧性的心肌坏死，患者常因抢救不及时而死亡。GSH-Px 的主要功能是清除体内脂质过氧化物，维持膜系统的完整性。硒能作用于人体，转化成硒酶，大量破坏血管壁损伤处集聚的胆固醇，使血管保持畅通，提高心脏中辅酶 A 的水平，使心肌所产生的能量提高，从而保护心脏。

1.4.6 预防糖尿病

缺硒引起的胰岛损伤的主要表现是以胰岛 β 细胞为主体的结构与功能的异常。硒是构成 GSH-Px 酶的活性成分，对链脲佐菌素所致的胰岛氧化损伤具有一定的保护作用，使其功能正常化，从而改善Ⅱ型糖尿病患者的症状。田雷等[70]在临床实验中发现硒酵母对糖尿病导致的视网膜病变有显著的疗效，为防治糖尿病中的应用提供了依据。然而，临床医学研究表明硒与糖尿病实际上呈“U”形关系，硒摄入过量也会增加患病的风险。

1.5 富硒产品的现状与开发前景

近年来，随着国内外各领域对富硒产品研究不断深入，富硒产品产业发展迅速，食用具有富硒标志的食物已成为一种趋势。富硒产品一般分为两大类：天然富硒产品和外源性富硒产品。湖北恩施、陕西紫阳、青海省海东市平安区等地区土壤含硒量丰富，这些地区凭借这一优势大力开发富硒农产品，如富硒谷物、富硒茶、富硒蔬菜、富硒水果以及富硒畜禽产品等。北京、上海、广东等地依靠先进发达的技术，着力于研发富硒保健品、富硒饲料、富硒中药材等外源性富硒产品。

富硒大米作为我国富硒农产品的典型代表，在广西、黑龙江、江苏等多个省份地区均被大面积种植。广西富硒农产品开发面积现已突破 20 万 hm^2，其中富硒大米占总面积的 37%，主要种植于钦州、贵港、北海等城市。截至 2022 年 1 月，广西累计有 173 个富硒米品种通过富硒认定，其中有 4 个荣获“中国富硒好米”的称号，9 个荣获“全国斗米大赛”金银奖，“广西富硒大米”这一桂系富硒品牌在全国颇具影响力。黑龙江哈尔滨方正县拥有知名富硒大米品牌“方正大米”，被誉为“中国富硒大米之乡”。江苏“花宜树”富硒大米中硒含量高达 800μg/kg，其形状饱满、色泽透亮，煮熟后晶莹剔透、米香浓郁，受到众多消费者青睐。如今富硒大米品牌建设已见成效，在这些知名品牌的带动下，整个地区富硒产品的加工与品牌推广都得到了显著提升。

目前，富硒产业体系在国外相对较为完善，欧洲、美国、日本、韩国、澳大利亚、马来西亚等国家和地区都已成功开发、上市多种富硒农产品。例如美国先后研制了纯天然富硒果汁、富硒牛奶等，澳大利亚开发了富硒小麦、富硒啤酒、富硒饼干和富硒牛肉干等富硒特色农产品。我国富硒产业发展起步较晚，富硒产品在整个市场中还未普及。随着生活水平的提高，人们对健康营养生活方式的追求不断提升，同时硒的生物学作用和机理的研究阐释日益清晰，社会各界对富硒资源大力开发利用，富硒产品发展前景十分广阔。

参考文献

[1] Mounicou S, Szpunar J, Lobinski R. Metallomics: The concept and Methodology[J]. Chemical Society Reviews, 2009, 38(4): 1119-1138.

[2] Li X, Liu T, Chang C, et al. Analytical Methodologies for Agrometallomics: A Critical Review[J]. Journal of Agricultural and Food Chemistry, 2021, 69(22): 6100-6118.

[3] Ogra Y, Anan Y. Selenometabolomics: Identification of selenometabolites and specification of their biological significance by complementary use of elemental and molecular mass Spectrometry[J]. Journal of Analytical Atomic Spectrometry, 2009, 24(11): 1477-1488.

[4] Meplan C, Hesketh J. The influence of selenium and selenoprotein gene variants on colorectal cancer Risk[J]. Mutagenesis, 2012, 27(2): 177-186.

[5] Chen N, Zhao C, Zhang T. Selenium transformation and Selenium-rich Foods[J]. Food Bioscience, 2021, 40: 100875.

[6] Hu W, Zhao C, Hu H, et al. Food Sources of Selenium and Its Relationship with Chronic Diseases: 5[J]. Nutrients, 2021, 13(5): 1739.

[7] Abdulah R, Miyazaki K, Nakazawa M, et al. Chemical forms of selenium for cancer Prevention[J]. Journal of Trace Elements in Medicine and Biology, 2005, 19(2): 141-150.

[8] Ganther H E. Pathways of Selenium Metabolism Including Respiratory Excretory Products[J]. Journal of the American College of Toxicology, 1986, 5(1): 1-5.

[9] 铁梅, 方禹之, 孙铁彪, 等. HPLC-ICP-MS 联用技术在富硒金针菇硒的形态分析中的应用[J]. 高等学校化学学报, 2007(4): 635-639.

[10] Shah M, S. Kannamkumarath S, A. Wuilloud J C, et al. Identification and characterization of selenium species in enriched green onion (*Allium fistulosum*) by HPLC-ICP-MS and ESI-ITMS[J]. Journal of Analytical Atomic Spectrometry, 2004, 19(3): 381-386.

[11] Casiot C, Szpunar J, Łobiński R, et al. Sample preparation and HPLC separation approaches to speciation analysis of selenium in yeast by ICP-MS[J]. Journal of Analytical Atomic Spectrometry, 1999, 14(4): 645-650.

[12] Peachey E, McCarthy N, Goenaga-Infante H. Acceleration of enzymatic hydrolysis of Protein-bound selenium by focused microwave Energy[J]. Journal of Analytical Atomic Spectrometry, 2008, 23(4): 487-492.

[13] Moreda-Piñeiro J, Sánchez-Piñero J, Mañana-López A, et al. Selenium species determination in foods harvested in Seleniferous soils by HPLC-ICP-MS after enzymatic hydrolysis assisted by pressurization and microwave energy[J]. Food Research International, 2018, 111: 621-630.

[14] 王铁良，周晓华，刘进玺，等. 高效液相色谱-氢化物发生-原子荧光光谱联用技术测定高脂作物中的硒形态[J]. 中国粮油学报: 1-11.

[15] Reyes L H, Encinar J R, Marchante-Gayón J M, et al. Selenium bioaccessibility assessment in selenized yeast after "in vitro" gastrointestinal digestion using two-dimensional chromatography and mass Spectrometry[J]. Journal of Chromatography A, 2006, 1110(1): 108-116.

[16] Mounicou S, Dernovics M, Bierla K, et al. A sequential extraction procedure for an insight into selenium speciation in Garlic[J]. Talanta, 2009, 77(5): 1877-1882.

[17] Pécheyran C, Quetel C R, Lecuyer F M M, et al. Simultaneous Determination of Volatile Metal (Pb, Hg, Sn, In, Ga) and Nonmetal Species (Se, P, As) in Different Atmospheres by Cryofocusing and Detection by ICPMS[J]. Analytical Chemistry, 1998, 70(13): 2639-2645.

[18] Jackson B P, Miller W P. Soluble Arsenic and Selenium Species in Fly Ash/Organic Waste-Amended Soils Using Ion Chromatography-Inductively Coupled Plasma Mass Spectrometry[J]. Environmental Science & Technology, 1999, 33(2): 270-275.

[19] León C A P de, DeNicola K, Montes Bayón M, et al. Sequential extractions of selenium soils from Stewart Lake: Total selenium and speciation measurements with ICP-MS Detection[J]. Journal of Environmental Monitoring, 2003, 5(3): 435-440.

[20] Amouroux D, Liss P S, Tessier E, et al. Role of oceans as biogenic sources of Selenium[J]. Earth and Planetary Science Letters, 2001, 189(3): 277-283.

[21] Jackson B, Shaw Allen P, Hopkins W, et al. Trace element speciation in largemouth bass (*Micropterus salmoides*) from a fly ash settling basin by liquid chromatography-ICP-MS[J]. Analytical and Bioanalytical Chemistry, 2002, 374(2): 203-211.

[22] Karaś K, Zioła-Frankowska A, Frankowski M. New method for simultaneous arsenic and selenium speciation analysis in seafood and onion samples: 20[J]. Molecules, 2021, 26(20): 6223.

[23] Lu Y, Pergantis S A. Selenosugar determination in porcine liver using multidimensional HPLC with atomic and molecular mass Spectrometry[J]. Metallomics, 2009, 1(4): 346.

[24] Zhang K, Guo X, Zhao Q, et al. Development and application of a HPLC-ICP-MS method to determine selenium speciation in muscle of pigs treated with different selenium supplements[J]. Food Chemistry, 2020, 302: 125371.

[25] Encinar J R, Schaumlöffel D, Ogra Y, et al. Determination of selenomethionine and selenocysteine in human serum using speciated isotope dilution-capillary HPLC - inductively coupled plasma collision cell mass spectrometry[J]. Analytical Chemistry, 2004, 76(22): 6635-6642.

[26] Remy R R de la F S, Sánchez M L F, Sastre J B L, et al. Multielemental distribution patterns in premature human milk whey and Pre-term formula milk whey by size exclusion chromatography coupled to inductively coupled plasma mass spectrometry with octopole reaction Cell[J]. Journal of Analytical Atomic Spectrometry, 2004, 19(9): 1104-1110.

[27] Kuehnelt D, Juresa D, Kienzl N, et al. Marked individual variability in the levels of trimethylselenonium ion in human urine determined by HPLC/ICPMS and HPLC/vapor generation/ICPMS[J]. Analytical and Bioanalytical Chemistry, 2006, 386(7): 2207-2212.

[28] Devos C, Sandra K, Sandra P. Capillary gas chromatography inductively coupled plasma mass spectrometry (CGC-ICPMS) for the enantiomeric analysis of d,l-selenomethionine in food supplements and Urine[J]. Journal

of Pharmaceutical and Biomedical Analysis, 2002, 27(3): 507-514.

[29] Bendahl L, Gammelgaard B. Separation and identification of Se-methylselenogalactosamine—a new metabolite in basal human urine—by HPLC-ICP-MS and CE-nano-ESI-(MS)2[J]. Journal of Analytical Atomic Spectrometry, 2004, 19(8): 950-957.

[30] Zheng J, Ohata M, Furuta N. Reversed-phase liquid chromatography with mixed ion-pair reagents coupled with ICP-MS for the direct speciation analysis of selenium compounds in human Urine[J]. Journal of Analytical Atomic Spectrometry, 2002, 17(7): 730-735.

[31] Larsen E H, Hansen M, Fan T, et al. Speciation of selenoamino acids, selenonium ions and inorganic selenium by ion exchange HPLC with mass spectrometric detection and its application to yeast and Algae[J]. Journal of Analytical Atomic Spectrometry, 2001, 16(12): 1403-1408.

[32] Moreno P, Quijano M A, Gutiérrez A M, et al. Study of selenium species distribution in biological tissues by size exclusion and ion exchange chromatagraphy inductively coupled plasma-mass Spectrometry[J]. Analytica Chimica Acta, 2004, 524(1): 315-327.

[33] Tao Z, Yu-Xi G, Bai L, et al. Study of selenium speciation in selenized rice using high-performance liquid chromatography-inductively coupled plasma mass spectrometer[J]. Chinese Journal of Analytical Chemistry, 2008, 36(2): 206-210.

[34] Williams P N, Lombi E, Sun G-X, et al. Selenium Characterization in the Global Rice Supply Chain[J]. Environmental Science & Technology, 2009, 43(15): 6024-6030.

[35] Fang Y, Zhang Y, Catron B, et al. Identification of selenium compounds using HPLC-ICPMS and nano-ESI-MS in selenium-enriched rice via foliar application[J]. Journal of Analytical Atomic Spectrometry, 2009, 24(12): 1657.

[36] 孟莉，许亚丽，夏曾润，等. 高效液相色谱-电感耦合等离子体质谱法测定谷类食品中的 4 种硒形态[J]. 分析科学学报, 2021, 37(06): 843-846.

[37] Bird S M, Ge H, Uden P C, et al. High-performance liquid chromatography of selenoamino acids and organo selenium compounds: Speciation by inductively coupled plasma mass spectrometry[J]. Journal of Chromatography A, 1997, 789(1): 349-359.

[38] Kotrebai M, Tyson J F, Block E, et al. High-performance liquid chromatography of selenium compounds utilizing perfluorinated carboxylic acid ion-pairing agents and inductively coupled plasma and electrospray ionization mass spectrometric detection[J]. Journal of Chromatography A, 2000, 866(1): 51-63.

[39] Kotrebai M, Birringer M, F. Tyson J, et al. Selenium speciation in enriched and natural samples by HPLC-ICP-MS and HPLC-ESI-MS with perfluorinated carboxylic acid ion-pairing agents Presented at SAC 99, Dublin, Ireland, July 25-30, 1999.[J]. Analyst, 2000, 125(1): 71-78.

[40] Gergely V, Kubachka K M, Mounicou S, et al. Selenium speciation in *Agaricus bisporus* and *Lentinula edodes* mushroom proteins using Multi-dimensional chromatography coupled to inductively coupled plasma mass Spectrometry[J]. Journal of Chromatography A, 2006, 1101(1): 94-102.

[41] Huerta V D, Sánchez M L F, Sanz-Medel A. Qualitative and quantitative speciation analysis of water soluble selenium in three edible wild mushrooms species by liquid chromatography using post-column isotope dilution ICP-MS[J]. Analytica Chimica Acta, 2005, 538(1): 99-105.

[42] Kápolna E, Fodor P. Speciation analysis of selenium enriched green onions (*Allium fistulosum*) by HPLC-ICP-MS[J]. Microchemical Journal, 2006, 84(1): 56-62.

[43] Wróbel K, Wróbel K, Kannamkumarath S S, et al. HPLC-ICP-MS speciation of selenium in enriched onion leaves - a potential dietary source of Se-Methylselenocysteine[J]. Food Chemistry, 2004, 86(4): 617-623.

[44] Vonderheide A P, Wrobel K, Kannamkumarath S S, et al. Characterization of selenium Species in Brazil Nuts by

HPLC-ICP-MS and ES-MS[J]. Journal of Agricultural and Food Chemistry, 2002, 50(20): 5722-5728.

[45] Dernovics M, Giusti P, Lobinski R. ICP-MS-assisted nanoHPLC-electrospray Q/time-of-flight MS/MS selenopeptide mapping in Brazil Nuts[J]. Journal of Analytical Atomic Spectrometry, 2007, 22(1): 41-50.

[46] Day J A, Kannamkumarath S S, Yanes E G, et al. Chiral speciation of Marfey's derivatized DL-selenomethionine using capillary electrophoresis with UV and ICP-MS Detection[J]. Journal of Analytical Atomic Spectrometry, 2002, 17(1): 27-31.

[47] Mounicou S, McSheehy S, Szpunar J, et al. Analysis of selenized yeast for selenium speciation by Size-exclusion chromatography and capillary zone electrophoresis with inductively coupled plasma mass spectrometric detection (SEC-CZE-ICP-MS)[J]. Journal of Analytical Atomic Spectrometry, 2002, 17(1): 15-20.

[48] Yang L, Mester Z, Sturgeon R E. Determination of methionine and selenomethionine in yeast by species-specific isotope dilution GC/MS[J]. Analytical Chemistry, 2004, 76(17): 5149-5156.

[49] Ruiz Encinar J, Ouerdane L, Buchmann W, et al. Identification of water-soluble selenium-containing proteins in selenized yeast by size-exclusion-reversed-phase HPLC/ICPMS followed by MALDI-TOF and electrospray Q-TOF mass spectrometry[J]. Analytical Chemistry, 2003, 75(15): 3765-3774.

[50] Dernovics M, Far J, Lobinski R. Identification of anionic selenium species in Se-rich yeast by electrospray QTOF MS/MS and hybrid linear ion trap/orbitrap MSn[J]. Metallomics, 2009, 1(4): 317.

[51] 张春林，王东，王岩，等. HPLC-ICPMS 联用法测定富硒酵母粉中砷和硒的形态分析[J]. 食品科技，2019, 44(06): 326-331.

[52] Meija J, Montes-Bayón M, Le Duc D L, et al. Simultaneous monitoring of volatile selenium and sulfur species from Se accumulating plants (Wild Type and Genetically Modified) by GC/MS and GC/ICPMS using solid-phase microextraction for sample introduction[J]. Analytical Chemistry, 2002, 74(22): 5837-5844.

[53] Zhao Y, Zheng J, Yang M, et al. Speciation analysis of selenium in rice samples by using capillary electrophoresis-inductively coupled plasma mass spectrometry[J]. Talanta, 2011, 84(3): 983-988.

[54] Cuderman P, Kreft I, Germ M, et al. Selenium species in selenium-enriched and drought-exposed potatoes[J]. Journal of Agricultural and Food Chemistry, 2008, 56(19): 9114-9120.

[55] Ayouni L, Barbier F, Imbert J L, et al. New separation method for organic and inorganic selenium compounds based on anion exchange chromatography followed by inductively coupled plasma mass spectrometry[J]. Analytical and Bioanalytical Chemistry, 2006, 385(8): 1504-1512.

[56] 秦冲，施畅，万秋月，等. HPLC-ICP-MS 法测定富硒小麦中硒的形态[J]. 食品研究与开发，2019, 40(2): 140-144.

[57] Cankur O, Yathavakilla S K V, Caruso J A. Selenium speciation in dill (*Anethum graveolens* L.) by ion pairing reversed phase and cation exchange HPLC with ICP-MS Detection[J]. Talanta, 2006, 70(4): 784-790.

[58] Kápolna E, Hillestrøm P R, Laursen K H, et al. Effect of foliar application of selenium on its uptake and speciation in Carrot[J]. Food Chemistry, 2009, 115(4): 1357-1363.

[59] Daun C, Lundh T, Önning G, et al. Separation of soluble selenium compounds in muscle from seven animal species using size exclusion chromatography and inductively coupled plasma mass spectrometry[J]. Journal of Analytical Atomic Spectrometry, 2004, 19(1): 129-134.

[60] Mounicou S, Meija J, Caruso J. Preliminary studies on selenium-containing proteins in *Brassica juncea* by size exclusion chromatography and fast protein liquid chromatography coupled to ICP-MS[J]. Analyst, 2004, 129(2): 116-123.

[61] Bhatia P, Aureli F, D'Amato M, et al. Selenium bioaccessibility and speciation in biofortified pleurotus mushrooms grown on selenium-rich agricultural Residues[J]. Food Chemistry, 2013, 140(1): 225-230.

[62] Tastet L, Schaumlöffel D, Bouyssiere B, et al. Identification of Selenium-containing proteins in selenium-rich

yeast aqueous extract by 2D gel electrophoresis, nanoHPLC-ICP MS and nanoHPLC-ESI MS/MS[J]. Talanta, 2008, 75(4): 1140-1145.

[63] Ballihaut G, Pécheyran C, Mounicou S, et al. Multimode detection (LA-ICP-MS, MALDI-MS and nanoHPLC-ESI-MS2) in 1D and 2D gel electrophoresis for selenium-containing proteins[J]. TrAC Trends in Analytical Chemistry, 2007, 26(3): 183-190.

[64] Casiot C, Vacchina V, Chassaigne H, et al. An approach to the identification of selenium species in yeast extracts using Pneumatically-assisted electrospray tandem mass spectrometry[J]. Analytical Communications, 1999, 36(3): 77-80.

[65] Callejón-Leblic B, Selma-Royo M, Collado M C, et al. Impact of antibiotic-induced depletion of gut microbiota and selenium supplementation on plasma selenoproteome and metal homeostasis in a mice model[J]. Journal of Agricultural and Food Chemistry, 2021, 69(27): 7652-7662.

[66] Rayman M P. The importance of selenium to human Health[J]. The Lancet, 2000, 356(9225): 233-241.

[67] Brigelius-Flohé R, Maiorino M. Glutathione Peroxidases[J]. Biochimica et biophysica acta (BBA) - general subjects, 2013, 1830(5): 3289-3303.

[68] Lener M, Muszyńska M, Jakubowska A, et al. Review Selenium as a marker of cancer risk and of selection for control examinations in surveillance[J]. Współczesna Onkologia, 2015, 1A: 60-61.

[69] 胡良. 硒对土壤和萝卜中砷含量的调控及对砷生物可利用度的影响[D]. 南昌：南昌大学, 2019.

[70] 田雷，宋永坡，齐明宇，等. 硒酵母在糖尿病视网膜病变治疗中的应用临床研究[J]. 糖尿病新世界，2020, 23(1): 163-164.

第2章 富硒水稻的生物强化与大米硒组学分析

我国虽有部分地区属天然的高硒地区，如湖北恩施、陕西紫阳，这些地区生产的农作物有相当高的硒含量，但这些地区生产的农产品数量有限，不足以满足众多的缺硒人群。大米是我国居民主要粮食之一，尤其在南方地区占很大比重。陈历程[1]和甄燕红[2]等分别在 2001 年和 2006 年进行全国部分地区的市售大米的硒含量调查，结果表明我国市场上的大米有 1/3 以上为严重缺硒大米（<0.02mg/kg）。因此，实时监测市场上大米硒含量，研究开发切实有效的方法来提高稻米中硒含量，对于改善硒缺乏人群的营养水平，从而降低由缺硒造成的多种疾病尤为重要。

水稻生物强化富硒技术主要集中在三个方面：一是从生理栽培的角度，通过施用外源硒来提高稻米中的硒含量；二是从遗传育种角度，根据品种间的基因差异性，筛选富硒亲本，选育富硒水稻品种；三是对水稻硒的遗传性分析。

目前在富硒水稻的开发应用上，研究最多的是增施外源硒来提高稻米中硒的含量。根据水稻对硒元素的生理吸收、代谢特点，开发出易被植物吸收利用的富硒肥料，通过土壤施硒或叶面喷施，提高硒在水稻籽粒中的营养积累，进而生产出硒含量明显高于普通水稻的富硒功能水稻。在水稻生产中施硒肥，不但可以提高稻米中的硒含量，还能在一定程度上提高产量，改善稻米品质，增强水稻抗逆性及减轻重金属铬、镉、铅等对水稻的毒害作用。此前的研究表明[3]，喷施一定浓度的硒肥，不仅能够使稻米中粗蛋白含量提高 7.81%，而且能显著降低稻米籽粒中铅、汞和镉的含量。水稻喷施富硒肥具有抗病、抗氧化、抗旱、抗寒、解霜冻、解药害等功能。戴志华[4]试验发现，高浓度硒处理后，水稻叶片的超氧化物歧化酶（SOD）、过氧化物酶（POD）和谷胱甘肽（GSH）等抗氧化酶的活性显著增加。硒在一定程度上还能影响植物体内某些有机化合物的水平，从而有效改善稻米品质。周鑫斌等[5]通过喷施亚硒酸钠生产的富硒水稻的籽粒硒含量在 0.225～0.586mg/kg 之间，是对照处理的 8～10 倍，其中有机硒含量在 90%左右。

前期的研究表明，在水稻灌浆期，通过叶面喷施生物硒肥可以显著提高稻米中硒的含量[1]，富硒大米的水提物具有较好的抗氧化活性，并与硒的含量成剂量关系[6]。同时，通过动物试验表明，喂养富硒大米的小鼠 GPx 酶活性明显提高，并具有良好的抗突变作用[7]。为了理解富硒大米在体内体外所表现的活性机理，需要进一步明确富硒大米中硒的具体存在形式。

在分析研究硒的形态前，首先必须采取有效的提取方法将各种硒的形态化合物从样品中提取释放出来，然后才能用高分辨率的分离方法和检测技术进行定性定量分析。样品的前处理中，主要有缓冲盐提取、酸碱提取、酶分解技术、微波辅助提取技术、超声辅助提取技术等。根据不同的生物样品及硒的形态，可选用适合的提取技术。常规的提取方法有热水、盐酸和氢氧化钠提取等，若要分析含硒蛋白链中硒的掺入方式，可选用酶分解法分析蛋白结合硒，例如，各种不同的酶分解法应用于富硒酵母中硒的化合物的释放与提取，因为富硒酵母中的主要存在形态为蛋白结合硒。在很多研究中，长时间的酶解容易造成富硒酵母中硒化合物的转变，尤其是SeMet 向 SeOMet 的氧化。因此，可以用超声波、微波等方法加入辅助提取，缩短提取时间，避免天然硒化合物转变。

关于硒的形态分析方法，国内外已经有了较多的研究，近些年来随着这一领域研究的进一步开展，硒的形态分析不断深入，在线联用技术已经成为硒的形态分析常用技术、各种新技术、新方法层出不穷。其中，HPLC-ICPMS 联用技术广泛用于生物样品中硒氨基酸、多肽和蛋白质的研究，它具有分离能力强、测定灵敏度高、选择性好、分析速度快等优点，非常适合分离样品中非挥发的化学形态。Wróbel 等[8]采用离子对反相色谱与紫外检测器（UV）、ICPMS 联用测定了富硒酵母中低分子量区的硒化合物：SeCys2、AdoSeMet 和 AdoSeHcy，并采用电喷雾电离质谱（ESI-MS）进一步证实了它们的结构。Mounicou 等[9]采用基于排阻色谱-毛细管区域电流（CZE）的二维分离方法，以 ICPMS 为检测器分析酵母水提物中的硒的形态，Se^{IV}、Se^{VI}、$SeCys_2$、SeMet 和 SeEt 可以达到基线分离。Méndez 等[10]用手性液相色谱与 ICPMS 联用测定富硒酵母中的 SeMet 的对映结构体，以 2%的甲醇-水为流动相，流速为 1mL/min，在 8min 内成功地分离了 DL-SeMet 和 DL-SeEt。

目前，HPLC-ICPMS 技术对于样品中硒的形态分析应用广泛，通常是用已有的硒的化合物标样与样品中的硒化合物的保留时间匹配法来鉴定，并用分子质谱技术（如 ESI-MS, MALDI-TOFMS）来辅助分析。

2.1 不同产区大米硒水平分析

2007 年至 2008 年，在全国 6 个水稻产区（华东、华南、西南、华中、华北和东北）的县级以上农贸市场或超市，采购收集 69 个市售大米样品，24 个不同品种种子样品，分析大米中硒含量水平，评价我国主要稻米产区居民硒的膳食营养状况。

所有收集的大米样品在 50℃下烘干，每个种子样品取 100g，用稻谷精米机脱壳，碾米 50s 脱糠后制成精米，用粉碎机磨粉后过 80 目筛，低温保存。

2.1.1　检测方法的回收率、检出限和准确性

大米样品中硒含量的测定采用氢化物原子荧光光谱法（HG-AFS）进行，并做部分修改。采用该方法测定标准大米硒含量 6 次，结果见表 2.1，标准物质（标准大米 GBW 10010）硒含量标准参考值为(0.061±0.015) mg/kg，而本法 6 次的测定平均值为(0.059±0.004) mg/kg。回收率为 97.54%±4.37%（n=6），回收率的 RSD 为<5%，在国标推荐方法的偏差范围内。同时该方法的检出限为 0.023μg/L，说明应用本方法测定大米硒含量是精确可行的，适合本研究中测定大量样本。因此，在每批大米样品测定硒含量中插入标准物质用于质量控制。

表 2.1　原子荧光光谱法测定硒的方法回收率、检出限和试验准确性研究（n=6）

标准物质	硒含量/(mg/kg)		回收率/%	检出限 LOD/(μg/L)
	标准值	测定值		
标准大米 GBW 10010	0.061±0.015	0.059±0.004	97.54±4.37	0.023

2.1.2　全国水稻产区大米硒含量分析

表 2.2 为全国主要水稻产区市售大米的硒含量，范围为 0.003～0.049mg/kg，平均为(0.022±0.019)mg/kg。这一结果与陈历程 2001 年调查的结果相一致，略低于 2006 年甄燕红等调查的 91 个样本的硒平均含量为 0.029mg/kg，说明 2000 年至 2010 年这 10 年间我国大米的硒含量未发生较大变化。华南地区的广东、广西 6 个样本硒含量最低，华东、华北地区与东三省大米与全国硒平均含量一致，福建省的大米硒含量只有 0.003mg/kg。除湖北恩施地区的特殊样本外，其他地区大米硒含量都低于食物硒含量临界值 0.06mg/kg，属于低硒大米，说明这些地区耕作土地属低硒土壤，这与我国 2/3 土壤是缺硒或低硒土壤的调查相吻合。而表中华东、华南和西南大米硒含量在 0.02mg/kg 以下，属严重缺硒大米。华中地区的大米硒含量 0.035mg/kg，其中湖南达 0.049mg/kg，这与邢翔等[11]将华中地区的湖南和湖北划分为富硒地区，与其是一个潜在可利用地区的研究相一致。

在本次硒水平调查中，南方地区大米硒含量普遍较低，除与土壤硒含量有关外，还很可能跟稻米的过度精加工有关。在 Liu 等[12]的研究中，稻米中的硒含量随着精米机的加工时间延长而显著减少。因此，在稻米加工的过程中除了追求大米的口感外，还应注重营养素的损失问题，以大米为主食人群应适当膳食粗粮。我国湖北恩施属于典型的高硒地区，其食物硒含量比贫硒地区的食物硒含量高。本次调查测得

天然富硒地区湖北恩施的一个大米样品硒含量为0.484mg/kg，比全国产区市售大米平均硒含量高22倍以上，该值与王少元[13]1997年调查的结果差不多。

表 2.2　全国主要水稻产区市售大米硒的含量

产地		样本数	Se 平均含量/(mg/kg)	
东北	黑龙江	8	0.025 ± 0.021	0.021
	辽宁	2	0.030 ± 0.009	
	吉林	3	0.008 ± 0.002	
华北	河北	3	0.021 ± 0.001	0.021
华中	河南	3	0.028 ± 0.021	0.035
	湖北	3	0.029 ± 0.014	
	湖南	4	0.049 ± 0.040	
华东	安徽	7	0.032 ± 0.032	0.018
	江苏	7	0.014 ± 0.008	
	山东	3	0.023 ± 0.020	
	江西	5	0.023 ± 0.008	
	浙江	4	0.013 ± 0.009	
	福建	3	0.003 ± 0.003	
华南	广东	3	0.006 ± 0.004	0.007
	广西	3	0.008 ± 0.001	
西南	四川	6	0.013 ± 0.004	0.019
	重庆	2	0.025 ± 0.023	
富硒地区①	湖北恩施	1	0.484	
总数/平均值		69	0.022 ± 0.019	

① 富硒地区收集的特殊样本未计入全国大米硒平均值分析。

2.1.3　大米产区居民硒的膳食营养评价

尽管硒对人体有潜在的毒性，但对人和动物缺硒的报道却远多于因硒过量而中毒的。机体硒缺乏会导致多种疾病和各种症状，如克山病、卡辛-贝克氏病（大骨节病）以及人体的衰老、癌症、心脑血管疾病、白内障、胞囊纤维变性、高血压等，而日硒摄入量低于11μg，则会造成DNA的损害。足量的日硒摄入有助于提高机体谷胱甘肽过氧化物酶等多种含硒酶和硒蛋白活性以及机体免疫力，而日硒摄入量达到200μg，可有效防止多种癌症的发生。

本研究中69个供试大米样品的硒含量范围为0.0014～0.1101mg/kg，平均值为0.022mg/kg。图2.1是69个大米样本的硒含量正态分布图，正态分布图的中心在大米硒平均值的0.022mg/kg右侧，属于中心偏移型分布图。在所采集的大米样本中，

31 个样本集中在硒含量在 0.013～0.025mg/kg 之间，有 46.3%以上的大米属于严重缺硒大米（<0.02mg/kg）。中国营养学会制定的膳食推荐中国居民每日摄入谷类食品应为 300～500g，大米是我国居民主要粮食之一，尤其是在南方地区占很大比重，每天人均实际摄入大米大约 250g。因此，根据平均值 0.022mg/kg，可计算出稻米产区人均每日从大米中摄取的硒仅为 5.5μg/d。尽管我国居民生活水平不断提高，谷类食物摄入减少，肉、禽、蛋及水产品等动物性食物的摄入量显著增加，膳食结构发生较大变化，但仍主要以植物性食品为主。在我国，低硒地区以谷物为主食人群摄取的硒含量约占饮食总硒摄入量的 2/3，而以大米为主食人群从大米中摄取的硒含量约占饮食总硒摄入量的比值范围较大，人群约为 1/4～2/3。因此，可推算以大米为主食人群人均日硒摄入量为 8.3～22.0μg/d，与中国营养学会的推荐值 50～250μg/d 相差甚远。湖南地区大米平均硒含量最高，为 0.049mg/kg，估算人均日硒摄入量在 18.8～50.0μg/d，大多也未达到中国营养学会的推荐值。此次调查中，南方地区大米硒含量普遍较低，虽然沿海地区长期摄入海产品，日硒摄入量应该高于本次估测值，但是这与中国营养学会的推荐值仍有差距，存在影响人们健康的潜在风险。因此，我国市场的大米可能普遍存在缺硒问题，若长期食用低硒大米，硒的摄入水平明显偏低，可见，科学补硒刻不容缓。

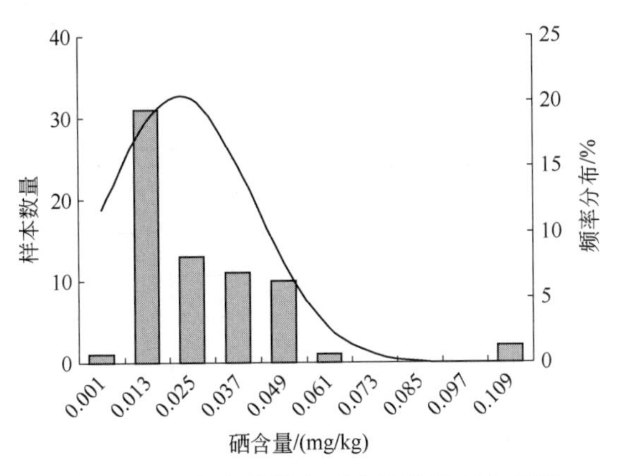

图 2.1　69 个大米样本硒含量的正态分布图

2.1.4　全国部分水稻产区不同品种大米硒的含量分析

一般认为水稻属于非聚硒植物，但水稻对硒具有一定的生物富集能力，能主动吸收利用硒，且不同品种水稻对土壤中硒的积累能力是不同的。我国水稻品种繁多，从全国稻米产区随机选取了 24 个品种，测定大米样品中的硒含量，将平均值、变幅和变异系数列于表 2.3 中。从分析结果来看，所采集的样本硒平均值为 0.026mg/kg，与全国各地区的大米硒含量相近。但是，各品种间的硒水平变幅较大，变异系数达

113.0%，影响因素有品种的富集能力、土壤和灌溉水源的硒水平等。在 24 个大米品种中，硒含量最低值 0.002mg/kg 来自福建三明的先优 70，最高值 0.105mg/kg 来自安徽绩溪县的安隆优 1 号。同样采自绩溪县的Ⅱ优明 86 大米硒含量只有 0.005mg/kg，说明同一地点不同品种水稻具有不同的硒富集能力。周鑫斌等[14]分析了不同水稻品种之间对硒的吸收分配的差异，结果表明富硒水稻品种更加容易从土壤中吸收硒积累于籽粒中。因此，如何筛选出高硒富集能力的水稻亲本，从而培育高产、优质、抗病和富硒的水稻新品种，是提高稻米硒含量的一条重要的途径。

表 2.3　全国部分水稻产区不同品种大米硒的含量

品种	产地	Se 含量/(mg/kg)
香优 80	安徽芜湖	0.031 ± 0.003
协优 507	安徽绩溪	0.010 ± 0.002
Ⅱ优明 86	安徽绩溪	0.005 ± 0.001
安隆优 1 号	安徽绩溪	0.105 ± 0.004
先优 70	福建三明	0.002 ± 0.000
特优 63	福建永春	0.005 ± 0.000
播优 15	广东湛江	0.003 ± 0.000
金优 77	广西桂林	0.007 ± 0.000
9013	河北唐山	0.020 ± 0.003
岗优	河南信阳	0.043 ± 0.005
618	河南原阳	0.004 ± 0.000
系选 1 号	黑龙江佳木斯	0.040 ± 0.003
垦稻 1 号	黑龙江佳木斯	0.006 ± 0.000
五优 C	黑龙江七台河	0.005 ± 0.000
两优培 9	湖北老河口	0.036 ± 0.003
金优佳 99	湖南永州	0.041 ± 0.002
金优	湖南吉首	0.055 ± 0.004
冈优 3551	湖南益阳	0.103 ± 0.006
连粳 3 号	江苏徐州	0.005 ± 0.000
申香粳 8 号	江苏金坛	0.011 ± 0.000
宁粳 1 号	江苏南京	0.071 ± 0.002
申优 1 号	江苏苏州	0.064 ± 0.003
今优 182	江西萍乡	0.028 ± 0.002
金优 207	江西赣州	0.008 ± 0.000
丰源优 299	江西赣州	0.023 ± 0.001
国丰 1 号	四川都江堰	0.004 ± 0.000
岗优 527	四川德阳	0.010 ± 0.000
金优 9308	浙江金华	0.005 ±0.000

续表

品种	产地	Se 含量/(mg/kg)
秀水 54	浙江诸暨	0.026 ± 0.0002
三优 10 号	浙江温州	0.010 ± 0.000
帅优	重庆	0.041 ± 0.002
岗优 63	重庆	0.008 ± 0.000
变幅（变异系数）		0.002～0.105 (113.0%)
平均值		0.026 ± 0.028

注：表中数据为三次测定值的平均值±标准差。

2.2　外源硒在水稻中的分布规律及对大米品质的影响

2.2.1　外源硒对水稻籽粒吸收硒的影响

在植物叶片的上下表面还有一种称为气孔的结构，气孔是叶片内部与外界沟通的渠道。叶层与外界进行物质交换的一种途径是通过叶片细胞的质外连丝，像根系表面一样，通过主动吸收把营养物质吸收到叶片内部。因此叶片与根系一样，对营养物质也有选择吸收的特点。剑叶是水稻籽粒灌浆充实成熟期的功能叶，剑叶与水稻籽粒灌浆充实关系密切。在水稻籽粒充实期，剑叶是同化作用最活跃的器官，是籽粒充实的重要“物源”。在水稻籽粒灌浆期，对叶面喷施硒肥，通过剑叶吸收无机硒，由叶面转运至籽粒合成有机硒。图 2.2 是叶面喷施外源硒肥对籽粒吸收硒的影响，结果表明，水稻叶面施用硒肥的浓度从 0g/hm^2 提高到 100g/hm^2，大米硒含量从对照组的 0.032mg/kg 显著增加到 0.207～1.790mg/kg（P<0.01），提高了

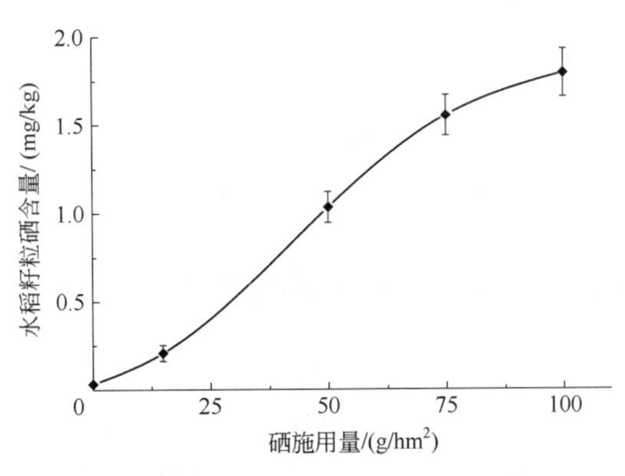

图 2.2　叶面喷施硒肥对水稻籽粒硒含量的影响

6～55 倍。同样，周鑫斌等[5]通过喷施亚硒酸钠生产的富硒水稻的籽粒硒含量在 0.225～0.586mg/kg 之间，是对照处理的 8～10 倍。因此，利用叶面喷施亚硒酸钠可以作为提高大米中硒水平的有效措施，从而可以进一步改善大米产区人群的硒营养状况。

2.2.2 硒在水稻籽粒中的积累与分布

图 2.3 是不同施硒浓度下硒在水稻籽粒各组分中的积累情况。精米，米糠，稻壳中的硒含量随喷施浓度增加而线性增加，富硒水稻籽粒中的硒主要集中分布在米糠中。随着施硒浓度的增加，$m_{\text{Se,稻壳}}/m_{\text{Se,精米}}$和 $m_{\text{Se,稻壳}}/m_{\text{Se,米糠}}$的比值逐渐增加，说明在高浓度施硒状态下，硒更多积累在水稻颖壳中，而 $m_{\text{Se,米糠}}/m_{\text{Se,精米}}$比值没有发生显著差异。这一点可以说明，在抽穗期叶面喷硒肥时，稻米颖壳已形成，硒可能以无机硒的形式残留在颖壳上，而精米和米糠中的硒是由水稻叶面转运至胚和胚乳中，因此大部分为有机硒，精米中大部分为淀粉胚乳，而硒主要与蛋白质结合。因此，精米中硒的积累程度低于米糠。

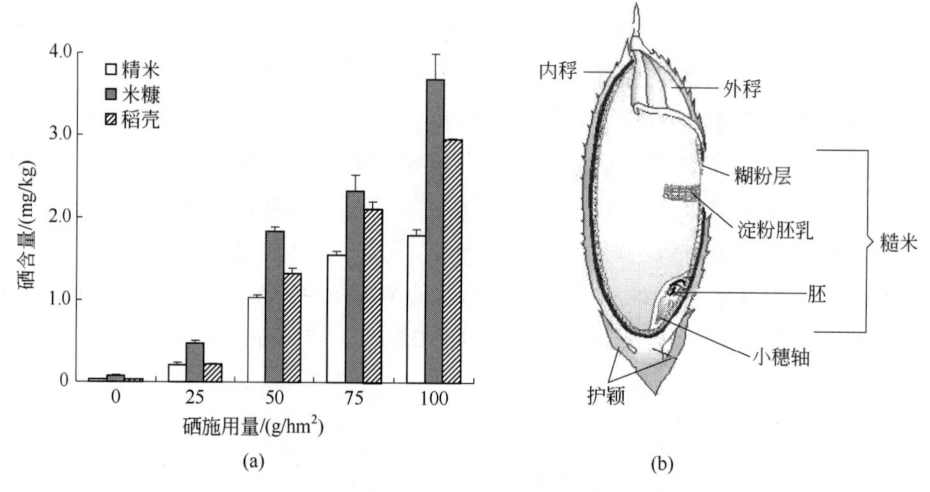

图 2.3　硒在水稻籽粒中的积累与分布

（a）不同施硒浓度下稻壳、米糠和精米硒含量；（b）稻米的结构图

2.2.3 外源硒对水稻产量和籽粒品质的影响

水稻对硒具有生物富集作用。叶面喷施硒肥，利用水稻的生物富集和转化作用，把非生物活性和毒性高的无机硒转化为毒性低、安全有效的活性有机硒，是改善和满足食物链中硒水平不足的可行方法。魏丹等在盆栽水稻抽穗期至灌浆期通过叶面喷施无机硒的方式，不仅提高了籽粒中硒含量，同时还有不同程度的增产效应。研

究考察了叶面喷施外源硒肥对水稻产量和籽粒品质的影响（表 2.4），大田试验表明，各处理组间产量和千粒重有不同程度变化，低硒处理组 1 产量最高，在高硒喷施条件下，产量有所下降，但各试验组之间没有显著差异。在喷施硒肥后，水稻籽粒的营养品质发生变化，其中蛋白质含量显著性提高，蛋白质的含量从对照组的 6.65% 提高到处理 3 的 7.17%。此研究结果与周遗品等[15]研究相一致，适量硒肥可以提高稻米蛋白质和氨基酸的含量。然而，硒肥对其他营养成分如淀粉、脂质和灰分没有显著性影响。

表 2.4　叶面喷施硒肥对水稻产量和籽粒品质影响

施硒量/(g/hm^2)		产量指标		营养品质指标/%			
		产量/(kg/hm^2)	千粒重/g	淀粉	粗蛋白	脂质	灰分
对照组	0	8563 a	27.05 a	73.5 a	6.65 b	0.92 a	0.38 a
处理 1	15	8766 a	27.42 a	72.1 a	6.80 ab	0.95 a	0.34 a
处理 2	50	8301 a	28.08 a	72.9 a	7.05 ab	0.87 a	0.39 a
处理 3	75	8298 a	26.90 a	73.9 a	7.17 a	0.93 a	0.41 a
处理 4	100	8356 a	26.37 a	73.8 a	7.01 ab	0.89 a	0.39 a

注：表中数据为三次重复的平均值，同一列中不相同的字母表示显著差异（$P<0.05$）。

2.3　富硒大米中硒化合物的金属组学分析

在本研究中，首先用超声波辅助顺序酶解法，优化富硒大米中硒的形态提取方法，避免因长时间酶解造成天然硒化合物发生转变的难题。其次，建立了离子对反相色谱（IP-RP）和强阴离子交换（SAX）两种色谱联用 ICPMS，快速分析硒的形态的研究方法，缩短分析时间。然后用纳流电喷雾质谱（nanoESI-MS）鉴定硒的化合物结构，并将该分析方法应用于富硒大米硒的形态研究，提出由无机硒在水稻叶面转运至水稻籽粒中形成有机硒的可能途径。

2.3.1　硒形态提取方法的筛选

在硒的形态分析检测前，需要将样品中天然存在的含硒化合物从它们所存在的基体环境中分离出来，根据形态分析方法的要求，使其成为适宜的分析形式，以避免分析时基体对测量结果的干扰。在硒形态分析研究中，样品的前处理方法很多，硒的提取率通常被作为样品前处理所考察的重要指标，主要有缓冲盐提取、酸碱提取、酶分解技术、微波辅助提取技术、超声辅助提取技术等。由于生物体内的基体复杂，各种含硒化合物形态多样，并且每种含硒化合物的硒含量相对较低，这就要求在硒形态分析前尽可能提取硒的不同形态，同时还要避免天然存在的各种含硒化合物在处理过程中的损失和发生的形态转变。

大米胚乳中含有78%的淀粉，大米蛋白被紧紧包裹在淀粉颗粒结构中，用常规方法在短时间内提取含硒蛋白很难。α-淀粉酶可以随机从淀粉链内水解任何部位的α-1,4-糖苷键，迅速分解成短链糊精，释放蛋白质的同时也提高了硒的提取率。为了研究硒与蛋白质的结合形态，蛋白酶XIV将蛋白肽进一步水解成氨基酸形式。因此，利用α-淀粉酶和蛋白酶XIV顺序酶解，同时采用超声波辅助技术，可以有效地将普通大米和富硒大米的硒的提取率提高到92.8%和88.7%（表2.5）。在此分解过程中，超声波技术高效地将植物细胞破碎，非常有利于α-淀粉酶和蛋白酶XIV的酶解，释放含硒化合物，提高了硒的提取率，同时，将整个提取时间从20h缩短至5h，避免长时间酶解造成的硒化合物的转变。

表2.5　不同提取方法硒的提取率比较

提取方法		提取效率/%	
		普通大米	富硒大米
常规方法	水提	12.1±1.3	11.3±0.8
	0.1mol/L HCl	31.4±1.5	36.1±1.3
酶解20h	α-淀粉酶	64.1±1.8	66.2±2.3
	蛋白酶XIV	65.4±2.7	63.5±1.2
	α-淀粉酶+蛋白酶XIV	74.5±2.1	63.0±3.3
超声波辅助酶解5h	α-淀粉酶+蛋白酶XIV	92.8±2.0	88.7±3.1

注：表中数据为三次测定值平均值±标准误差。

2.3.2　IP-RP-HPLC联用ICPMS的色谱条件优化

由于硒的化合物（Se^{IV}, Se^{VI}, $SeCys_2$, MeSeCys, SeOMet和SeMet）在紫外光谱下，没有可检测的较强生色团，影响检测方法的检出限，因此不能用紫外检测器直接检测，需要用特定性的硒元素检测器ICPMS联用HPLC分离样品中的硒的形态。本试验考察了离子对试剂种类、浓度、甲醇比例对5种硒化合物的在离子对反相色谱上的保留行为，来优化色谱分离条件。

2.3.2.1　离子对试剂的筛选

一般地，极性强的离子在反相色谱柱中的保留时间短，因此，通常在流动相中加入一种与待测物电荷相反的试剂——离子对试剂，这就构成了IP-RP色谱。IP-RP已广泛应用于离子型有机化合物和无机离子的分离检测，溶质的保留值可通过调节有机溶剂、离子对试剂、无机盐的浓度和性质以及值而改变。因此，根据硒化合物的特性，IP-RP-HPLC 是硒的形态分析的常用手段。本试验选用三种离子对试剂 HFBA、TFA 和 FA 为研究对象，来考察 5 种硒化合物在离子对反相色谱上的保留机制。

由图 2.4 可见，在相同的离子对浓度、甲醇比例下，硒化合物在不同离子对试剂分离条件下，呈现不同的保留行为。在 0.05% FA 的流动相下，只有三个硒化合物被分离，其他硒化合物有“拖尾”现象，而在 0.05% TFA 的流动相下，有 4 个硒的化合物被完全分离，但保留时间相近。只有碳链较长的 HFBA 能将五种硒化合物较好地基线分离［图 2.4（c）］，因此选用 HFBA 作为离子对试剂进一步优化分离硒化合物。Kotrebai[16]等研究了 20 多种标准硒化合物在相同浓度（0.1%）的三种离子对试剂（TFA，PFPA 和 HFBA）下，在反相硅胶填料上的保留特性，评价了离子对试剂中碳原子数目的差异对反相离子对色谱分离硒化合物的影响，随着离子对试剂碳链的延长，对较先分离出来的洗脱硒化合物（如 SeO_4^{2-}、SeO_3^{2-}和 $SeCys_2$）有较好的分辨力，但同时也导致了洗脱时间相应地延长。经过条件优化后，选用分离效果较好的 HFBA 为离子对试剂，与本试验结果相似。

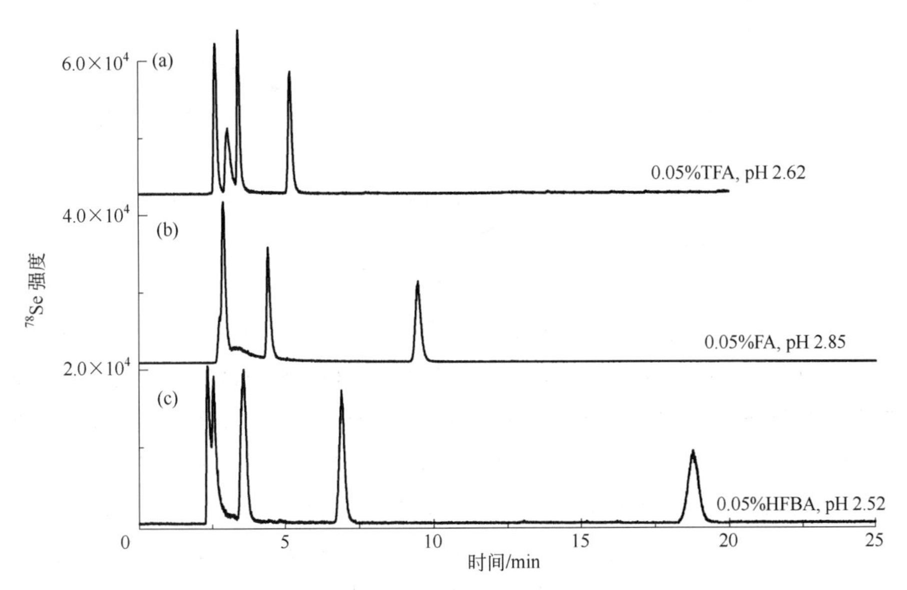

图 2.4　不同离子对试剂（0.05% TFA, 0.05% FA 和 0.05% HFBA）的 HPLC-ICPMS 色谱图

流动相：5%甲醇；流速：1.0mL/min

2.3.2.2　流动相中 HFBA 浓度的影响

在某些情况下，流动相中的离子强度主要由其中的离子对试剂的浓度决定。当离子对试剂的浓度增加时，增大了待测物形成离子对的可能性，因而也增大了该化

合物在色谱柱上保留的可能性。众所周知，某化合物的保留能力用容量因子或保留因子 k 来表示［$k=(t_r-t_0)/t_0$］，因此，k 值反映了硒的化合物在反相色谱柱上的保留特性。

本试验中，将 HPLC 分离条件固定在 5% MeOH，流速 1mL/min，考察了流动相中不同浓度的 HFBA 对 5 种硒的化合物的保留能力的影响。如图 2.5 所示，随着 HFBA 浓度（0%～1%）的增加，5 种硒化合物的保留能力都有所增加，其中 SeMet 的增幅最大，$SeCys_2$ 次之。本研究中配对离子为阴离子，无机硒化合物（SeO_4^{2-}和 SeO_3^{2-}）在流动相中主要以酸根阴离子形式存在，较难形成稳定的离子对，因而在柱上保留时间很短，几乎在死时间即被洗脱。而有机硒化合物可被质子化形成阳离子，可与配对离子形成较稳定离子对，在柱上有一定的保留能力。同时，有机硒化合物由于具有一定的疏水性，本身也能在柱上吸附。

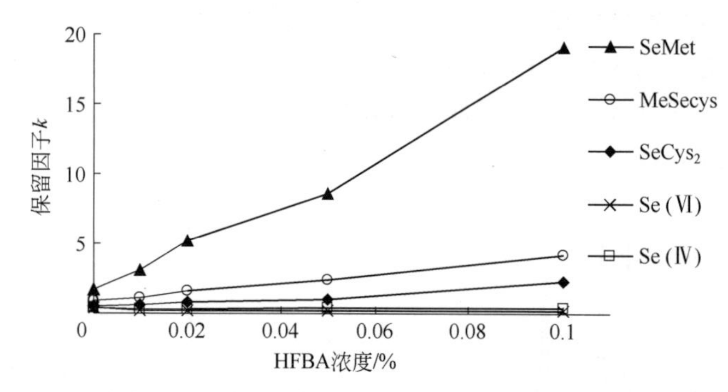

图 2.5　流动相中 HFBA 的浓度对 5 种硒化合物的保留能力的影响

流动相：5%甲醇；流速：1.0mL/min；保留因子：$k=(t_r-t_0)/t_0$，t_r 是硒化合物的保留时间，t_0 是反相色谱的死时间

如图 2.6 所示，当流动相中未加入离子对试剂时，只有 3 个硒化合物被分离，部分化合物有“拖尾”现象，且无机硒化合物（SeO_4^{2-}和 SeO_3^{2-}）几乎在死时间即被洗脱。当 HFBA 的浓度增加到 0.03%时，5 种硒化合物较好地分离，且保留时间合适，而浓度增加到 0.05%时，SeMet 保留时间>15min，为了达到快速分离硒化合物的效果，选用 0.03% HFBA，pH 3.1，5%甲醇的流动相作为最优化的色谱分离条件。有研究者用离子对反相色谱考察了 7 种硒化合物在硅胶反相色谱上的保留特性，将不同离子对按一定浓度混合制备流动相，来优化分离条件，结果表明，离子对反相色谱具有较为广泛的适用性，对多种硒化合物均有较好的分离效果，并将优化条件用于生物样品硒的形态分析，结果良好。

2.3.2.3　流动相中甲醇比例的影响

通常，流动相中含有低浓度的有机溶剂会增加 ICPMS 的信号响应值，试验测试了甲醇浓度在 1%～10%时不同流动相的分离效果。随着甲醇浓度的增加，有机硒化合物的保留时间缩短，且峰型变得尖锐，对无机硒化合物（SeO_4^{2-}和 SeO_3^{2-}）洗脱时间缩短，分离效果几乎没有影响。然而，较高的甲醇浓度会稍微降低 ICPMS 对硒的响应值，当甲醇浓度大于 5%时，ICPMS 会变得不稳定，因此，色谱分离条件选用 5%甲醇作为流动相，以缩短分析时间达到最佳分离度和分析时间。优化后的 HPLC 色谱分离条件见表 2.6。

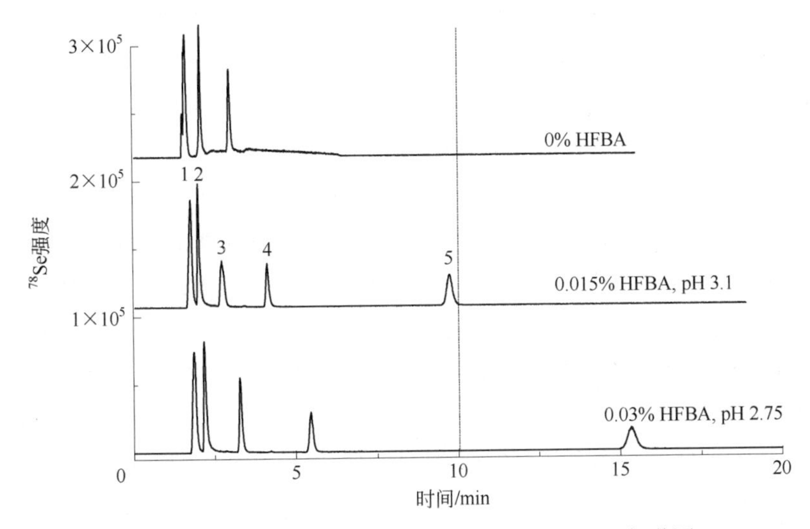

图 2.6　不同浓度 HFBA 条件下的 HPLC-ICPMS 色谱图

硒峰 1=Se^{VI}；2=Se^{IV}；3=$SeCys_2$；4=MeSeCys；5=SeMet；流动相：5% MeOH；流速：1.0mL/min

表 2.6　优化后的 IP-RP-HPLC 和 SAX-HPLC 仪器操作条件

a．IP-RP-HPLC 色谱条件

色谱柱	流动相	流速	进样量
Agilent Zorbax SB-C_{18} (250mm×4.6mm，5μm)	50mL/L 甲醇，0.15mL/L HFBA，pH 3.1	1.0mL/min	50μL

b．SAX-HPLC 色谱条件

色谱柱	流动相	梯度	流速	进样量
Hamilton PRP X-100（150mm×4.6mm，5μm）	起始液（A）：2mmol/L 柠檬酸盐，10mL/L 甲醇，pH 4.90 洗脱液（B）：10mmol/L 柠檬酸盐，10mL/L 甲醇，pH 4.90	0～4min：100%A； 4.1～10min： 100%（A）～100%（B）； 4～4.1min： 100%（B）～100%（A）； 10.1～15min：100%（A）	1.0mL/min	50μL

2.3.3　SeOMet 的合成与鉴定

在硒的形态研究中，SeMet 很容易被氧化，因此，很多研究学者通过在实验室内人工合成氧化物 SeOMet，来研究 SeMet 的氧化情况。Kirby 等[17]用硒的形态分析方法，证明了在硒强化饼干有 51%～60%的硒以 SeOMet 存在，可能原因是饼干在高温加工过程中，面粉中的 SeMet 被氧化成 SeOMet。富硒酵母中硒主要存在形态是 SeMet，Dumont 等[18]在用蛋白酶水解富硒酵母后，将水解液放置在冰箱贮存 3 周后，发现出现 3 个未知硒的化合物存在。另外，Mazej 等[19]研究了蛋白酶 XIV 酶解过程中 SeMet 的稳定性，SeMet 在 37℃下用蛋白酶 XIV 水解 24h，发现有 2 个新的硒化合物。因此，研究 SeOMet 更为重要。由于 SeOMet 没有商业化标样，本研究通过在实验室合成 SeOMet，用 RP-HPLC-ICPMS 和 nanoESI-MS 鉴定合成产物，制备 SeOMet 标样，分析本研究中酶解过程中可能产生的 SeOMet。

图 2.7（a）是 SeOMet 合成反应后混合溶液的 RP-HPLC-ICPMS 色谱图，混合溶液中有 4 个氧化产物和少量 SeMet 残留，保留时间 3.4min 处的有一个主要氧化产物，将组分收集，进行 nanoESI-MS 分析该化合物。如图 2.7（b）所示，SeOMet 的分子离子峰为 196（$[M+H]^+$），是 214 的脱水产物，因为 SeOMet 通常以水合物的形式存在溶液中，同时将 196 进行 MS_2 分析，产生 3 个离子碎片，*m*/*z* 168 和 *m*/*z* 150 分别是丢失了 CO 和 CO、H_2O，*m*/*z* 122 是 150 继续丢失—CH_2CH_2—的离子碎片。因此，通过以上质谱碎片分析，可以推断该化合物是 SeOMet，分子结构见图 2.7（b）插图。在 1.9min 的氧化产物通过保留时间配对法，可以鉴定为 SeO_4^{2-}，参考他人对 SeOMet 合成产物的鉴定研究结果，可以推断保留时间 2.5min 处的硒化合物可能为甲基硒酸（CH_3SeOOH）。

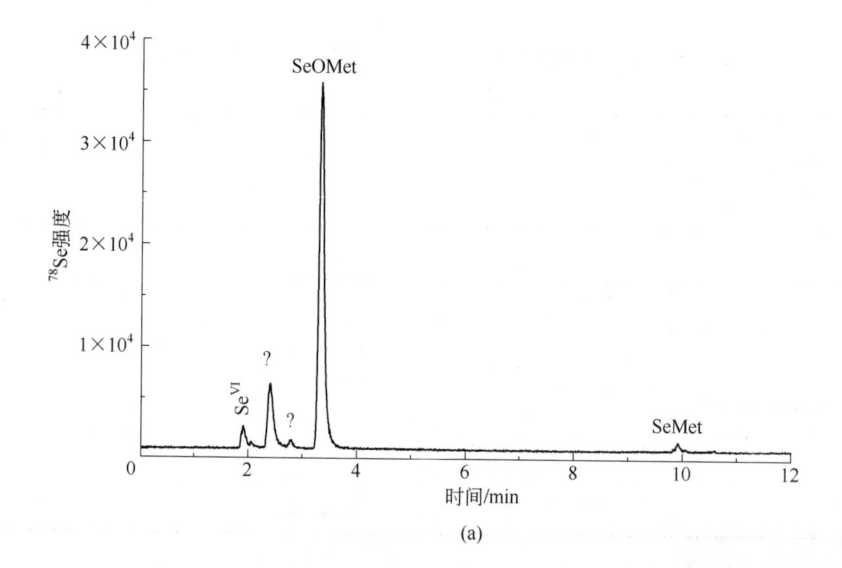

(a)

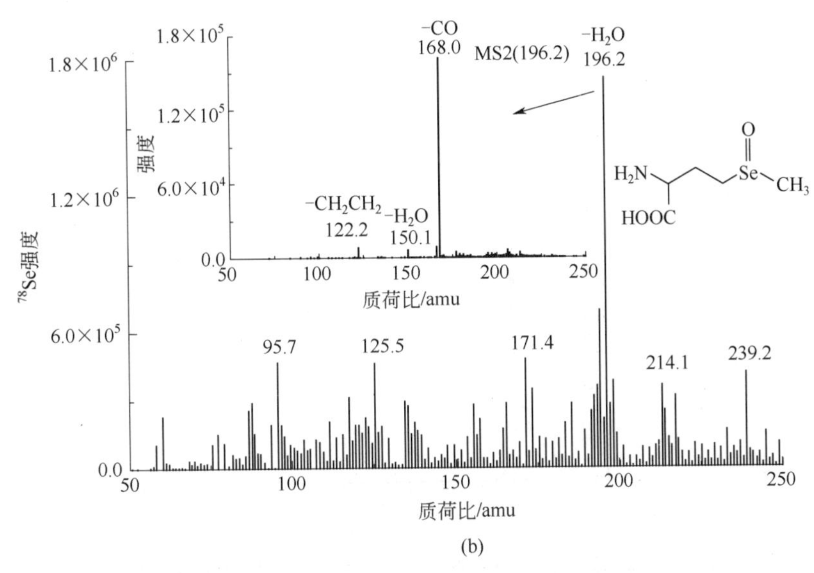

(b)

图 2.7　SeOMet 的合成与鉴定：（a）RP-HPLC-ICPMS 色谱图；（b）SeOMet 的 ESI-MS 质谱图，插图：质荷比 196.2 的质量碎片图和 SeOMet 的结构图

2.3.4　RP-HPLC-ICPMS 定量分析方法的质量控制

将已鉴定的 SeOMet 色谱峰组分收集 10 次，冷冻干燥后，适当稀释，并用流动注射联用 ICPMS 定量硒含量，制备 SeOMet 标样，纯化后的 SeOMet 标样加入 5 种硒化合物混合标样中，配制 200ng/mL 的硒化合物标样，按表 2.6 的色谱优化分离条件，将 RP-HPLC 联用 ICPMS，6 种硒化合物在 12min 内完成基线分离，且分离效果很好，硒混合标准样品的 HPLC-ICPMS 色谱图见图 2.8。

本研究建立 RP-HPLC-ICPMS 分析方法定量富硒大米中存在的各种硒的形态的含量。同时，对该方法进行了质量控制，包括方法的精密度，6 种硒化合物回收率，检出限和标准曲线线性方程 R^2，主要质量控制数据见表 2.7。

表 2.7　RP-HPLC-ICPMS 分析方法的质量控制

硒标样	保留时间 RSD/%	峰面积 RSD/%	回收率/%	检出限 /(μg/L)	标准曲线 R^2 值
Se^{IV}	0.1	0.5	87.0	0.31	0.9999
Se^{VI}	0.1	0.5	88.6	0.44	0.9999
$SeCys_2$	0.6	0.2	95.2	1.01	0.9968
MeSeCys	0.8	0.4	89.1	2.00	0.9989
SeMet	1.1	1.5	92.9	1.21	0.9912
SeOMet	1.0	0.8	90.6	1.04	0.9935

注：Se^{VI} 和 Se^{IV} 分别以 Na_2SeO_3 和 Na_2SeO_4 形式定量表示。

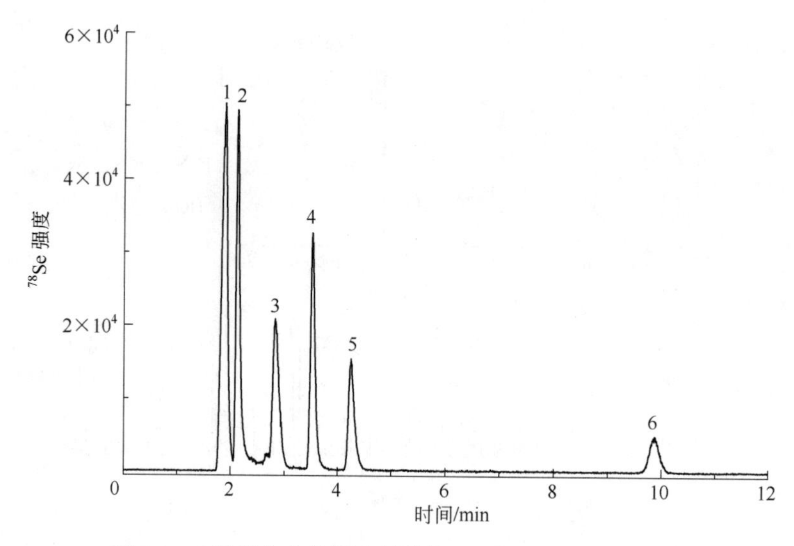

图 2.8　6 种硒化合物混合标样的 RP-HPLC-ICPMS 色谱图

每个标样浓度：200 μg/g；硒峰 1=Se^{VI}；2=Se^{IV}；3=$SeCys_2$；4=SeOMet；5=MeSeCys；6=SeMet

2.3.4.1　线性回归

取硒化合物的混合标样，将流动相稀释为 50 μg/L、20 μg/L、10 μg/L、5 μg/L、1 μg/L 浓度的硒混标溶液，采用表 2.6 中优化后的 RP-HPLC-ICPMS 色谱条件，分别进样 50μL，计算硒峰面积，建立各硒化合物的线性方程，各标准曲线回归系数 R^2 为 0.9912～0.9999，线性良好（表 2.7）。

2.3.4.2　精密度

分别取 100 μg/L 浓度各硒化合物，平行进样 11 次，计算 RSD 值。保留时间的 RSD 为 0.1%～1.0%，峰面积 RSD 为 0.2%～1.5%，说明该方法精密度良好。

2.3.4.3　回收率

分别取 100 μg/L 浓度各硒化合物，采用 RP-HPLC-ICPMS 色谱条件，分别平行进样 7 次，计算峰面积，再 HPLC 流动注射法联用 ICPMS，分别平行进样 6 次，计算峰面积。各硒化合物的回收率用单个硒的标样的峰面积与未用色谱柱连接进样的峰面积比值表示。各硒化合物的回收率为 87.0%～95.2%，回收率较高，满足硒的形态的定量分析。

2.3.4.4　检出限

取空白溶液，分别平行进样 7 次，在优化的色谱条件下，用标准曲线计算重复测定值标准偏差的 3 倍所对应的浓度值（IUPAC），各硒化合物的 LOD 为 0.31～2.00 μg/L。

2.3.5 SAX-HPLC 联用 ICPMS 的色谱条件优化

在用 HPLC-ICPMS 分析硒的形态研究中，通常用至少两种不同色谱系统联用 ICPMS 来保证分析结果的正确性。本研究除了用 RP-HPLC-ICPMS 来定量分析富硒大米中硒的形态外，还选用 Hamilton PRP-X 100（150mm×4.6mm，5μm）强阴离子交换柱来验证样品中可能存在的硒的形态。

实验优化流动相（柠檬酸缓冲液）的浓度，甲醇的比例（0%，1%，2%和 3%），pH 值和流速等参数。由于柠檬酸缓冲盐容易积累在 ICPMS 采样锥污染仪器，降低仪器的精密度，本试验采用浓度较低的 2mmol/L 柠檬酸缓冲液。流动相的 pH 是影响分离方法的重要因素，本试验在 pH 3.0～6.5 考察了 6 种硒化合物的分离情况，根据 SeO_4^{2-}的离解常数（pK_2=2.46，pK_1=7.31）和 SeO_3^{2-}的离解常数（pK_1=1.92）可得，绝大多数 SeO_4^{2-}和 SeO_3^{2-}分别以 $HSeO_3^{2-}$和 SeO_4^{2-}的形式存在。它们在阴离子交换柱上的保留与洗脱是基于阴离子交换机理，因此 SeO_4^{2-}容易在柱上保留，最后被洗脱。当 pH 在 3.0～6.5 范围内，$SeCys_2$、MeSeCys、SeMet 和 SeOMet 均以两性离子存在，它们在柱上的保留则是基于反相色谱机理，SeMet 能在色谱柱上保留是因为它具有较强的疏水性基团，而 SeOMet 和 $SeCys_2$ 具有较低的疏水性，因此，在死体积被洗脱而未被基线分离。在 pH 4.95 时，SeO_3^{2-}与其他硒化合物完成分开，因此选用 pH 4.95 为最优 pH 值。流动相中含有低浓度的有机溶剂会增加 ICPMS 的信号响应值，试验还优化了流动相中甲醇的浓度，当甲醇浓度高于 2%时，洗脱速度较快，SeO_3^{2-}和 SeMet 难以分开，因此选用 1%甲醇为最佳有机溶剂浓度。为了使 SeO_4^{2-}较快洗脱，采用梯度洗脱，使分析时间缩短至 15min 内，详细色谱条件见表 2.6，得到图 2.9 的 HPLC-ICPMS 的色谱图，除了 SeOMet 和 $SeCys_2$ 外，6 种硒化合物分离效果较好。

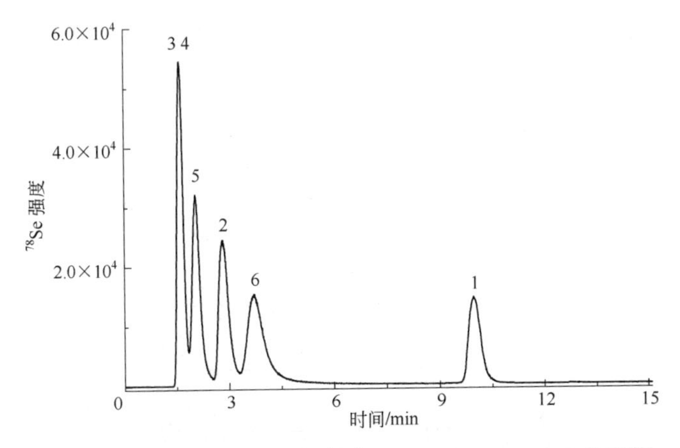

图 2.9　6 种硒化合物混合标样的 SAX-HPLC-ICPMS 色谱图

每个标样浓度：200 μg/g；硒峰 1=Se^{VI}；2=Se^{IV}；3=$SeCys_2$；4=SeOMet；5=MeSeCys；6=SeMet

2.3.6 富硒大米与普通大米中硒的化合物鉴定

2.3.6.1 富硒大米酶解液中天然存在的 SeMet 鉴定

当用 IP-RP-HPLC 联用 ICPMS 分析富硒大米酶解液中的硒形态时，分别在保留时间 4.49min 和 5.33min 处出现两个较大硒峰，没有和任何硒的标样的保留时间进行匹配。当用离子对试剂 HFBA 酸化样品水解液后，继续进样 HPLC-ICPMS 联用系统，两个硒峰合并成一个硒峰，出现在 9.88min 处，与 SeMet 的保留时间匹配，说明此硒的化合物可能为 SeMet。这可能是样品的基体效应导致保留时间的偏移，需要酸化样品来解决。这与 Kotrebai 等[16]的研究结果相一致，他在研究富硒酵母中硒的形态时，优化了提取液的酸化条件，避免在反相色谱柱上产生的双峰效应，克服了样品的基体效应。

本试验进一步往酶解液中加入两个水平的 SeMet 标样（4 μg/g SeMet 和 8 μg/g SeMet），得到了图 2.10（a）的加标色谱图，证明此硒化合物即为 SeMet。为了用分子质谱的信息来进一步断定证明色谱分析的结果，将 HPLC 与 ICPMS 断开，收集硒峰Ⅰ组分 5 次，用氮吹仪预浓缩，注入 nanoESI-MS 分析，得到 SeMet 的 MS_2 质谱图［图 2.10（b）］，*m/z* 198 是 SeMet 的分子离子峰，*m/z* 180.9 是 198 断裂一个—OH 产生的，进一步将 *m/z* 180.9 进行 MS_3 分析，产生 153.1 和 135.0 的 2 个离子碎片，分别是由 180.9 脱去—COOH、—CO、—H_2O、—NH_3 产生，同时生成 $CH_3SeCH_2^+$ 残余碎片。根据该化合物的质谱碎片断裂形式的分析，可以确证 SeMet 的分子结构［见图 2.10（b）］。本试验中富硒大米中天然存在的 SeMet 分子，在质谱中断裂碎片形式与其他研究文献的报道一致。

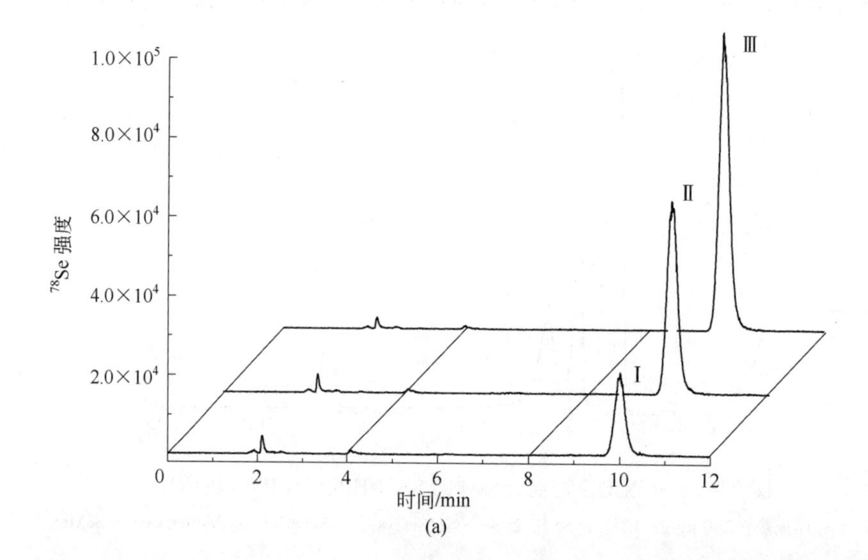

(a)

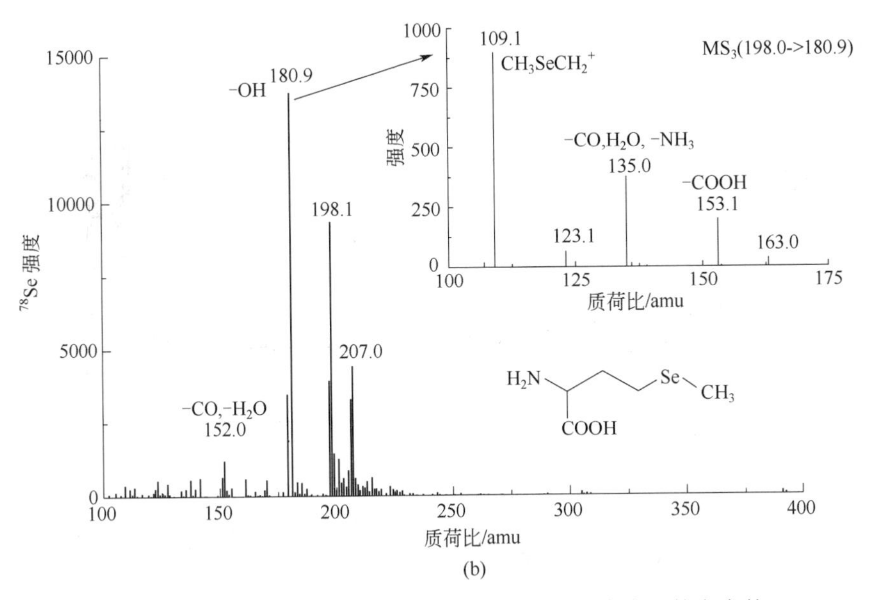

图 2.10　RP-HPLC-ICPMS 和 nanoESI-MS 鉴定富硒大米中天然存在的 SeMet

（a）富硒大米酶解液的 RP-HPLC-ICPMS 的 SeMet 加标色谱图；（b）硒峰 I 的 nanoESI-MS 的 MS/MS 质谱图和 SeMet 的分子结构图

2.3.6.2　富硒大米与普通大米中硒的形态比较

由 RP-HPLC-ICPMS 和 nanoESI-MS 鉴定出富硒大米中的主要形态是 SeMet（图 2.11），为了更清楚地定量分析富硒大米中的其他形态，图 2.11（a）被放大［见图 2.11（a）富硒大米酶解液色谱图］。如图 2.11 所示，富硒大米与普通大米的硒的形态变化主要是 SeMet。根据 RP-HPLC-ICPMS 各硒峰的保留时间，证明 Se^{IV}、Se^{VI}、$SeCys_2$ 和 SeOMet 也是富硒大米提取液中存在的其他硒形态，在保留时间 4.1min 处有一未知硒峰，根据该硒化合物在反相色谱上的出峰位置，可以推断该化合物可能为 MeSeMet。此外，为避免一种色谱机制分离出现的假阳性，用 SAX-HPLC-ICPMS 加标法进一步证明了 RP-HPLC-ICPMS 的结果的正确性，而普通大米中存在痕量的 Se^{IV}、Se^{VI}、$SeCys_2$ 和 SeMet 等形态。

为进一步理解叶面喷施硒肥后，水稻籽粒中硒的形态发生的主要变化，用 RP-HPLC-ICPMS 定量分析富硒大米和普通大米中硒的形态，结果见表 2.8。叶面喷施硒肥后，水稻籽粒中硒的形态发生较大变化的是 SeMet，普通大米中 SeMet 的硒含量由 26.7%增至富硒大米的 86.6%。大米中主要无机硒的形态为 Se^{IV}，富硒大米酶解液中无机硒的含量比普通大米略高，未发生较大变化。由于叶面喷施的无机硒形态主要转化为 SeMet，因此，富硒大米中无机硒占总硒的含量下降，提高了有机硒的百分含量。与普通大米相对，$SeCys_2$ 是富硒大米中出现的新的硒的形态，这可能

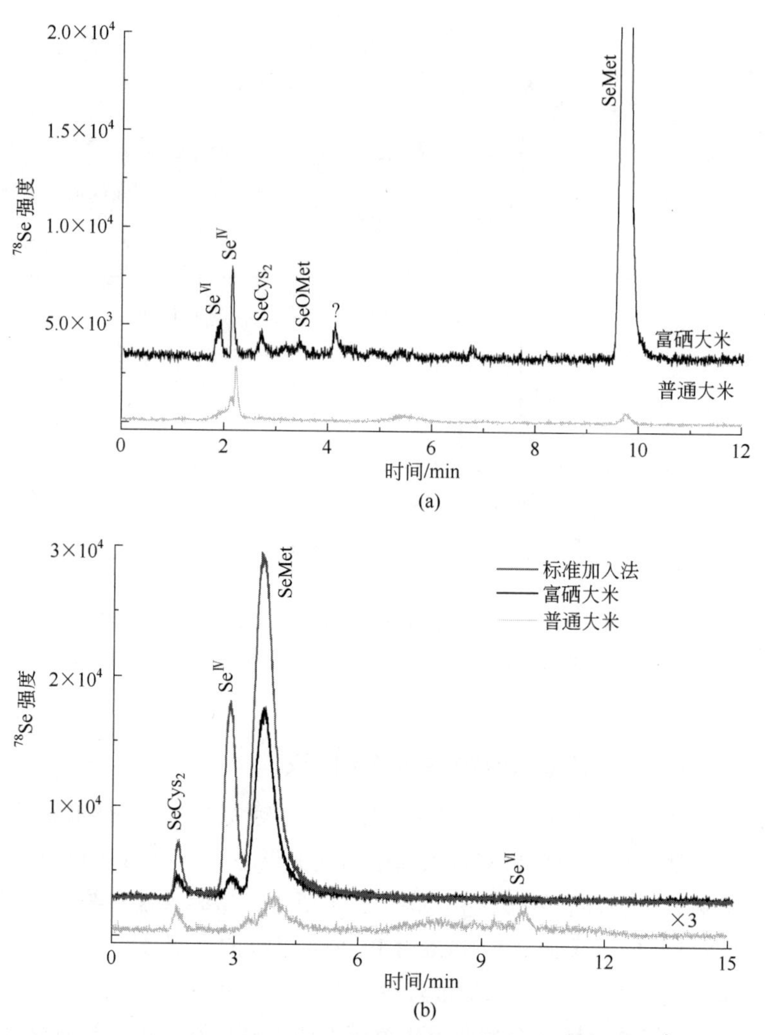

图 2.11　富硒大米与普通大米的 RP-HPLC-ICPMS 色谱图（a）和 SAX-HPLC-ICPMS 色谱图（b）

是硒在稻米转运过程中产生的硒的中间化合物。另外富硒大米中同时有一未知化合物，可能是水稻在积累高硒条件下，代谢出的挥发性的硒化合物 MeSeMet。除了以上几种籽粒中存在的硒的化合物外，富硒大米酶解液中还存在 1.2μg/L SeOMet，接近方法的检出限，这可能是在酶解过程中，产生的极少量 SeMet 的氧化物。这一研究结果也解决了因长时间酶解过程中 SeMet 被氧化的难题，有学者在研究富硒大米形态时，用蛋白酶水解富硒大米后，没有发现 SeMet，而在 SeMet 的出峰位置附近发现主要未知硒化合物，可能为 SeOMet。利用超声波辅助酶解，缩短了硒的形态的提取时间，避免了富硒大米中天然 SeMet 的氧化。

表 2.8　富硒大米与普通大米的酶解液中的硒形态

硒的形态	普通大米		富硒大米	
	含量/(μg/L)	含量/%②	含量/(μg/L)	含量/%②
Se^{VI}①	0.9	18.3	1.6	1.5
Se^{IV}①	1.3	39.8	5.4	5.1
$SeCys_2$	<LOD	—	2.2	1.2
SeMet	1.7	26.7	85.3	86.6
SeOMet	<LOD	—	1.2	0.9
MeSeCys	<LOD	—	<LOD	—
未知形态	—	12.1	—	3.6
其他	—	3.1	—	1.1

① Se^{VI} 和 Se^{IV} 分别以 Na_2SeO_3 和 Na_2SeO_4 形式定量表示；②%指提取液中各形态硒含量占样品中总硒含量的百分数。

2.3.7　硒在水稻叶面向籽粒中吸收、转运及代谢的可能途径

植物吸收营养物质有两条途径，一是根系，二是茎叶。叶面施肥也叫根外施肥，溶于水中的营养物质喷施在叶面以后，可通过气孔和角质层进入叶内，角质层上有细微的孔道，可让溶液通过，进一步经过细胞壁中的外连丝（Ectodesmata），然后养分被转运到细胞内部，最后到达叶脉韧皮部。

本研究通过将富硒肥料喷施在叶面上以供水稻剑叶吸收，在蛋白质合成的关键时期，硒元素在水稻体内转运至水稻籽粒，贮存于蛋白质中。通过对富硒水稻籽粒中硒的形态分析，结合相关研究者对高等植物中硒元素的吸收、转运和代谢的文献综述，提出硒在水稻叶片向籽粒中吸收，转运及代谢的可能途径（见图 2.12）。硒与硫为同族元素，性质相似，植物对硫和硒的吸收存在相互竞争，硒沿着硫代谢途径取代含硫氨基酸中的硫生成硒代氨基酸。本研究中，水稻通过叶面吸收硒元素，在用了硫元素相关的一系列酶作用下，沿着硫的吸收和代谢途径，将硒转运至水稻籽粒中。详细途径见图 2.12，SeO_4^{2-}在水稻叶片被吸收后，在叶绿体中，经过 ATP 硫酸化酶和 APS 还原酶作用下，还原成 SeO_3^{2-}。SeO_3^{2-}在亚硫酸还原酶的作用下，继续还原成 Se^{2-}，在胱氨酸合成酶和胱硫醚合成酶作用下，合成 SeCys 和 SehoCys，最后转运至细胞液中，SehoCys 通过硫氨酸合成酶合成 SeMet，运至水稻籽粒蛋白中贮藏。同时，SeMet 和 SehoCys 可以通过 Met 转甲基酶和 SehoCys 转甲基酶代谢成挥发性化合物 MeSeMet。那么，硒在水稻叶片转运和代谢过程中，是否存在其他硒形态，包括 MeSeCys、GluMeSeCys 和挥发性的硒化合物（如 DMSe 和 TMSe）等，尚待进一步研究。

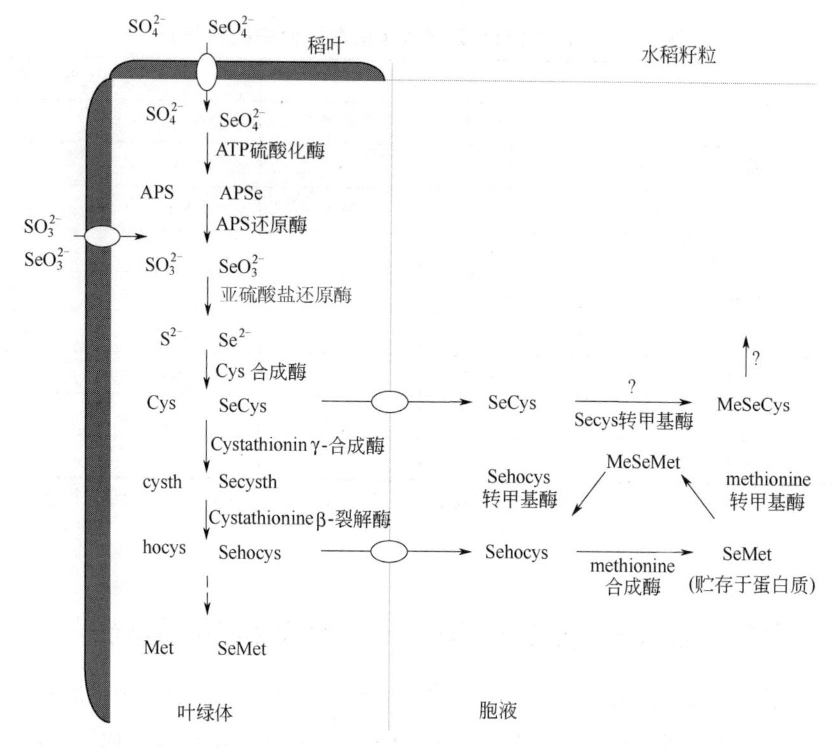

图 2.12　硒在水稻叶面向籽粒中吸收、转运及代谢的可能途径

2.4　富硒大米含硒蛋白提取方法的优化

大米是世界上的主要粮食之一，全世界一半以上，我国 2/3 以上的人口以大米为主食。大米通常以白色精米的形式来消费，大米蛋白是谷类蛋白中的最佳蛋白，被公认为优质的食品蛋白，符合 WHO/FAO 推荐的理想模式，其营养价值高于小麦蛋白。蛋白质在大米整体中含量一般为 5%～8%，且因产地和品种而不同。稻米胚乳中蛋白可分为四类：谷蛋白（80%以上），清蛋白（4%～9%），球蛋白（10%～11%）和醇溶谷蛋白（2%～4%）。稻米蛋白的氨基酸配比是比较合理的，尤其是其低敏性适合作为婴儿和特殊人群需要，仅 Lys（第一限制氨基酸）和 Thr（第二限制氨基酸）略微缺乏，但是与其他植物蛋白相比有较高的生物价（Biological Value），其生物价顺序为稻米蛋白（77）>小麦蛋白（67）>玉米蛋白（60）>大豆蛋白（58）。大米蛋白不仅具有独特的营养功能，还有其他一些保健功能。近年来研究表明，大米蛋白能够降低血清胆固醇的含量，作为低血糖产品的成分。

大米蛋白分布在糊粉层、蛋白体和细胞壁中，大米淀粉以复粒形式紧紧包含在蛋白质网络中。与其他化合物相比，大米蛋白不易分离和提取，常用的提取方法有化学法、酶法和物理法。高纯度大米蛋白粉的提取和应用是大米深加工，提高其产品附加值的重要途径。目前国内对大米蛋白提取方法研究较多的为碱法提取和酶法提取。碱法提取大米蛋白质是利用大米蛋白质中 80%以上为碱溶性谷蛋白。碱液可使大米中与大米蛋白结合的大米淀粉的紧密结构变得疏松，同时对蛋白质分子的次级键特别是氢键有破坏作用，可使某些极性基团发生解离致使蛋白质分子表面具有相同的电荷，从而对蛋白质分子有增溶作用，促进淀粉和蛋白质的分离。实际上，稀碱对大米蛋白质的作用很复杂，如 pH 值、温度、时间和料液比等因素对蛋白质的影响都会引起提取体系及提取效率的改变。大米蛋白质的酶法提取主要是利用蛋白酶对大米蛋白质的降解和修饰作用，使其变成可溶的物质被抽提出来。但是，目前酶法提取的工艺条件并不成熟，而且存在着对酶活力的要求比较高，成本高，所得产品蛋白质纯度不高，产品色泽较深等缺点。

硒是人和动物的必需微量元素之一，在体内与一系列酶相关，比如，GSH-Px 和硫氧还原酶。在防癌、抗癌，预防和治疗心血管疾病、克山病和大骨节病等方面的重要作用已为世人所公认，并具有解除重金属中毒等特殊的生理功能。硒必须由外源性补充，而摄入有机硒比无机硒更安全，所以寻找一种优良的食品硒源显得十分重要。2000 年以来，硒的研究方向逐渐从总硒转移到有机硒的研究，其中，硒蛋白已成为最大的研究热点。目前，具有多种对人体有益的生物学活性的含硒蛋白资源利用成为研究热点。余芳等[20,21]筛选出富硒绿茶蛋白的不同提取液，发现 30.3%硒存在于碱溶性蛋白，并优化出富硒绿茶蛋白的碱法提取工艺，还用 DDPH 和 AAPH 法进一步比较了富硒绿茶粗茶多酚，粗茶多糖和粗茶蛋白的抗氧化活性。杜明等[22]研究了富硒灵芝中不同蛋白质提取物的组成特性及其抗氧化活性，发现水溶硒蛋白具有较强的清除羟基和超氧自由基的活性。高林等[23]通过响应面设计优化出富硒花生分离蛋白的提取工艺，在一定程度上降低了原料中的硒，尤其是有机硒的损失。张雪莉等[24]研究显示杏鲍菇富硒蛋白中硒含量为(360.64±3.11) mg/kg，杏鲍菇富硒蛋白消化产物能够显著缓解铅诱导 RAW264.7 细胞的炎症反应。Saito 等人[25]试验得出，与无机硒相比较，纯化后的硒蛋白 P 能够更加有效地促进和维持神经元的存活。国内外十分重视大米蛋白的研究和开发利用，而对于富硒大米蛋白的研究较少，Xu 等[6]发现富硒大米的水提物具有较好的抗氧化活性，并与硒的含量成剂量关系。Zhang 等[26]通过提取大米中四类蛋白，分析蛋白质中硒的含量，发现硒主要存在于碱溶谷蛋白中。梁潘霞等[27]通过正交试验法优化出富硒大米中硒蛋白的最佳提取工艺条件，使硒蛋白提取率达到 57.1%。富硒大米蛋白作为一种新型的植物蛋白资源，探讨富硒大米含硒蛋白的提取工艺优化研究，评价含硒蛋白的生物有效性，有利于富硒大米有机硒的形态分析及其功能研究，富硒大米深加工产业化。

2.4.1　硒在富硒大米中的分布

富硒大米各组分的提取与分离参照 Ju 等[28]的分离方法，并作部分修改。5g 富硒大米粉用 50mL 正己烷浸泡两次，每次 4h，将两次上层有机相合并，在通风橱下通风挥发 24h 后，得组分 A 脂肪。干燥后的大米，在常温条件下，分别用 50mL 的超纯水，5% NaCl，0.02mol/L NaOH 和 70%的乙醇溶液，磁力搅拌提取两次后，5000r/min 离心 10min，得清蛋白、球蛋白、谷蛋白和醇溶谷蛋白（组分 C、D、E、F），最后得到的剩余残渣为粗淀粉（组分 G）。其中，取一半的水提物直接上机原子荧光光度仪，测定游离的无机硒（组分 B），另一半用于测定水提物的总硒含量。将得到的各组分倒入坩埚中，在水浴锅上蒸干，然后加入少量混合酸（体积比 HNO_3∶$HClO_4$=4∶1）消化，测定各组分中的硒含量。其中，清蛋白中的硒含量等于水提物与无机硒中硒含量之差。详细分离提取流程见图 2.13。

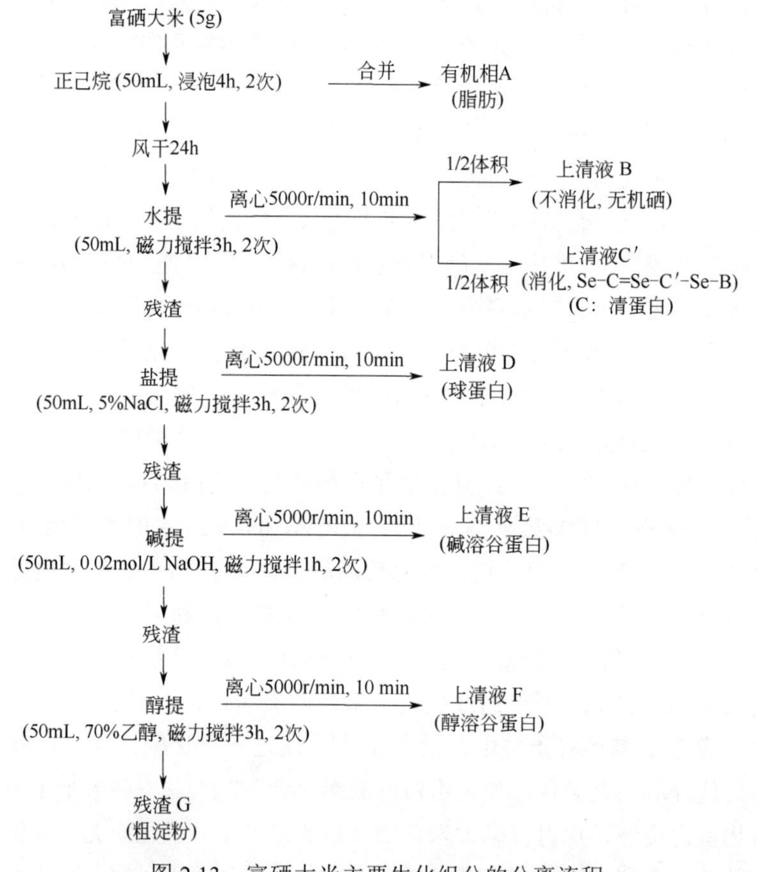

图 2.13　富硒大米主要生化组分的分离流程

组分 A，B，C，D，E，F 和 G 分别为脂肪、无机物、清蛋白、球蛋白、谷蛋白、醇溶谷蛋白和粗淀粉

表 2.9 是硒在富硒大米各组分中的分布情况。硒在富硒大米中，几乎不存在脂肪中，脂肪中的硒仅占总硒的 0.03%，而少量以无机硒形式存在，占总硒的 2.48%。硒主要以有机硒形式存在，与蛋白质结合的硒占 54%左右。稻米胚乳中蛋白质可分为四类：谷蛋白（80%以上），清蛋白（4%～9%），球蛋白（10%～11%）和醇溶谷蛋白（2%～4%）。在这四类蛋白中，碱溶性谷蛋白是主要结合蛋白，占总硒 31.3%。几种粗蛋白中，按结合硒量的大小依次为：碱溶性谷蛋白>清蛋白>球蛋白>醇溶谷蛋白。这与 Zhang 等[26]研究结果相一致，碱溶性蛋白是主要的硒结合蛋白。由于顺序提取过程中程序复杂，提取次数较多，因此损失硒占 9.66%。研究进一步分析残余的粗淀粉成分，发现仍有大约 33.8%的硒存在，同时淀粉中还含 1.5%（质量分数）的蛋白质。说明硒结合大米蛋白存在于胚乳中，与淀粉紧密结合，难以通过简单的顺序提取法将大米蛋白与淀粉分离，因此，若要完全提取大米含硒蛋白，需要进一步优化提取方法。

表 2.9　硒在富硒大米各分离组分中的分布

组分①	含硒量②/ng	占总硒百分数/%
脂肪（lipid）	1.4±0.5 e	0.03
无机物（inorganic compounds）	125.4±4.4 d	2.48
清蛋白（albumin）	490.7±12.1 b	9.72
球蛋白（globulin）	351.2±10.2 bc	6.95
谷蛋白（glutelin）	1579.5±87.9 a	31.28
醇溶谷蛋白（prolamin）	303.3±21.7 c	6.01
粗淀粉（crude starch）	1710.9±68.4 a	33.88
损失硒（Se loss）	488.0±15.0 b	9.66
总硒（total Se）	5050.4	100.00

① 详细的提取分离方法见图 2.13，损失硒等于总硒减去脂肪、无机物、清蛋白、球蛋白、碱溶谷蛋白、醇溶谷蛋白和粗淀粉中的硒。

② 数据是三次测定值的平均值±标准差，不同字母表示有显著差异（$P<0.01$）。

2.4.2　等电点沉淀蛋白的 pH 值筛选

Ju 等[28]通过浊度分析表明，大米清蛋白的等电点为 pH 4.1，谷蛋白的等电点为 pH 4.8。然而，由于脂肪的存在，以及植酸、植酸酶等因素对蛋白质稳定性的影响，蛋白质的等电点会出现偏移。江南大学奚海燕等[29]通过等电点酸沉 pH 优化实验，确定 pH 为 5.5 时沉淀蛋白质量最大，用于大米蛋白的提取参数。本研究中，为了尽可能地提取出富硒大米中的含硒蛋白质，通过优化含硒蛋白质提取率来确定最佳等电点沉淀 pH 值。图 2.14 为不同 pH 值条件下，蛋白质与硒提取率的变化图，在 pH 5.4 时，蛋白质和硒的提取率最高，因此，可以确定含硒蛋白质最佳酸沉淀条件为 pH 5.4。

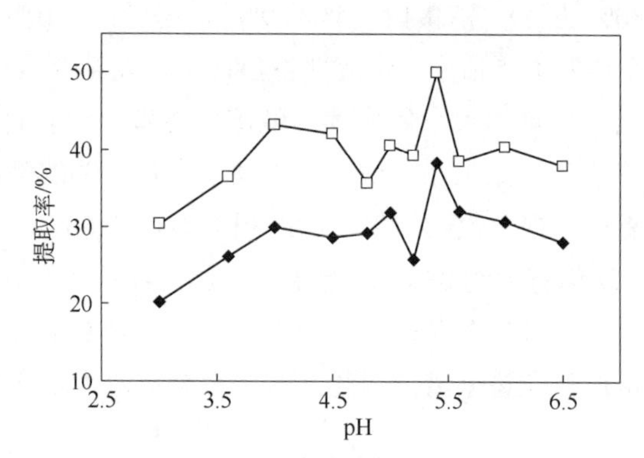

图 2.14 不同 pH 条件下沉淀蛋白后含硒蛋白的提取率（pH 3.0～6.5）
—□— 蛋白质提取率；—◆— 硒提取率

2.4.3 富硒大米含硒蛋白提取工艺单因素实验

2.4.3.1 碱液的筛选

碱液提取大米蛋白必须满足两个条件：一是该碱液能有效提取蛋白质成分；二是该碱液为食品生产所允许的。Lim 等[30]采用 1.2%的十二烷基硫酸钠提取蛋白质，但其蛋白质提取效果不如 0.2% NaOH 的提取效果。国内学者采用碱法提取蛋白质时，一般也采用 NaOH 溶液。例如，梁潘霞等[27]采用 0.14mol/L 的 NaOH 提取富硒大米蛋白，其提取率达到了 57.1%。易翠平等[31]采用 0.05mol/L 的 NaOH 提取大米蛋白，得到了纯度为 90%以上的浓缩大米蛋白质，蛋白质提取率为 63.4%。鉴于以上原因，选用 NaOH 溶液作为提取剂来优化碱法提取方法。

2.4.3.2 料液比对含硒蛋白提取率的影响

实验在 0.01mol/L NaOH，提取时间 1h，常温（20℃）条件下，研究了料液比（1∶5 至 1∶40）对大米含硒蛋白质提取率的影响，结果如图 2.15 所示。大米蛋白提取率和硒提取率都随着料液比的增加，呈现先增加后减少的趋势。小的料液比可降低体系的黏度，加快传质过程；而大的料液比，使溶液的黏度增大，搅拌困难，影响传质过程的进行。考虑到料液比过大时，提取时消耗大量的碱和水，所得提取液的蛋白质浓度非常低，大大增加了后处理的负担，产品成本增加，会带来一定的负面影响，因此选定正交表 $L_9(3^4)$中料液比的 3 水平是：1∶10，1∶15 和 1∶20。

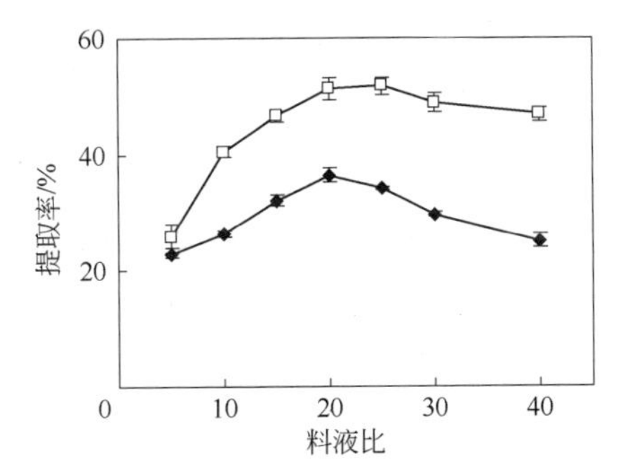

图 2.15　料液比对碱法提取富硒大米含硒蛋白提取率的影响

—□— 蛋白质提取率；—◆— 硒提取率

2.4.3.3　NaOH 浓度对含硒蛋白提取率的影响

实验在料液比 1∶10，提取时间 1h，常温（20℃）条件下，研究了 NaOH 浓度（0.01～0.12mol/L）对大米含硒蛋白提取率的影响，结果如图 2.16 所示。NaOH 浓度对大米蛋白提取率有显著影响，当 NaOH 浓度为 0.01mol/L 时，大米蛋白提取率为 12.1%，硒的提取率为 24.0%。当浓度达到 0.08mol/L 时，大米蛋白提取率达到 40.2%，硒的提取率为 50.9%。大米蛋白在胚乳中与淀粉结合紧密，较难溶出，碱液则能使其紧密的结构变得疏松，促使大米蛋白与淀粉分离。NaOH 浓度大于 0.08mol/L 时，大米蛋白和硒提取率基本没有变化。实验表明，碱液浓度如果过高（>0.12mol/L），淀粉会糊化，而且会对大米蛋白的色泽产生影响，使其变黄，因此选定正交表 $L_9(3^4)$中 NaOH 浓度的 3 水平是 0.02mol/L、0.05mol/L 和 0.08mol/L。

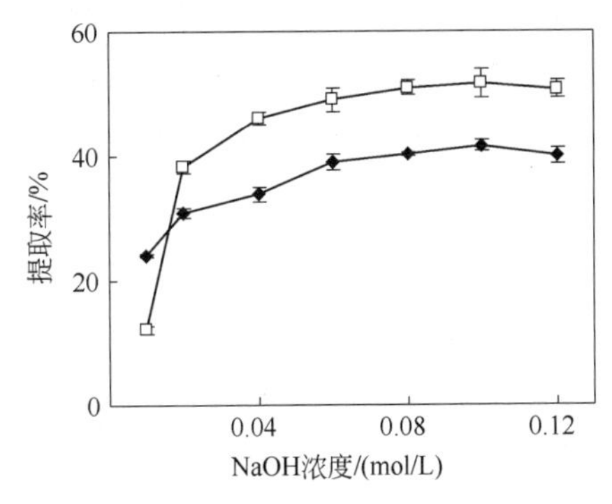

图 2.16　NaOH 浓度对碱法提取富硒大米含硒蛋白提取率的影响

—□— 蛋白质提取率；—◆— 硒提取率

2.4.3.4　提取温度对含硒蛋白提取率的影响

实验在 0.01mol/L NaOH，料液比 1∶10，提取时间 1h 条件下，研究了提取温度（20℃～50℃）对大米含硒蛋白提取率的影响。如图 2.17 所示，在 35℃之前，大米蛋白的提取率随着温度的升高而提高，这是由于温度的升高有利于大米蛋白与水分子之间氢键的形成；当温度高于 40℃，提取率下降，这归因于大米蛋白的变性和大米淀粉糊化。富硒大米的硒提取率随着温度的升高呈现先增加后减小的趋势，在 30℃时达到最高，温度过高会使大米蛋白中硒氨基酸溶出，因此含硒蛋白的硒提取率下降。为了尽可能地提取蛋白质的同时，保证含硒蛋白的完整性，选定正交表 $L_9(3^4)$ 中提取温度的 3 水平是：25℃、30℃和 35℃。

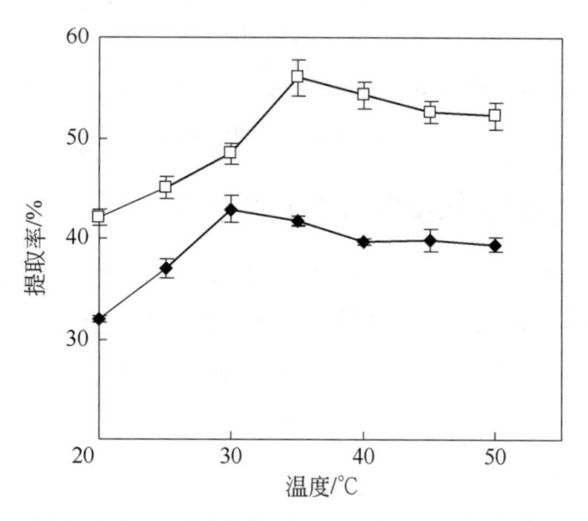

图 2.17　提取温度对碱法提取富硒大米含硒蛋白提取率的影响

—□— 蛋白质提取率；—◆— 硒提取率

2.4.3.5　提取时间对含硒蛋白提取率的影响

实验在 0.01mol/L NaOH，料液比 1∶10，常温（20℃）条件下，研究了提取时间（0.5～5h）对大米含硒蛋白提取率的影响。由图 2.18 可以看出，随提取时间的增加，蛋白质提取率升高。到 3h 时，提取率达到 52.1%，提取时间再延长至 4h 以

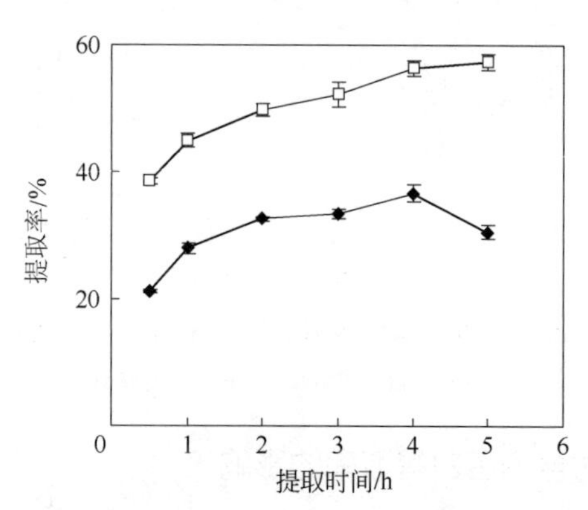

图 2.18　提取时间对碱法提取富硒大米含硒蛋白提取率的影响

—□— 蛋白质提取率；—◆— 硒提取率

后，提取率没有明显上升。而硒的提取率随着提取时间逐渐增加，2h 后基本没什么变化，在 4h 以后，反而下降，这可能跟长时间的提取导致硒代氨基酸从蛋白质肽链上脱落有关。考虑到含硒蛋白的稳定性和生产成本问题，正交表 $L_9(3^4)$中提取时间的优先 3 水平是：1h、2h 和 3h。

2.4.4 富硒大米含硒蛋白提取工艺正交实验

2.4.4.1 正交实验的因素与水平选择

综合以上 NaOH 浓度、料液比、提取温度和提取时间等因素对富硒大米含硒蛋白提取率的影响，按表 2.10 中正交实验 $L_9(3^4)$的设计因素和水平。

表 2.10　正交实验 $L_9(3^4)$ 的因素水平设计

水平	因素			
	A［料液比/(g/mL)］	B［NaOH 浓度/(mol/L)］	C（温度/℃）	D（时间/h）
1	10	0.02	25	1
2	15	0.05	35	2
3	20	0.08	45	3

2.4.4.2 正交实验优化结果

为了获得最佳含硒蛋白的提取条件，按正交实验 $L_9(3^4)$的因素水平设计 9 组试验考察蛋白质和硒的提取率，实验结果见表 2.11。k 代表各因素水平的蛋白质和硒提取率，R 值为各因素水平蛋白质和硒提取率的极差。较大的 k 值意味着优先考虑的因素水平，较大极差 R 值意味着该因素的影响较大。实验结果表明，料液比是影响蛋白质提取率的首要因素，且各因素影响能力依次是料液比（A）>提取温度（C）>提取时间（D）>NaOH 浓度（B），最佳因素组合是：$A_3B_2C_2D_3$。相对比蛋白质提取率来说，NaOH 浓度是影响硒的提取率的首要因素，且各因素影响能力依次是 NaOH 浓度（B）>料液比（A）>提取时间（D）>提取温度（C），最佳因素组合是：$A_2B_3C_2D_3$。那么可以确定提取温度和提取时间分别为 30℃和 3h。料液比是蛋白质提取率的最重要因素，因此优选料液比 1∶20，而 NaOH 浓度是硒提取率的最重要因素，因此优选 NaOH 浓度为 0.08mol/L。综合上述优化结果，提取富硒大米中最佳条件为 $A_3B_3C_2D_3$，即料液比 1∶20、NaOH 浓度为 0.08mol/L、提取温度 30℃和提取时间 3h。

由于最佳提取条件 $A_3B_3C_2D_3$ 没有出现在正交实验 9 个组合内，因此按照料液比 1∶20、NaOH 浓度为 0.08mol/L、提取温度 30℃和提取时间 3h 重复提取含硒蛋白两次。在确证实验条件下，富硒大米含硒蛋白质的蛋白质平均提取率为 79.1%，硒平均提取率为 61.4%，都要高于正交实验方案里的 9 组试验结果。这也充分说明含硒蛋白的最佳提取条件可靠，有效。

表 2.11　碱法提取富硒大米中含硒蛋白的正交实验 $L_9(3^4)$ 结果表

实验号	A	B	C	D	提取率/%	
					蛋白质	硒
1	1	1	1	1	54.9±1.6[①]	39.9±1.9
2	1	2	2	2	66.8±1.5	51.1±0.3
3	1	3	3	3	67.9±0.6	57.3±0.8
4	2	1	1	3	74.7±1.3	55.7±0.5
5	2	2	3	1	71.2±0.5	59.8±0.1
6	2	3	2	2	64.5±3.4	54.3±0.9
7	3	1	3	2	70.8±2.1	41.2±1.5
8	3	2	1	3	71.3±0.1	55.9±1.1
9	3	3	2	1	68.7±2.7	55.5±2.0
蛋白质提取率/%						
k_1[②]	63.2	66.8	63.6	64.9		
k_2	70.1	69.8	70.1	67.4		
k_3	70.2	67.0	70.0	71.3		
R[③]	7.0	3.0	6.5	6.3		
Q[④]	A_3	B_2	C_2	D_3		
硒提取率/%						
k_1	49.4	45.6	50.0	51.8		
k_2	56.6	55.6	54.1	48.9		
k_3	50.9	55.7	52.8	56.3		
R	7.1	10.1	4.1	7.4		
Q	A_2	B_3	C_2	D_3		

① 数据是两次测定值的平均值±标准差。

② k 代表各因素水平的蛋白和硒的提取率。

③ R 值为各因素水平蛋白和硒提取率的极差。

④ Q 值代表每个因素的最优水平。

2.5　富硒大米含硒蛋白的鉴定及体外生物有效性

大米蛋白可分为四类：清蛋白、球蛋白、醇溶蛋白和谷蛋白。清蛋白和球蛋白为代谢活性蛋白，在发芽早期可迅速启动进行生理作用，其主要存在于稻米种子的表皮层和胚中，胚乳中含量较低，是由单链组成的低分子质量蛋白质，分子质量分别为 10～200kDa 和 16～130kDa。谷蛋白和醇溶蛋白为储藏蛋白，主要存在于胚乳中。醇溶蛋白由单肽链通过分子内二硫键连接而成，占大米蛋白的 5%～10%，分子质量为 7～12kDa。谷蛋白由多肽链彼此通过二硫键连接而成，分子质量为 19～

90kDa，甚至可达上百万，占大米蛋白的 70%～90%。谷蛋白有 3 个主要亚基，等电聚焦表明分子质量为 33kDa 的亚基是酸性多肽，pH 5～8；分子质量为 22kDa 左右的亚基是碱性多肽，pH 8～11；分子质量为 14kDa 左右的亚基，pH 8.7～9.0。

在富硒水稻方面，前期研究结果表明，在水稻灌浆期，通过叶面喷施生物硒肥可以显著提高稻米中硒的含量[1]，并且富硒大米的水提物比醇提物具有更好的抗氧化活性，并与硒的含量成剂量关系，相反，醇提物的抗氧化活性却与硒的含量成反比[6]。另外，通过动物试验表明，喂养富硒大米的小鼠 GSH-Px 酶活性明显提高，并具有良好的抗突变作用[7]。在简少文等[32]的研究中，富硒大米提取液（含硒 0.11μg/mL），对 EB 病毒诱导的脐血 B 淋巴细胞转化有明显的抑制作用，抑制率为 83.4%，明显高于普通米提取液的抑制率的 63.1%（$P<0.05$），但富硒大米提取液对 EB 病毒诱导的脐血 B 淋巴细胞转化的抑制作用机理尚不清楚。

大米蛋白中含有大量的疏水性氨基酸，通过合适的蛋白酶在特异性位点进行酶解，可得到大量 C 端为疏水性氨基酸残基的肽片段，用碱性或酸性蛋白酶酶解大米蛋白均可得到具有降血压活性的小肽。在抗氧化方面的研究，一般认为可能与螯合金属离子、清除自由基、猝灭单线态氧有关。抗氧化性与肽片段中某些氨基酸的组成、数量的多少和序列有关，其中组氨酸残基、半胱氨酸残基、亮氨酸残基和肽的疏水性都会对抗氧化性有很大影响。在抗氧化肽中，一般含有高比例的 His 和疏水氨基酸残基，并含有 Pro-His-His 序列片段。为了理解富硒大米在体内体外所表现的活性机理，需要进一步明确富硒大米中硒的具体存在形式。研究证明富硒大米中硒主要以 SeMet 存在于蛋白质链中，含有少量无机硒，SeMet 主要存在于碱溶谷蛋白中，但 SeMet 存在于蛋白质或小分子多肽的位置，含硒蛋白的氨基酸的序列和残基情况目前未知，是否与富硒大米的体外抗氧化活性有关，需要进一步明确。

随着现代仪器分析水平的发展，对分析仪器的要求越来越向着微量、准确、快速的方向发展，对仪器的检测手段及结果的要求越来越严格，对液相色谱来说，其检测器从紫外、视差、荧光发展到二极管阵列。色-质联机集高效分离、多组分同时定性和定量为一体，是分析混合物（主要是有机物）最为有效的工具，但由于液/质衔接的技术较为复杂，主要是高压液相和低压气相之间的矛盾，随着窄孔柱、毛细管柱等技术的出现，LC 流量加给 MS 的负担有所减轻。由于蛋白质样品量稀少珍贵，要求分析柱具有高灵敏度和高容量，同时质谱的在线联用要求尽可能少的样品量，因此希望有在极复杂基质中“高灵敏度、高选择性、高通量和高准确性地”分析待测组分的方法和仪器，毛细管/纳流级的液相色谱就应运而生了。

近年来，capHPLC 和 nanoHPLC 在微量含硒蛋白分析中应用越来越普遍，它们还可用于多维分离，是强有力的高分辨率分离技术。凝胶电泳后的含硒蛋白质条带或斑点，经胰酶胶内消化、抽提后，capHPLC 或 nanoHPLC 分离，根据酶解产物在

HPLC-ICPMS 色谱图中各峰的保留时间，与已纯化和表征的含硒蛋白的多肽谱图相比较，进行蛋白质鉴定。有学者将 capHPLC-ICPMS 用于含硒蛋白的纯化和识别。将硒化酵母中水溶性蛋白质进行一维或二维凝胶电泳后，所得蛋白质条带或斑点经胰酶消化后进行 capHPLC-ICPMS 分离检测，硒的检测限低于 pg 级水平，并可估算每个多肽中硒的量。

鉴于质谱仪分辨率的原因，现阶段的质谱仪仍然不能够直接用来测定蛋白质大分子，因此，人们在测定蛋白质大分子之前必须采用位点特异性的蛋白酶（如胰蛋白酶）对蛋白质进行酶解，然后对酶解形成的肽片段进行测定，所以蛋白质的鉴定问题也就转变成为对多个肽片段进行鉴定，得到的图谱被称为肽谱（peptide mapping）。然后，数据库查询软件会对数据库中的蛋白质序列采用特异的蛋白酶进行“理论上”的酶解从而得到“理论肽谱”，并将之与实验所得肽谱数据进行匹配（match），再采用一定的方法对匹配结果进行打分和排序，最后根据分值高低而确定所测的蛋白质。

通过水提、盐提、醇提和碱提方法优化提取富硒大米中四类蛋白质，经过 SEC-HPLC-ICPMS 测定四类蛋白质中主要含硒蛋白的分子量，将含硒蛋白组分收集，用胰蛋白酶水解，用第二维色谱 capHPLC-ICPMS 和 nanoHPLC-Chip/ITMS，并结合质谱数据库搜索的方法鉴定胰蛋白酶获得的水解含硒多肽的分子量和种类。详细实验流程见图 2.19。

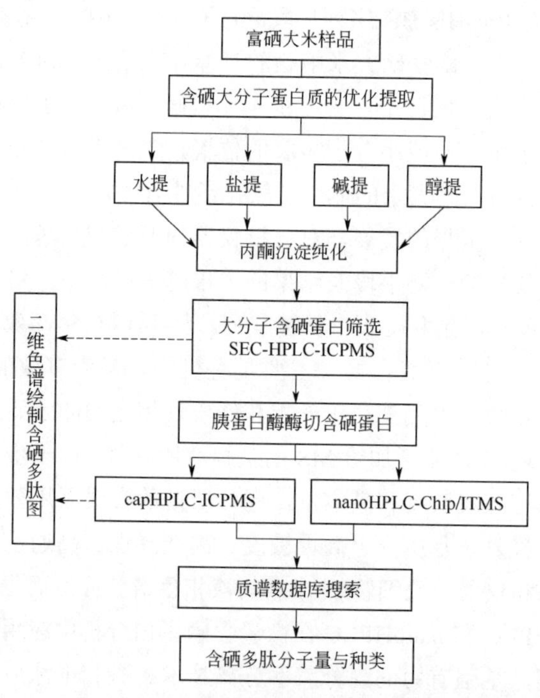

图 2.19　富硒大米中含硒蛋白及含硒多肽鉴定的实验流程图

2.5.1　富硒大米含硒蛋白体外生物有效性

2.5.1.1　SEC-HPLC 分子量标准曲线

配制合适浓度分子量标样混合溶液［细胞色素 c（Cytochrome c），0.4mg/mL；抑肽酶（Aprotinin），0.6mg/mL；维生素 B_{12}, 0.01mg/mL；$(Gly)_6$，0.05mg/mL；$(Gly)_3$，0.05mg/mL］，按表 2.12 中 SEC-HPLC 色谱条件重复进样 3 次，得到 210nm 下 UV 色谱图如图 2.17。以各分子量标样的保留时间（min）为横坐标，$\lg M_w$/Da 为纵坐标，绘制标准曲线（见图 2.20 插图）。线性方程 $y=-0.1071x+6.2908$，相关系数 $R^2=0.9601$，保留时间与 $\lg M_W$/Da 有良好的线性关系。

表 2.12　SEC-HPLC-ICPMS 仪器操作条件

a. ICPMS 仪器参数

RF 功率	冷却气流速	载气流速	同位素监测	反应气体	四极杆偏压	八极偏压	驻留时间
1450W	15.0L/min	1.05L/min	Se：77，78，80，82	3.5L/min H_2	−16.0V	−18.0V	0.1s

b. SEC-HPLC 色谱条件

色谱柱	检测器波长 UV	流动相	流速	进样量
Superdex 肽 10-300GL (13μm×10mm id×300mm)	λ=210，254，280nm	30mmol/L Tris，pH 7.5	0.5mL/min	100 μL

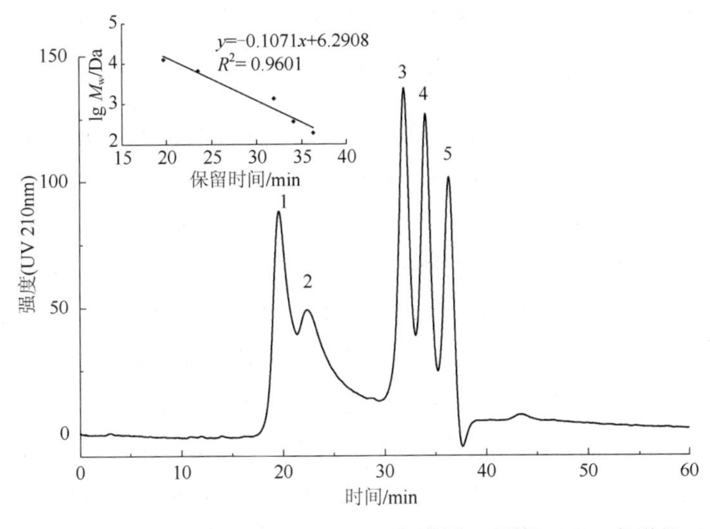

图 2.20　混合分子量标准样品的 SEC-HPLC-UV 色谱图，插图：SEC 色谱柱（Superdex 肽 10-300 GL, 7kDa～0.1kDa）的分子质量标准曲线

注：峰 1，细胞色素 c（12.5kDa，0.4mg/mL），19.7min；峰 2，抑肽酶（6.5kDa，0.6mg/mL），23.5min；峰 3，维生素 B_{12}（1.35kDa，0.01mg/mL），31.9min；峰 4，$(Gly)_6$（0.36kDa，0.05mg/mL），34.1min；峰 5，$(Gly)_3$（0.189kDa，0.05mg/mL），36.3min

本试验研究提取的大米蛋白中蛋白硒的体外生物有效性，比较大米含硒蛋白在体外消化前后硒的形态发生的变化。SeMet 是生物体系中常见的有机硒形态，通常以氨基酸的形式掺入蛋白质肽链中。因此，以 SeMet 标样 SEC-HPLC-ICPMS 色谱图为对照，分析大米含硒蛋白体外消化的分子量变化和形态。如图 2.21 所示，SeMet 标样在 SEC-HPLC-ICPMS 的保留时间为 37.1min。

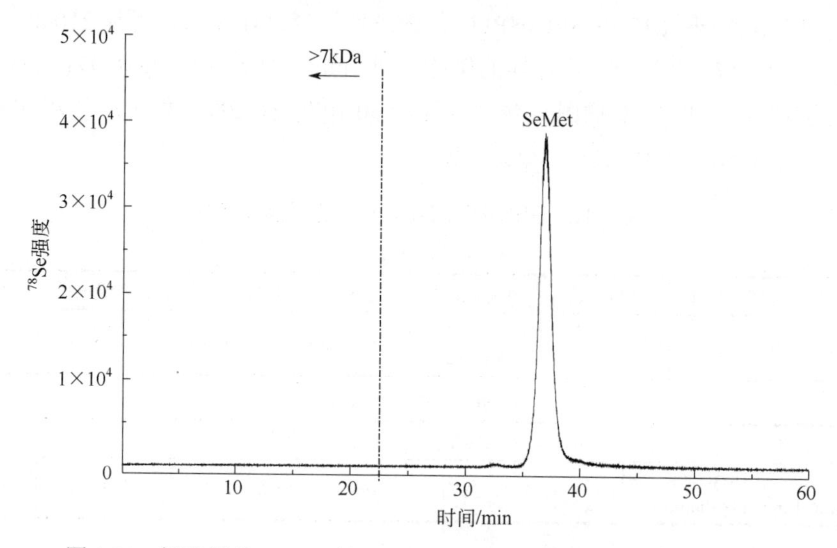

图 2.21　标准样品 SeMet 的 SEC-HPLC-ICPMS 色谱图（250 μg/g）

2.5.1.2　富硒大米含硒蛋白的生物有效性

图 2.22（a）是富硒大米含硒蛋白分析液的 SEC-HPLC-ICPMS 色谱图，主要有 3 个硒峰，分别在保留时间 14.8min，36.9min 和 41.4min。其中，组分 1 是主要的高分子量（HM_w）含硒蛋白峰，在死体积被洗脱，M_w>7kDa，组分 2 和组分 3 可能是游离的小分子含硒化合物（如无机硒或 SeMet）。富硒大米含硒蛋白在体外模拟消化后，消化液的 SEC-HPLC-ICPMS 色谱图见图 2.22（b）。如图所示，主要的 HM_w 含硒蛋白被消化成 3 个主要含硒蛋白峰（峰Ⅰ，Ⅱ和Ⅲ），其中峰Ⅰ是主要的含硒蛋白峰，根据保留时间，推测可能是 SeMet，收集该组分，通过流动注射定量硒浓度，峰Ⅰ占含硒蛋白液总硒含量的 52.3%。峰Ⅱ和峰Ⅲ的保留时间为 31.4min 和 34.0min，根据标准曲线计算分子质量在 0.332kDa<M_w<0.646kDa 和 0.646kDa<M_w<1.457kDa 范围内，占总硒的 35.8%，很有可能是低分子量的含硒多肽，分子量小，但范围较大。

体外模拟体内胃肠道消化的方式，是评价硒的生物利用率的常用手段，该方法便捷，可行。Reyes 等[33]用体外模拟消化的方式，用二维色谱联用 ICPMS 评价了富硒酵母中硒的生物有效性，研究结果表明，富硒酵母中 90%以上的硒为可溶性硒组分，但只有40%的硒为生物利用率高的SeMet。本研究的数据充分说明，富硒大米含硒蛋白在模拟体内消化后，大分子含硒蛋白很容易被消化成小分子量含硒多肽或硒代氨基酸，主要是52.3%的SeMet。相对其他硒化合物，SeMet是一种生物利用率很高的硒化合物，被人们认为是最好的补硒形式。在我国低硒地区，实施的一例人体补硒干预试验表明，SeMet的生物利用率是亚硒酸钠的两倍。因此，有必要用体内试验进一步验证富硒大米含硒蛋白的生物有效性。

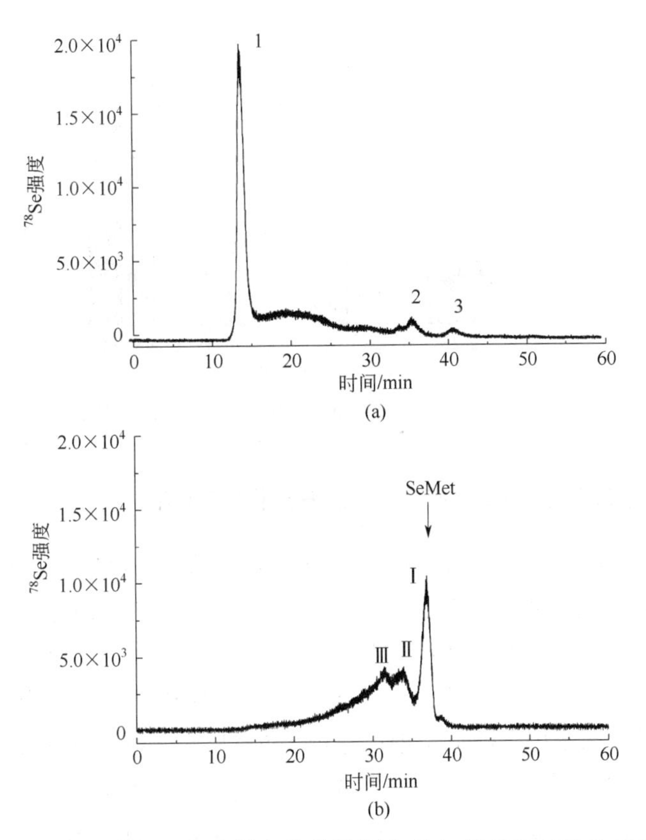

图2.22　富硒大米含硒蛋白（a）和蛋白体外消化液（b）的SEC-HPLC-ICPMS色谱图，SEC色谱柱Superdex肽10-300GL（7～0.1kDa）

2.5.2　富硒大米中含硒蛋白的分布

根据蛋白质溶解性的不同，分别用超纯水、NaCl溶液，NaOH和乙醇溶液为溶剂分别富硒大米中清蛋白、球蛋白、碱溶谷蛋白和醇溶蛋白，然后经丙酮沉淀，测量纯化后蛋白的硒含量，比较沉淀前后硒的回收率，结果见图2.23。丙酮沉淀后，使用水提、盐提、碱提和醇提方法硒的回收率分别为9.6%，16.8%、48.2%和

14.9%，沉淀纯化后，蛋白结合硒均有损失。从硒的回收率可以看出，纯化后的蛋白质结合硒的量由大到小依次为碱溶谷蛋白>球蛋白>醇溶谷蛋白>清蛋白，主要含硒蛋白集中在碱溶谷蛋白中。富硒大米中蛋白结合硒主要是 SeMet，为了阐明 SeMet 在蛋白质大分子或多肽链中的结合形式，这四类蛋白质需要进一步研究。

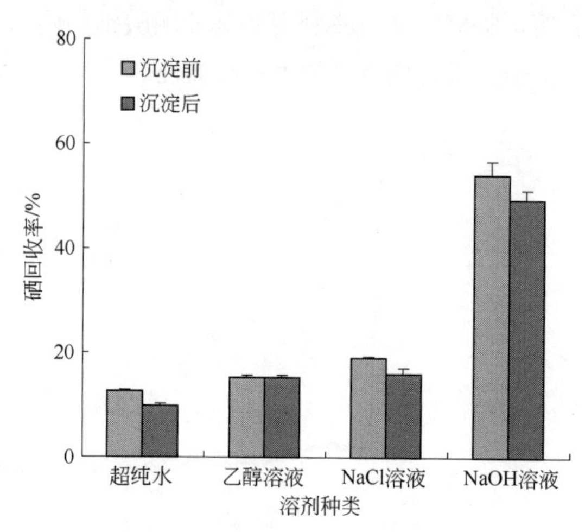

图 2.23　富硒大米中不同含硒蛋白提取的硒回收率

2.5.3　富硒大米四类蛋白质中含硒蛋白的分子量

传统营养学认为，食物蛋白质被摄入体内，必须通过消化道中的多种蛋白酶水解后，最终以氨基酸的形态才能被人体吸收。但现代生物代谢试验发现实际情况并非如此，摄入的蛋白质大部分以肽的形态被直接吸收。在用合成肽做的实验中发现，二肽和三肽的吸收速度比同一组成的氨基酸快。本试验中利用 SEC-UV-ICPMS 方法对大米蛋白中硒形态进行分析，通过比较 280nm 紫外线下的蛋白质色谱峰和 ICPMS 测量 ^{78}Se 得到的质谱图分析含硒蛋白或含硒多肽分子量。选用了两个分子量范围的体积排阻色谱柱：Superdex Peptide 10-300 GL（7～0.1kDa）和 Superdex 200 10-300 GL（600～10kDa），通过分子量标准曲线测定富硒大米中含硒蛋白的分子量范围。

体积排阻色谱柱 Superdex Peptide 10-300 GL，相关分子量标准色谱图见图 2.20。以保留时间（min）为横坐标，$\lg M_w$（kDa）为纵坐标，绘制标准曲线线性方程 $y=-0.1071x+6.2908$，相关系数 $R^2=0.9601$，具有良好的线性关系。

体积排阻色谱柱 Superdex 200 10-300 GL，相关分子量标准色谱图见图 2.24，以保留时间（min）为横坐标，$\lg M_w$（kDa）为纵坐标，绘制标准曲线线性方程 $y=-0.0846x+3.6357$，相关系数 $R^2=0.9315$，具有良好的线性关系。

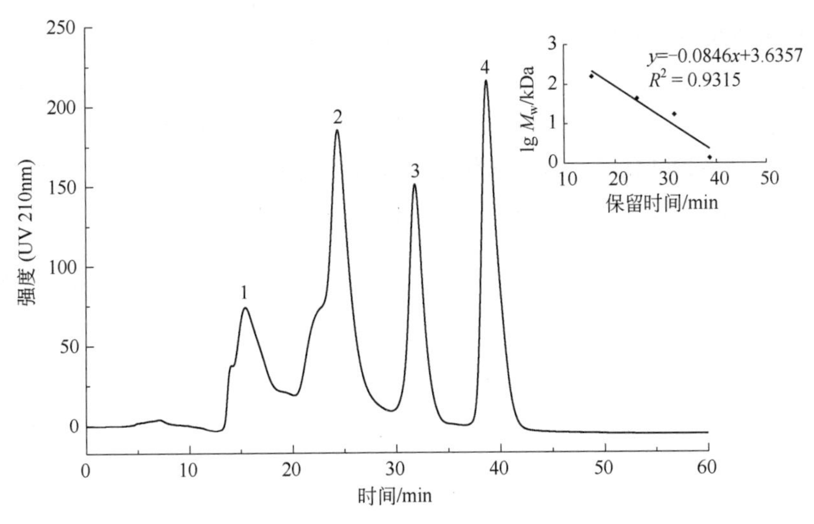

图 2.24　混合分子量标准样品的 SEC-HPLC-UV 色谱图，插图：SEC 色谱柱 Superdex 200 10/300 GL（600kDa～10kDa）的分子量标准曲线

峰 1：牛丙种球蛋白（158kDa），15.4min；峰 2：鸡卵清白蛋白（44kDa），24.4min；峰 3：肌红蛋白（17kDa），31.8min；峰 4：维生素 B_{12}（1.35kDa），38.7min

2.5.3.1　清蛋白

在研究四类蛋白中含硒蛋白分布与分子量时，HPLC 与 ICPMS 联用，同时打开 UV 和 ICPMS 检测器，分别检测 280nm 和 ^{78}Se 的响应值。图 2.25 是富硒大米清蛋白中含硒蛋白的 SEC-HPLC-UV-ICPMS 色谱图，在 60min 洗脱时间内，共有四个蛋白峰（Ⅰ，Ⅱ，Ⅲ和Ⅳ）。同时，有 5 个硒峰被洗脱，在高分子量区，硒峰 1 和硒峰 2 分子质量大于 7kDa，在 280nm 下同时有吸收，为含硒蛋白，但含硒量很低。硒主要集中在含硒峰 3，为含硒多肽，分子质量为 0.889kDa 左右。然而，微量的硒峰 4 和硒峰 5 在低分子量区，可能为游离出来的无机硒或小分子含硒肽。清蛋白为代谢活性蛋白，在发芽早期可迅速启动进行生理作用，其主要存在于稻米种子的表皮层和胚中，胚乳中含量较低，是由单链组成的低分子质量蛋白质，分子质量为 10～200kDa。本研究中大于 7kDa 的清蛋白中含硒很低，说明清蛋白并不是硒的主要存在蛋白。

2.5.3.2　球蛋白

图 2.26 是富硒大米球蛋白中含硒蛋白的 SEC-HPLC-UV-ICPMS 色谱图，在 60min 洗脱时间内，共有三个蛋白峰（Ⅰ、Ⅱ和Ⅲ），蛋白峰主要集中在高分子量区，蛋白峰Ⅰ和蛋白峰Ⅱ难以分离，在死体积洗脱。同时，有 4 个硒峰被洗脱，硒主要集中在含硒峰 1，分子质量大于 7kDa，占总球蛋白硒的 65.8%。含硒多肽峰 2 分子质量

为 0.934～0.769kDa，占总球蛋白硒的 17.9%。微量的硒峰 3 和硒峰 4 在低分子量区，可能为游离出来的无机硒。与清蛋白一样，球蛋白也为代谢活性蛋白，在发芽早期可迅速启动进行生理作用，胚乳中含量较低，是由单链组成的低分子质量蛋白质，分子质量为 16～130kDa。球蛋白虽然不是胚乳中的主要蛋白质，而在本研究中，硒存在大于 7kDa 的球蛋白中，说明球蛋白为硒的主要存在蛋白质之一。

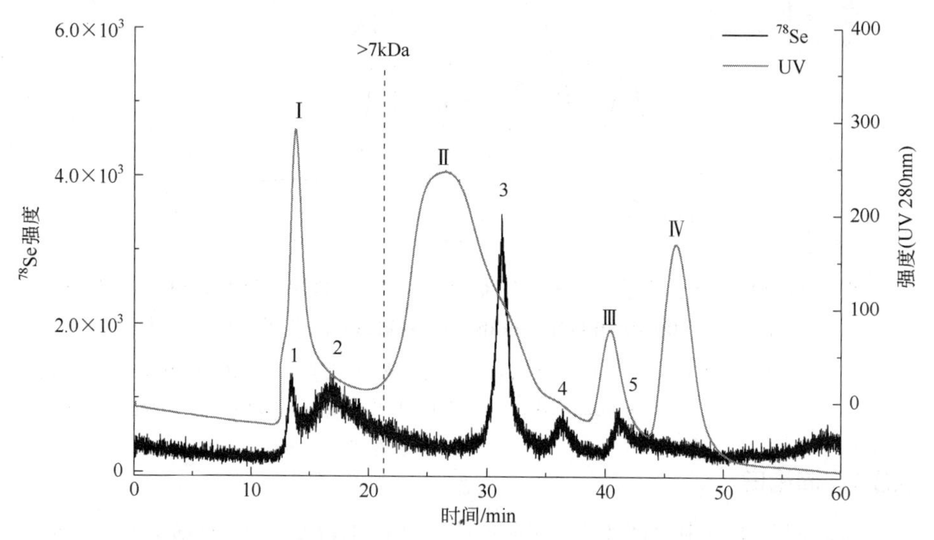

图 2.25　富硒大米清蛋白的 SEC-HPLC-UV-ICPMS 色谱图，SEC 色谱柱 Superdex Peptide 10-300 GL（7kDa～0.1kDa）

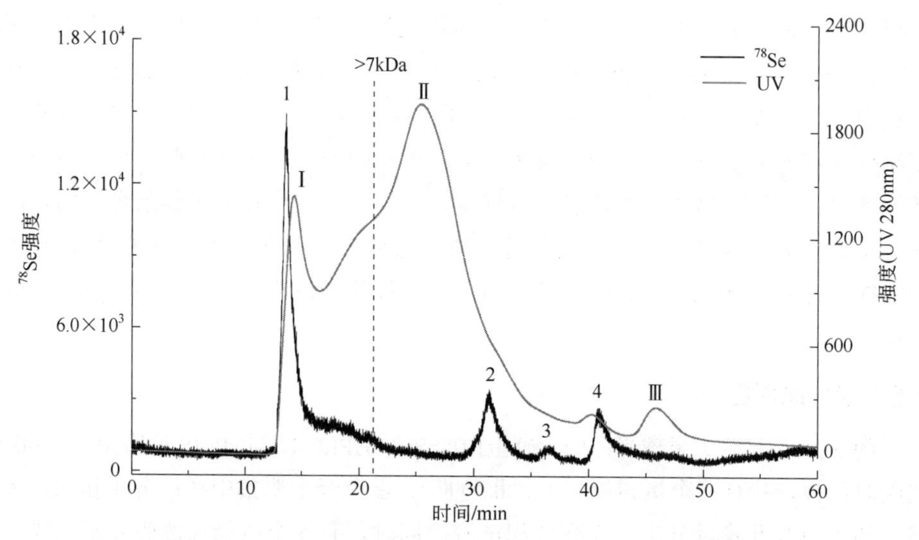

图 2.26　富硒大米球蛋白的 SEC-HPLC-UV-ICPMS 色谱图，SEC 色谱柱 Superdex Peptide 10-300 GL（7kDa～0.1kDa）

2.5.3.3　醇溶蛋白

醇溶蛋白由单肽链通过分子内二硫键连接而成，占大米蛋白的 5%～10%，一般分子质量为 7～12kDa。图 2.27 是富硒大米醇溶蛋白中含硒蛋白的 SEC-HPLC-UV-ICPMS 色谱图，在 60min 洗脱时间内，共有三个蛋白峰（Ⅰ、Ⅱ和Ⅲ），蛋白峰Ⅰ分子质量大于 7kDa，为主要蛋白质，但是硒含量很低。同时，有 3 个硒峰被洗脱，硒主要集中在低分子量区，硒峰 2 分子质量为 0.893kDa 左右，在 280nm 下没有吸收，因此，可以推断该含硒多肽没有色氨酸和酪氨酸等发色基团。硒峰 3 分子质量为 0.251kDa，在紫外线下有弱吸收，可能为游离的低分子量含硒多肽。

醇溶蛋白为稻米胚乳中蛋白体Ⅰ（PB-Ⅰ），分子质量为一般大于 7kDa，因无法被胃蛋白酶降解，而成为人体不能被利用的蛋白质成分，通常在人体排泄粪便中被检测到。在第四章对蛋白硒的体外模拟生物有效性研究中，硒主要以 SeMet 的形式存在于碱溶谷蛋白（PB-Ⅱ）肽链中，且易于人体吸收，而本节研究中，硒几乎不存在于难被人体吸收的醇溶谷蛋白中，这也给富硒大米是良好的、有效的补硒来源提供了一定的理论依据。

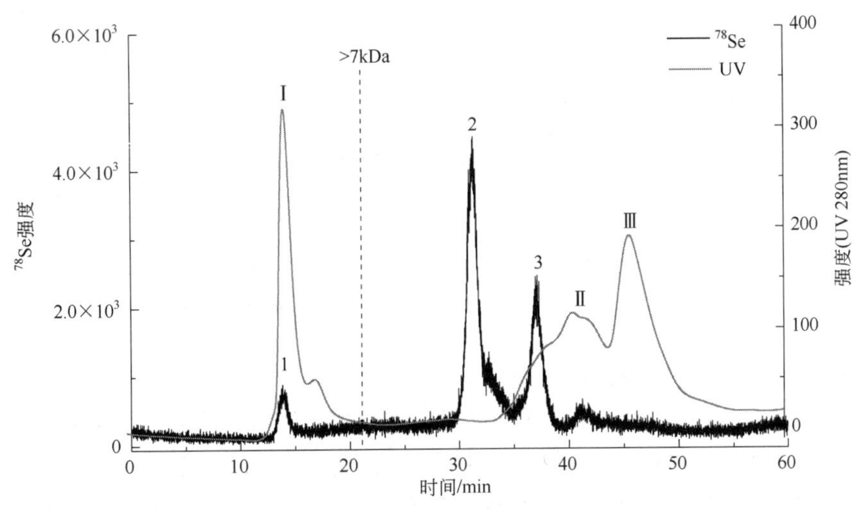

图 2.27　富硒大米醇溶蛋白的 SEC-HPLC-UV-ICPMS 色谱图，
SEC 色谱柱 Superdex Peptide 10-300 GL（7kDa～0.1kDa）

2.5.3.4　碱溶谷蛋白

硒主要存在于碱溶性谷蛋白提取液中，并优化了碱法提取方法，获得富硒大米提取蛋白产品，但含硒蛋白和多肽的分子量和种类未知。因此，本部分将详细研究碱溶性谷蛋白中含硒多肽的基本信息。图 2.28 是富硒大米碱溶谷蛋白中含硒蛋白的 SEC-HPLC-UV-ICPMS 色谱图，在 60min 洗脱时间内，共有四个蛋白峰（Ⅰ，Ⅱ，

Ⅲ和Ⅳ)，蛋白峰主要集中在大分子量范围，蛋白峰Ⅰ。同时，有 2 个硒峰被洗脱，其中硒峰 1 在 280nm 下同时有吸收，硒主要集中在含硒峰 3，分子质量大于 7kDa，96.3%的蛋白硒为大分子含硒蛋白。谷蛋白由多肽链彼此通过二硫键连接而成，分子质量为 19kDa～90kDa，甚至可达上百万，占大米蛋白的 70%～90%。因此，含硒蛋白可能存在于大分子量蛋白质中，需要用更大范围的体积排阻色谱柱分离含硒蛋白。后面进一步用 600kDa～10kDa 的 SEC 色谱进行分离、测定碱溶性含硒谷蛋白的分子量，并收集含硒组分。

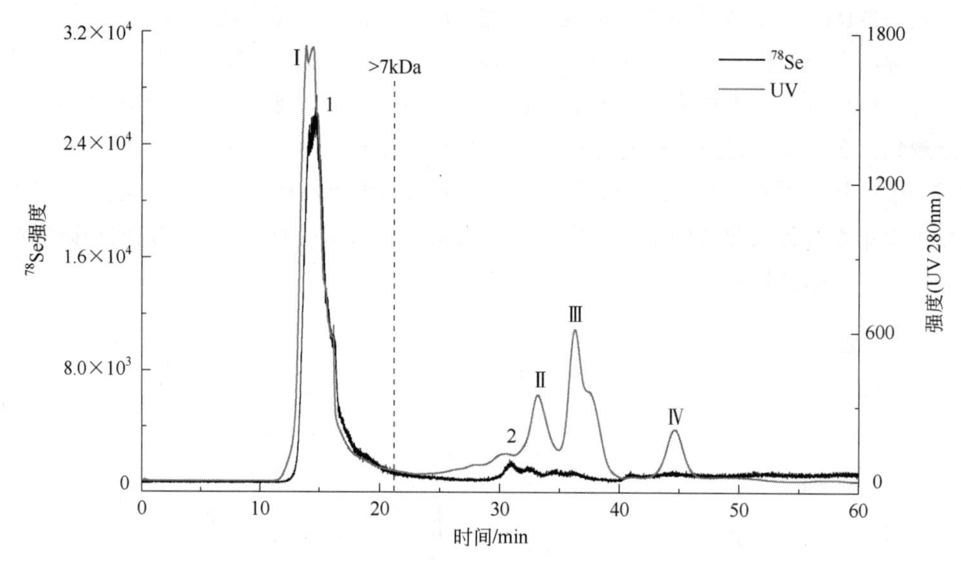

图 2.28　富硒大米碱溶谷蛋白的 SEC-HPLC-UV-ICPMS 色谱图，SEC 色谱柱 Superdex Peptide 10-300 GL（7kDa～0.1kDa）

大米胚乳中碱溶性谷蛋白主要存在大分子量，为进一步测定大分子含硒蛋白的分子量，比较普通大米和富硒大米碱溶性谷蛋白中含硒蛋白的区别，用 SEC 色谱柱（Superdex 200 10-300 GL）（600kDa～10kDa）测定。图 2.29 是普通大米与富硒大米碱溶性谷蛋白的 SEC-HPLC-UV-ICPMS 色谱图，从图可以看出，普通大米与富硒大米碱溶性谷蛋白分子量分布及色谱峰型基本相似，主要有 F_1、F_2 和 F_3 三个蛋白峰，峰型相似，只有蛋白峰 F_2 稍有差异，普通大米 F_2 峰分成两个分子量相近的蛋白峰。从 ^{78}Se 的色谱图来看，普通大米未发现硒峰，这可能与普通大米中硒含量低有关，未能达到仪器的检出限。然而，富硒大米硒峰主要集中在高分子量区，与 F_1 蛋白峰重叠，说明 F_1 为主要含硒蛋白，峰 F_3 虽在 280nm 紫外线下有吸收，但不含硒。通过分子量标准曲线测定蛋白质分子量，含硒蛋白 F_1 分子质量为 199.8kDa，硒峰 2 分子质量为 4.547kDa。然而，含硒蛋白 F_1 已经接近 SEC 色谱柱死体积被洗脱，分子质量可能更大。因此，主要含硒谷蛋白可能是多肽链彼此通过二硫键连接而成，且二硫键作用很强，即便在样品处理中加入 SDS 也难以拆开。

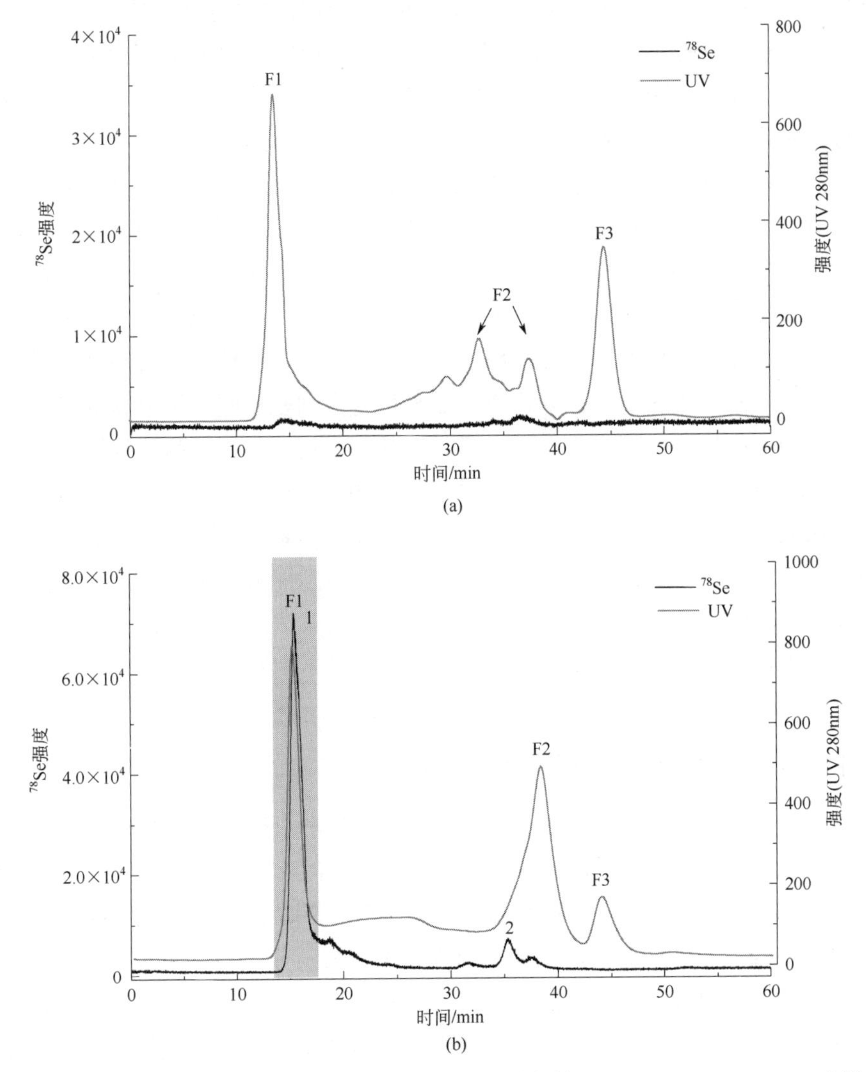

图 2.29　普通大米（a）与富硒大米（b）碱溶性谷蛋白的 SEC-HPLC-UV-ICPMS 色谱图
SEC 色谱柱 Superdex 200 10-300 GL（600kDa～10kDa）

2.6　含硒蛋白营养复配研究

根据蛋白质互补理论，不同来源的食物蛋白按一定比例混合互相补充，可提高其营养价值。1973 年，世界卫生组织（WHO）和联合国粮农组织（FAO）提出了评价蛋白质营养的必需氨基酸模式。赵江等[34]采用化学评分、氨基酸评分和氨基酸比值系数法等国际通用的营养价值评价方法，分别测定了蛋白粉中的乳清浓缩蛋白和大豆分离蛋白的粗蛋白含量，并测定了其氨基酸组成，同时对它们的营养价值进行了全面的评价。刘芳等[35]用模糊识别法和氨基酸比值系数法，对 3 种刺槐叶蛋白的氨基酸组成及含量进行了分析，并对这 3 种蛋白的营养价值进行了全面评价和比较。郭洁强等[36]用含有相应强化比例的氨基酸脱脂豆粉补充大米并进行动物实验，但实验中蛋白质消化率较低，要提高大豆的利用率，应全面考虑其氨基酸组成及加工工艺等问题。

富硒米糠蛋白与大豆蛋白复配，既有效利用了米糠资源又起到了强化硒元素的作用，国内外在 2013 年以前未见报道过将此两种蛋白进行复配，并评价其复配蛋白的营养价值的研究。目前国内对稻米产品蛋白质的营养评价很少。食物蛋白中若有一种或几种必需氨基酸不足，会阻碍食物蛋白质合成为机体蛋白质的过程。这类氨基酸，因其限制了蛋白质的营养价值，而被称为限制氨基酸。按限制氨基酸缺少数量的多少的顺序排列，可分为有第一限制氨基酸、第二限制氨基酸等等。大米中，赖氨酸（Lys）是第一限制氨基酸，而大豆蛋白中赖氨酸含量较之丰富，因此在米糠蛋白中加入大豆蛋白，使其营养更全面。刘颖等根据食物蛋白质互补原理，以米糠蛋白粉和乳粉为原料，计算得出一种复合米糠蛋白粉配方，其互补效果最佳，实验结果表明，将两种不同来源的蛋白混合所得到的复合米糠蛋白粉营养价值更高[37]。还有学者通过采用模糊识别法和氨基酸比值系数法，对稻谷蛋白的营养价值进行了全面评价，证明稻谷蛋白是一种营养价值很高的植物类蛋白[38]。

2.6.1 富硒米糠蛋白质与硒含量

将优化的富硒米糠含硒蛋白最佳提取条件分别用于提取富硒米糠和普通米糠蛋白质，并将获得产品的蛋白质含量（纯度）和硒含量进行比较，见表 2.13 富硒米糠蛋白质含量为 13.4%，与普通米糠相近；富硒米糠与普通米糠硒含量分别为 0.401mg/kg 和 0.023mg/kg，差异性显著。提取出的米糠蛋白纯度分别为普通米糠蛋白 82.1%和富硒米糠蛋白 80.2%，而硒含量从 0.052mg/kg 提高到 0.269mg/kg，说明提取的富硒米糠蛋白除了具有米糠蛋白的基本功能和原有的硒元素外，还含有丰富的有机硒，是一种纯度较高，营养丰富的蛋白资源。

表 2.13　最优条件下提取的米糠蛋白产品的蛋白质和硒含量

产品	硒含量/(mg/kg)	蛋白质含量/%
普通米糠	0.023±0.010d*	12.9±0.3b
富硒米糠	0.401±0.021a	13.4±0.2b
普通米糠蛋白	0.052±0.011c	82.1±1.2a
富硒米糠蛋白	0.269±0.132b	80.2±1.1a

* 表中数据为三次重复平均值±标准误差，同一列中不相同的字母表示有显著差异（$P<0.01$）。

2.6.2　米糠含硒蛋白的提取

通过凯氏定氮法和氢化物原子荧光光谱法测得米糠中蛋白质含量是 13.4%，硒含量是 0.401mg/kg。

正交实验 $L_9(3^4)$的因素与水平选择的 4 个因素分别为：不同的 3 个水平的料液比、NaOH 溶液浓度、提取温度和提取时间。见表 2.14。

表 2.14　正交实验 $L_9(3^4)$的因素水平设计

水平	因素			
	A/[料液比/(g/mL)]	B/[NaOH/(mol/L)]	C/(温度/℃)	D/(时间/h)
1	10	0.02	30	1
2	15	0.05	35	2
3	20	0.08	40	3

为了获得最佳的从富硒米糠中提取含硒蛋白的条件，按正交实验 $L_9(3^4)$的因素水平设计 9 组试验以蛋白和硒的提取率为筛选条件，同时考察了提取出蛋白的色差值（*L*），实验结果见表 2.15。*k* 代表各因素水平的蛋白质和硒的提取率与色差值，*R* 值为各因素水平蛋白和硒的提取率与色差值的极差。较大的 *k* 值表示优先考虑的因素水平，较大的极差 *R* 值表示该因素的影响力较大。

实验结果表明，对蛋白质提取率来说，NaOH 浓度是影响最大的因素，且各因素影响能力依次是 NaOH 浓度(B)>温度(C) >时间(D) >料液比(A)，最佳因素组合是：$A_3B_3C_3D_3$。

对于色差值 *L* 来说，温度是影响最大的因素，各因素的影响能力依次是温度(C) >NaOH 浓度(B) >时间(D) >料液比(A)，最佳因素组合是：$A_3B_1C_1D_1$。

对于硒含量来说，影响最大的因素是温度，各因素影响能力依次是温度(C) >料液比(A) >时间(D) >NaOH 浓度(B)，最佳因素组合是：$A_3B_3C_3D_2$。综合上述结果，最佳条件为 $A_3B_3C_1D_3$，即料液比 1∶20、NaOH 浓度为 0.08mol/L，提取温度 30℃，提取时间 3h。

由于最佳提取条件 $A_3B_3C_1D_3$ 没有出现在正交实验 9 个组合内，因此按照料液比 1∶20、NaOH 溶液浓度为 0.08mol/L、提取温度 30℃和提取时间 3h 重复提取米糠含硒蛋白。在此条件下提取出的米糠蛋白提取率为 72.1%±1.3%，蛋白质纯度为 80.2%±1.1%，硒含量(0.269±0.132) mg/kg，蛋白质色差值为 69.7±1.2。实验结果在 9 组中处于较高水平，这也说明此最佳提取条件是可靠有效的。

表 2.15　碱法提取富硒米糠中含硒蛋白的正交实验 $L_9(3^4)$结果表

编号	A	B	C	D	蛋白质提取率/%	硒含量/(mg/kg)	色差 L
1	1	1	1	1	42.4±3.1	0.171±0.005[①]	67.9±1.7
2	1	2	2	2	59.4±0.5	0.174±0.014	58.2±2.2
3	1	3	3	3	74.1±4.5	0.241±0.046	49.9±1.3
4	2	1	1	3	51.0±1.5	0.183±0.006	63.9±2.1
5	2	2	3	1	62.4±1.3	0.221±0.028	60.0±0.7
6	2	3	2	2	63.3±2.5	0.244±0.030	53.6±0.5
7	3	1	3	2	57.3±0.9	0.278±0.115	57.8±1.5
8	3	2	1	3	59.9±1.4	0.204±0.033	67.0±2.8
9	3	3	2	1	61.8±1.3	0.174±0.033	59.5±0.9
蛋白质提取率/%							
k_1[②]	58.6	50.2	51.1	55.5			
k_2	58.9	60.6	61.5	60.0			
k_3	59.7	66.4	64.6	61.7			
R[③]	1.1	16.2	13.5	6.2			
Q[④]	A3	B3	C3	D3			
色差 L							
k_1	58.7	63.2	66.3	62.5			
k_2	59.2	61.7	57.1	56.5			
k_3	61.4	54.3	55.9	60.3			
R	2.8	8.9	10.4	5.9			
Q	A3	B1	C1	D1			
硒含量/(mg/kg)							
k_1	0.195	0.211	0.186	0.189			
k_2	0.216	0.200	0.198	0.232			
k_3	0.219	0.220	0.247	0.209			
R	0.023	0.009	0.061	0.020			
Q	A3	B3	C3	D2			

① 数据是三次测定值的平均值±标准差。

② k 代表各因素水平蛋白的提取率、硒含量和色差值。

③ R 值为各因素水平蛋白的提取率、硒含量和色差值的极差。

④ Q 代表每个因素的最优水平。

2.6.3　复配蛋白硒含量及蛋白质纯度

按照不同配比分别测定各复配蛋白的硒和氨基酸含量，各复配蛋白中 RBP 的含量分别为 90%、80%、70%、60%和 50%。各复配蛋白含硒量和蛋白质纯度测定结果见图 2.30。SP 硒含量为(0.013±0.005) mg/kg，大大低于 RBP 硒含量，RBP 含硒量为(0.269±0.032) mg/kg，不同配比的复配蛋白中，随着 RBP 含量的降低，硒含量降低，最低为(0.141±0.014) mg/kg，然而蛋白纯度随 RBP 含量增加而降低，最高为 50% RBP，其蛋白质纯度为 85.1%±0.9 %。

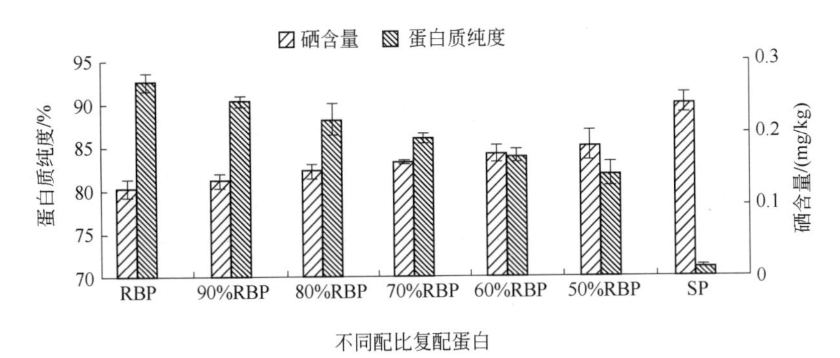

图 2.30　米糠含硒蛋白、大豆蛋白和不同配比的复配蛋白的硒含量和蛋白质纯度

2.6.4　复配蛋白氨基酸组成

参照 GB 5009.124—2016《食品安全国家标准 食品中氨基酸的测定》，采用氨基酸分析仪，样品处理采用 6mol/L 的 HCl 水解。测得米糠蛋白、大豆蛋白和各配比复配蛋白的氨基酸含量见表 2.16。实验测得 RBP、SP 和各配比复配蛋白的氨基酸含量见表 2.16。由表中可看出，各配比待评价复配蛋白的必需氨基酸与非必需氨基酸（nonessential amino acids）比值（EAA/NEAA）符合 WHO/FAO 参考标准规定的 0.6。

表 2.16　米糠含硒蛋白、大豆蛋白和不同配比的蛋白粉的氨基酸含量　单位：mg/g

氨基酸		米糠含硒蛋白 RBP	大豆蛋白 SP	90% RBP	80% RBP	70% RBP	60% RBP	50% RBP
必需氨基酸 EAA	异亮氨酸	26.18	25.19	25.69	25.19	25.94	25.81	25.44
	亮氨酸	52.12	43.52	50.62	49.38	49.63	48.88	47.76
	赖氨酸	21.57	31.05	22.19	22.44	25.06	25.56	25.81
	甲硫氨酸	11.47	6.73	11.10	10.10	9.85	9.48	8.85
	苯丙氨酸	33.79	28.18	32.79	32.04	32.04	31.55	30.92
	苏氨酸	18.83	17.08	18.20	18.08	18.20	17.71	15.21
	缬氨酸	32.17	23.94	31.17	30.17	30.17	29.30	28.18
非必需氨基酸 NEAA	半胱氨酸	3.99	5.11	3.74	3.87	3.74	3.62	4.11
	酪氨酸	33.17	20.45	32.17	30.67	29.68	28.68	27.31
	精氨酸	52.12	39.53	50.37	48.63	48.50	47.26	45.89
	组氨酸	15.09	13.47	14.71	14.46	14.59	14.34	14.21
	丙氨酸	31.55	21.70	30.30	29.05	28.68	27.81	26.81

续表

氨基酸		米糠含硒蛋白 RBP	大豆蛋白 SP	90% RBP	80% RBP	70% RBP	60% RBP	50% RBP
非必需氨基酸 NEAA	天冬氨酸	48.25	52.00	48.50	48.25	49.63	50.87	50.62
	谷氨酸	73.69	72.82	73.82	72.82	74.44	75.06	75.69
	脯氨酸	20.57	19.70	19.20	19.83	19.70	17.83	14.34
	丝氨酸	25.06	21.70	24.19	24.19	24.06	23.44	19.45
	甘氨酸	25.31	20.82	24.56	23.94	23.94	23.69	23.07
必需氨基酸与非必需氨基酸比值 EAA/NEAA		0.60	0.61	0.60	0.60	0.60	0.60	0.60

2.6.5 复配蛋白质营养价值评价

本实验应用氨基酸比值系数法评价各复配蛋白质的营养价值，见表 2.17。若食物中蛋白质氨基酸组成含量比例与模式氨基酸一致，则各 EAA 的 RC 值应等于 1，若数值大于或小于 1，则表示偏离模式氨基酸，当 RC>1，表明该种 EAA 相对过剩，RC<1 则相反，RC 最小者为第一限制性氨基酸。RBP、SP 和不同配比的复配蛋白质中，RBP 的第一限制氨基酸为赖氨酸，SP 的第一限制氨基酸为含硫氨基酸（甲硫氨酸+半胱氨酸）。90% RBP 的第一限制氨基酸为赖氨酸，80% RBP、70% RBP、60% RBP 和 50% RBP 第一限制氨基酸为含硫氨基酸。如果食物蛋白质的 EAA 组成比例

表 2.17　富硒米糠含硒蛋白、大豆蛋白和不同配比蛋白的 RAA、RC 及 SRC 的比较

对比材料	氨基酸比值 RAA、氨基酸比值系数 RC	必需氨基酸参考模式 WHO/FAO							
		异亮氨酸	亮氨酸	赖氨酸	甲硫氨酸+半胱氨酸	苯丙氨酸+酪氨酸	苏氨酸	缬氨酸	比值系数分 SRC
米糠蛋白 RBP	RAA	0.65	0.74	0.39	0.44	1.12	0.47	0.64	64.1
	RC	1.02	1.16	0.61*	0.69	1.74	0.74	1.01	
大豆蛋白 SP	RAA	0.63	0.62	0.56	0.34	0.81	0.43	0.48	74.0
	RC	1.14	1.13	1.03	0.62*	1.47	0.78	0.87	
90% RBP	RAA	0.64	0.72	0.40	0.42	1.08	0.46	0.62	64.7
	RC	1.04	1.17	0.65*	0.68	1.75	0.73	1.01	
80% RBP	RAA	0.63	0.71	0.41	0.40	1.05	0.45	0.60	65.3
	RC	1.03	1.16	0.67	0.65*	1.71	0.74	0.99	
70% RBP	RAA	0.65	0.71	0.46	0.39	1.03	0.46	0.60	67.2
	RC	1.06	1.16	0.75	0.64*	1.69	0.75	0.99	
60% RBP	RAA	0.65	0.70	0.46	0.37	1.00	0.44	0.59	67.4
	RC	1.08	1.16	0.77	0.62*	1.67	0.74	0.98	
50% RBP	RAA	0.64	0.68	0.47	0.37	0.97	0.38	0.56	66.7
	RC	1.10	1.18	0.81	0.64*	1.67	0.66	0.97	

*为第一限制氨基酸。

与 EAA 模式一致，则 CV=0，SRC=100，相比较而言，SRC 越接近 100，其营养价值相对较高。RBP、SP 和各复配蛋白质根据 SRC 值的大小排列顺序如下：SP>60% RBP>70% RBP>50% RBP>80% RBP>90% RBP>RBP。由此可见，总体上，不同配比的蛋白质粉营养价值高于米糠蛋白。通过与 SP 复配，RBP 的营养价值从 SRC 值 64.1 提高到 67.4，其中，60% RBP 在所有复配蛋白质中 SRC 最高，说明其营养价值较其他配比的复配蛋白质高，且其硒含量为(0.167±0.024)mg/kg，赖氨酸（米糠蛋白的第一限制氨基酸）含量高于 RBP，说明 SP 很好地提高了米糠蛋白的营养价值，且此复配蛋白质还具有丰富的必需微量营养元素硒。

2.7　小结

2007 年至 2008 年间，全国主要水稻产区市售大米的平均硒含量为 0.022mg/kg，不同品种大米的硒水平变幅较大，估算大米主食人群人均日硒摄入量为 8.3～22.0μg/d，未达到中国营养学会的推荐值 50μg/d。通过叶面施用硒肥，大米硒含量从对照组的 0.032mg/kg 显著增加到 0.207～1.790mg/kg。精米、米糠、稻壳中的硒含量随喷施浓度增加而线性增加，硒主要集中分布在米糠中。在喷施适当浓度硒肥后，大米蛋白质含量显著性提高，硒肥对其他营养成分淀粉、脂质和灰分没有显著性影响。硒在富硒大米中主要以有机硒形式存在，在四类蛋白中，碱溶性谷蛋白是主要结合蛋白，占总硒 31.3%。碱法优化提取富硒大米中含硒蛋白的最佳条件为：料液比 1∶20、NaOH 浓度为 0.08mol/L、提取温度 30℃和提取时间 3h，提取 2 次，在 pH 4.5 条件下酸沉淀蛋白质。制备的富硒大米含硒蛋白纯度为 82.91%，硒含量 9.09mg/kg。在体外模拟胃肠道消化后，富硒大米含硒蛋白的消化液主要以小分子量含硒多肽或硒代氨基酸存在，SeMet 占 52.3%。此外，以超声波辅助，利用 α-淀粉酶和蛋白酶 XIV 顺序酶解，可以有效地将普通大米和富硒大米的硒的提取率提高至 92.8%和 88.7%。用 IP-RP、SAX 色谱联用 ICPMS 和 nanoESI-MS 鉴定出富硒大米中的主要形态为 SeMet。叶面喷施硒肥后，水稻籽粒中硒的形态发生较大变化的是 SeMet，普通大米中 SeMet 的硒含量由 26.7%增至富硒大米的 86.6%。大米中无机硒的主要形态为 Se^{IV}，富硒大米酶解液中无机硒的含量比普通大米略高，未发生较大变化。因此，水稻通过叶片吸收硒，在蛋白质合成的关键时期，共用了硫代谢过程中一系列酶作用下，沿着硫的吸收和代谢途径，将硒转运至水稻籽粒中，以 SeMet 形式贮存在蛋白质中。水提、盐提、碱提和醇提方法硒的回收率分别为 9.6%、16.8%、48.2%和 14.9%，纯化后的蛋白质结合硒的量为碱溶谷蛋白>球蛋白>醇溶蛋白>清蛋白。利用 SEC-HPLC-UV-ICPMS 测定四类蛋白质分子量，结果表明，硒主要存在于>7kDa 的碱溶谷蛋白和球蛋白，清蛋白和醇溶蛋白并不是硒的主要存在蛋白质。富硒大米碱溶含硒蛋白 F1 分子质量为 199.8kDa，胰蛋白酶水解组分 F1，利用第二维色谱 capHPLC-ICPMS 和 nanoHPLC-Chip/ITMS，鉴定出 3 个含硒多肽的序列和分子量信息，并结合质谱数据库检索的方法，获得 3 个可能的蛋白质，但蛋白质中并没有 SeMet 的信息。在含硒蛋白营养复配研究方面，对比米糠含硒蛋白、大豆蛋白和不同配比的复配蛋白质的硒含量，发现大豆蛋白硒含量大大低于富硒米糠蛋白的硒含量，并且不同配比的复配蛋白质随着富硒米糠蛋白含量的降低，硒含量也降低。根据氨基酸比值系数法，得出最具营养价值的复配蛋白质为含 60%富硒米糠蛋白的复配蛋白质，其蛋白质纯度为 84.1%±0.8%，硒含量为(0.167±0.024) mg/kg。

参考文献

[1] Chen L, Yang F, Xu J, et al. Determination of Selenium Concentration of Rice in China and Effect of Fertilization of Selenite and Selenate on Selenium Content of Rice[J]. Journal of Agricultural and Food Chemistry, 2002, 50(18): 5128-5130.

[2] 甄燕红，成颜君，潘根兴，等. 中国部分市售大米中 Cd、Zn、Se 的含量及其食物安全评价[J]. 安全与环境学报, 2008(01): 119-122.

[3] 方勇，陈曦，陈悦，等. 外源硒对水稻籽粒营养品质和重金属含量的影响[J]. 江苏农业学报，2013，29(04): 760-765.

[4] 戴志华. 水稻对硒的吸收转化及调控机理研究[D]. 武汉：华中农业大学, 2020.

[5] 周鑫斌，施卫明，杨林章. 叶面喷硒对水稻籽粒硒富集及分布的影响[J]. 土壤学报, 2007(01): 73-78.

[6] Xu J, Hu Q. Effect of Foliar Application of Selenium on the Antioxidant Activity of Aqueous and Ethanolic Extracts of Selenium-Enriched Rice[J]. Journal of Agricultural and Food Chemistry, 2004, 52(6): 1759-1763.

[7] Hu Q, Xu J, Chen L. Antimutagenicity of Selenium-enriched rice on mice exposure to cyclophosphamide and mitomycin C[J]. Cancer Letters, 2005, 220(1): 29-35.

[8] Wróbel K, Wrobel K, A. Caruso J. Selenium speciation in low molecular weight fraction of Se-enriched yeasts by HPLC-ICP-MS: Detection of Selenoadenosylmethionine[J]. Journal of Analytical Atomic Spectrometry, 2002, 17(9): 1048-1054.

[9] Mounicou S, McSheehy S, Szpunar J, et al. Analysis of selenized yeast for selenium speciation by Size-exclusion chromatography and capillary zone electrophoresis with inductively coupled plasma mass spectrometric detection (SEC-CZE-ICP-MS)[J]. Journal of Analytical Atomic Spectrometry, 2002, 17(1): 15-20.

[10] Méndez S P, González E B, Sanz-Medel A. Hybridation of different chiral separation techniques with ICP-MS detection for the separation and determination of selenomethionine enantiomers: Chiral speciation of selenized Yeast[J]. Biomedical Chromatography, 2001, 15(3): 181-188.

[11] 邢翔，郭建秋. 硒的分布及综合利用研究[J]. 长江大学学报(自然科学版)理工卷, 2008(02): 41-44+138.

[12] Liu K, Cao X, Bai Q, et al. Relationships between physical properties of brown rice and degree of milling and loss of Selenium[J]. Journal of Food Engineering, 2009, 94(1): 69-74.

[13] 王少元，郑红波，何运喜. 恩施州富硒农副产品取样分析测试报告[J]. 湖北林业科技, 1997(04): 31-33.

[14] 周鑫斌，施卫明，杨林章. 富硒与非富硒水稻品种对硒的吸收分配的差异及机理[J]. 土壤，2007(05): 731-736.

[15] 周遗品. 硒对水稻蛋白质和氨基酸含量影响的初步研究[J]. 石河子农学院学报, 1995(03): 18-22.

[16] Kotrebai M, Tyson J F, Block E, et al. High-performance liquid chromatography of selenium compounds

utilizing perfluorinated carboxylic acid ion-pairing agents and inductively coupled plasma and electrospray ionization mass spectrometric Detection[J]. Journal of Chromatography A, 2000, 866(1): 51-63.

[17] Kirby J K, Lyons G H, Karkkainen M P. Selenium Speciation and Bioavailability in Biofortified Products Using Species-Unspecific Isotope Dilution and Reverse Phase Ion Pairing-Inductively Coupled Plasma-Mass Spectrometry[J]. Journal of Agricultural and Food Chemistry, 2008, 56(5): 1772-1779.

[18] Dumont E, Cremer K D, Hulle M V, et al. Separation and detection of Se-compounds by ion pairing liquid chromatography-microwave assisted hydride generation- atomic fluorescence Spectrometry[J]. Journal of Analytical Atomic Spectrometry, 2004, 19(1): 167-171.

[19] Mazej D, Falnoga I, Veber M, et al. Determination of selenium species in plant leaves by HPLC-UV-HG-AFS[J]. Talanta, 2006, 68(3): 558-568.

[20] 余芳，汪社英，方勇，等. 富硒绿茶硒蛋白的提取工艺研究[J]. 南京农业大学学报, 2008(04): 140-143.

[21] Yu F, Sheng J, Xu J, et al. Antioxidant activities of crude tea polyphenols, polysaccharides and proteins of selenium-enriched tea and regular green Tea[J]. European Food Research and Technology, 2007, 225(5-6): 843-848.

[22] 杜明，胡小松，王聪，等. 富硒灵芝硒蛋白(Se-GL-P)生化性质的初步分析[J]. 生物化学与生物物理进展, 2007(3): 299-305.

[23] 高林，赵文婷，田侠，等. 富硒花生分离蛋白制备工艺的优化[J]. 中国食品学报, 2017, 17(10): 107-115.

[24] 张雪莉，胡秋辉，纪阳，等. 杏鲍菇富硒蛋白的营养结构特性及对铅毒性的缓解作用[J]. 食品科学: 1-11.

[25] Saito Y, Sato N, Hirashima M, et al. Domain structure of bi-functional selenoprotein P[J]. Biochemical Journal, 2004, 381(3): 841-846.

[26] Zhang T, Gao Y X, Li B, et al. Study of Selenium Speciation in Selenized Rice Using High-Performance Liquid Chromatography-Inductively Coupled Plasma Mass Spectrometer[J]. Chinese Journal of Analytical Chemistry, 2008, 36(2): 206-210.

[27] 梁潘霞，兰秀，刘永贤，等. 富硒大米硒蛋白提取方法研究[J]. 西南农业学报, 2017, 30(11): 2474-2478.

[28] Ju Z Y, Hettiarachchy N S, Rath N. Extraction, denaturation and hydrophobic Properties of Rice Flour Proteins[J]. Journal of Food Science, 2001, 66(2): 229-232.

[29] 奚海燕，张晖，姚惠源. 碱酶分步法从米粉中提取大米蛋白工艺的研究[J]. 粮油食品科技, 2007(6): 12-14.

[30] Lim S T, Lee J H, Shin D H, et al. Comparison of Protein Extraction Solutions for Rice Starch Isolation and Effects of Residual Protein Content on Starch Pasting Properties[J]. Starch - Stärke, 1999, 51(4): 120-125.

[31] 易翠平，姚惠源. 高纯度大米蛋白和淀粉的分离提取[J]. 食品与机械, 2004(6): 18-21.

[32] 简少文，梅承恩，梁永能，等. 富硒米提取液对 EB 病毒转化脐血 B 淋巴细胞及 EBV 早期抗原表达的影响[J]. 癌症, 2003(1): 26-29.

[33] Reyes L H, Encinar J R, Marchante-Gayón J M, et al. Selenium bioaccessibility assessment in selenized yeast after “in vitro” gastrointestinal digestion using two-dimensional chromatography and mass Spectrometry[J]. Journal of Chromatography A, 2006, 1110(1): 108-116.

[34] 赵江，张泽生，王浩，等. 蛋白粉中乳清浓缩蛋白和大豆分离蛋白的复配及其营养价值评价[J]. 食品研究与开发, 2007(9): 145-147.

[35] 刘芳，敖常伟. 刺槐叶蛋白的营养价值评价[J]. 中南林业科技大学学报, 2007(6): 53-57+62.

[36] 郭洁强，何志谦. 氮平衡指数(NBI)评价氨基酸强化大米蛋白质的营养价值[J]. 营养学报, 1985(2): 92-102.

[37] 刘颖，田文娟. 复合米糠蛋白粉的研制与营养价值评价[J]. 食品科学, 2012, 33(4): 292-295.

[38] 颜孙安，钱爱萍，宋永康，等. 晋谷蛋白中氨基酸的含量与营养分析[J]. 中国农学通报, 2009, 25(18): 113-117.

第3章 富硒大米含硒蛋白酶解物的免疫调节功能

在大米蛋白质的研究中，虽然生物活性相关的研究数据并不十分多，已有的分析研究却足以证实，大米蛋白酶解物具有抗氧化、抗病毒等特点。对于某种元素生物活性的研究一直未有一种确切的定义或测定方法，硒的生物活性的定义已有许多种，不同国家的学者对于元素生物活性的判断也有不同的标准，有些学者认为，能够被机体有效利用并具有抗氧化活性、抗肿瘤特性、免疫活性等特征的硒结合分离物均可说明该元素的生物活性，而更多的学者倾向于以硒结合蛋白的活性来判断硒的生物活性。

3.1 酶解方法的优化

目前，获取生物活性肽的方法有很多种，包括天然生物体提取、胃肠道酶消化蛋白或体外酶解生成、化学合成、酶法合成或是基因重组合成等。而从天然生物体中直接提取活性肽的方法产量低且不易提取，很难满足人们大规模的需求。生物活性肽的合成技术尚在起步阶段，且合成肽的安全性仍存在争议。体外酶解蛋白生成生物活性肽具有条件温和、不破坏营养成分、价格低廉等优点，且特定蛋白酶对大米蛋白中肽链的降解作用可产生多种具有抗氧化活性或免疫活性的肽，因此，酶法制备生物活性肽已成为生产活性肽最主要的方法之一。

已有研究发现，酶解后得到的多肽较酶解前的蛋白质具有更高的生物活性。在酶解过程中应避免破坏硒与蛋白质间的结合作用以确保获取的硒代氨基酸的完整性[1]。且硒在大米胚乳中以 SeMet 的形式结合于蛋白质肽链中，未经过蛋白酶酶解，无法进一步认识其生物活性。不同的蛋白酶会破坏不同的肽键，当大分子的蛋白质被水解成各种小分子多肽混合物时会释放出多种生物活性肽，而不同的肽结构可能对产物活性有较大的影响。

故罗佩竹[2]分别以木瓜蛋白酶、胰蛋白酶和胃蛋白酶水解碱法提取出的大米含硒蛋白并测定产物的水解度、硒含量、DPPH 自由基清除率等，以获得最优酶解条件。

3.1.1 酶的选择

DPPH 是一种比较稳定的脂性自由基，其乙醇溶液在 517nm 处有最大的吸收峰，用来测定样品抗氧化活性的方法简单可靠。故试验通过测定 DPPH 自由基清除率来判断大米硒代多肽的抗氧化活性。清除率的高低与测定时所加样品与 DPPH 量的比例有关，故分别以胰蛋白酶、木瓜蛋白酶和胃蛋白酶水解大米含硒蛋白，并测定了 DH 和水解物的 DPPH 自由基清除率，结果见表 3.1 和图 3.1。

表 3.1　不同酶水解大米含硒蛋白的水解度

酶的种类	温度/℃	pH	时间/h	[S]/%	[E]/[S]/%	DH/%
胰蛋白酶	55	8.0	4	5	5	15.06±0.53
木瓜蛋白酶	55	6.5	4	5	5	2.90±0.29
胃蛋白酶	37	1.5	4	5	5	2.05±0.11

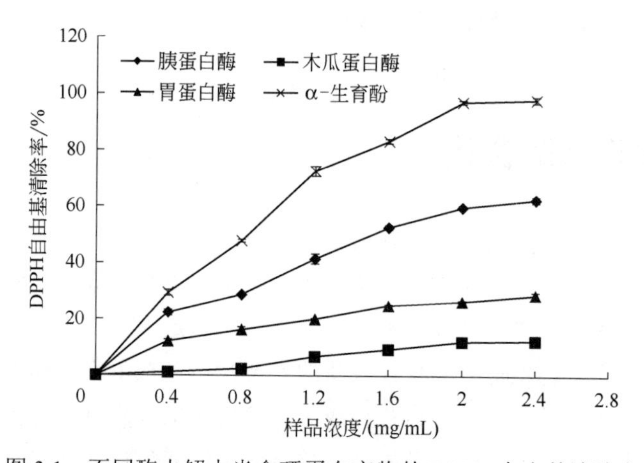

图 3.1　不同酶水解大米含硒蛋白产物的 DPPH 自由基清除率

由表 3.1 可知，在各自的最适条件下以相同的底物浓度和酶比底物浓度酶解时，胃蛋白酶和木瓜蛋白酶对大米蛋白的水解度都很小，只有 2%～3%左右，而胰蛋白酶则表现出较大的水解度，水解度可达 15.06%左右。如图 3.1 所示，随着样品浓度的增大，DPPH 自由基清除率不断升高，其中木瓜蛋白酶水解产物的抗氧化活性最低，胃蛋白酶略高，而胰蛋白酶的水解产物则表现出了很高的 DPPH 自由基清除率，当样品浓度添加至 2mg/mL 时，DPPH 自由基清除率达到了 59.75%±0.62%，而此时木瓜蛋白酶水解物和胃蛋白酶水解物的结果明显较低，分别为 12.18%±0.47%和 26.42%±

0.47%。由试验结果可进一步分析算出，胰蛋白酶水解产物的 EC_{50} 值为 1.8mg/mL，最接近于 α-生育酚的 0.07mg/mL，而木瓜蛋白酶和胃蛋白酶水解产物的 EC_{50} 值分别为 8.39mg/mL、4.90mg/mL。由此，综合考虑水解度和产物 DPPH 自由基清除率的结果，胰蛋白酶是最适合用作大米含硒蛋白水解的蛋白酶，故本试验最终选择胰蛋白酶作为进一步试验的水解酶。

3.1.2 酶解单因素选择

3.1.2.1 各因素对 DH 随时间变化的影响

胰蛋白酶水解大米含硒蛋白时，底物浓度、酶比底物浓度、pH 和温度是影响最终水解度（DH）的主要因素。本试验分别对这四个方面进行了分析，并得出了各因素对水解度随时间变化的影响。

（1）底物浓度对水解度的影响

试验选择在酶比底物浓度 5%、pH 8.0、45℃的条件下酶解 4h，研究了底物浓度从 2%到 11%变化时水解度随时间的变化。

由图 3.2 可知，过高的底物浓度亦或是过低者均对酶解反应的进程不利。当底物浓度为 2%时，水解度较低，只有 5.24%，而当底物浓度提高为 5%时含硒蛋白的终水解度提高至 7.54%，高于其他浓度的水解度。此时，反应前 0.5h 的水解度为 3.36%，至 1.5h 时水解度迅速升至 7.39%，而 1.5h 后的反应则趋于平缓。这是因为胰蛋白酶作用于大米蛋白时所产生的酶解产物对酶本身有着一定的抑制作用，随着反应的进行抑制作用越发明显。当底物浓度增大到 11%时水解度最低，只有 4.52%，由此可见，胰蛋白酶水解大米含硒蛋白时，并非底物浓度越高水解度就越高，过高的底物浓度会使反应中的底物抑制作用明显，故最佳底物浓度应在 5%左右。

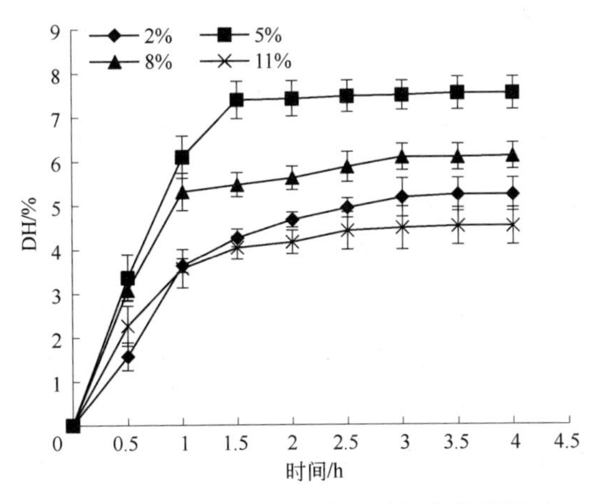

图 3.2 底物浓度对水解度随时间变化的影响

（2）酶比底物浓度对水解度的影响

于底物浓度5%、pH 8.0、45℃的条件下考察酶比底物浓度分别为1%、5%、9%、13%时的酶解反应进程。

理论上，加酶量越大则水解度应越高，然而由图3.3可得，虽然随着加酶量的增加反应速率与水解度不断提高，但是当酶比底物浓度达到一定程度时反应呈现一种接近饱和的状态，即使初反应速率仍会提高，最终水解度也并未明显增加。酶比底物浓度为1%时，终水解度只有5.13%，而当酶比底物浓度增至5%时，终水解度升高至7.54%。由图中13%的曲线可以看出，此时的初始反应速率非常快，远高于其他组，但当酶解反应进行到2.5h附近时，13%的进程曲线和9%的进程曲线有一个明显的交叠，随后9%的水解度略高，直至反应结束。由此可知，选择9%附近的酶比底物浓度既能节约成本又可获得较合适的水解度，故最佳酶比底物浓度应在9%。

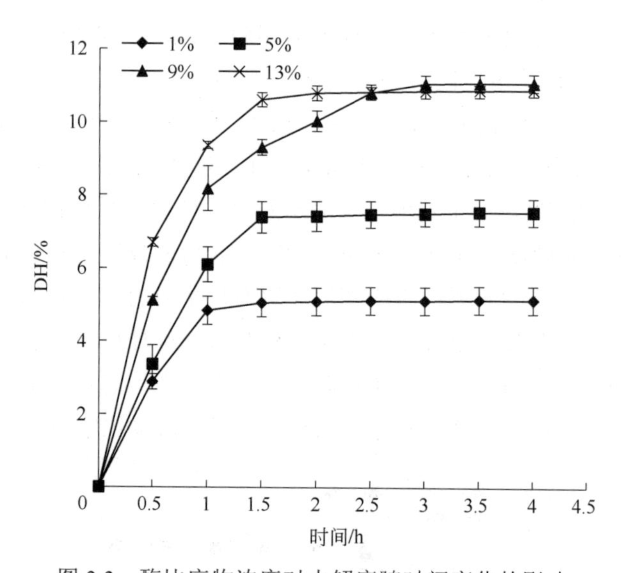

图3.3　酶比底物浓度对水解度随时间变化的影响

（3）酶解体系pH对水解度的影响

因为胰蛋白酶的最适pH在8.0附近，所以研究分析了底物浓度5%、酶比底物浓度5%、45℃条件下酶解4h时，pH在7.5到9.0之间的变化对水解度的影响。

由图3.4可得，胰蛋白酶的最适pH在8.0～9.0，pH=7.5时酶活性较低，反应缓慢；而反应前1h，pH在8.0和8.5处的两条线基本重合，pH=9.0处的反应速率更快，1.5h后三条线变化基本一致且水解度相差甚微，pH=9.0的水解度略高，故最佳pH应在8.0～9.0附近。

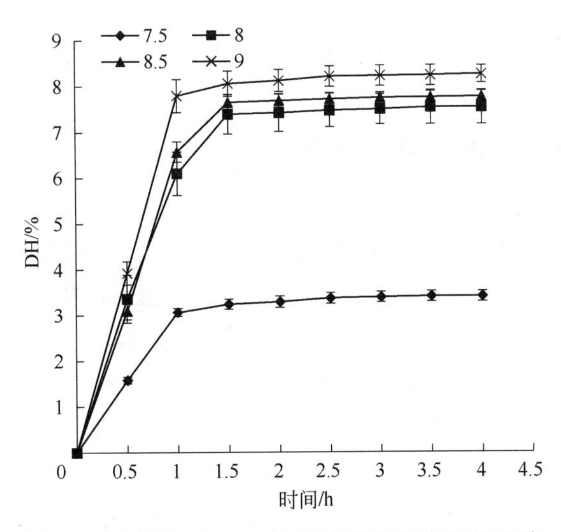

图 3.4　酶解体系 pH 对水解度随时间变化的影响

（4）酶解温度对水解度的影响

试验采用底物浓度 5%、酶比底物浓度 5%、pH 8.0，在此条件下分析温度从 40℃至 55℃的变化对水解度的影响。

如图 3.5 所示，40℃下反应时，初反应速率与最终水解度均较低；45℃、50℃、55℃下反应时，前 0.5h 反应速率基本一致，到 1h 时 50℃的水解度最高，但自 1.5h 以后 45℃和 50℃几乎重合，而 55℃则略低，可能是因为胰蛋白酶并不能持久耐受 55℃的处理温度，故最佳反应温度应选在 50℃附近。

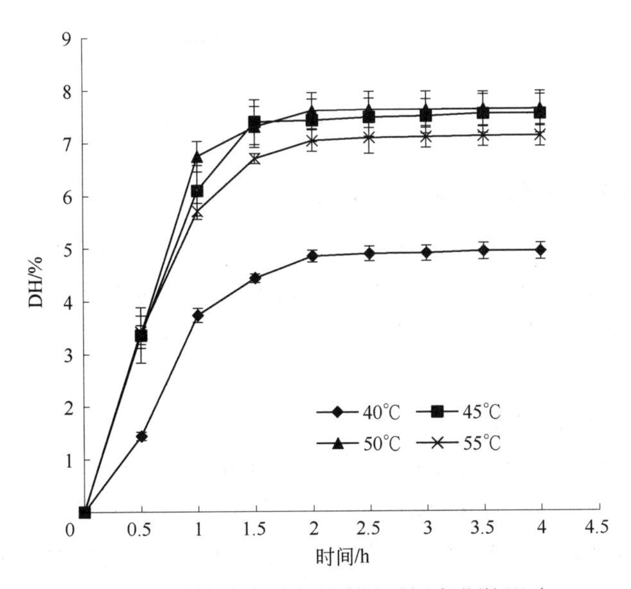

图 3.5　酶解温度对水解度随时间变化的影响

综合图 3.2～图 3.5 来看，酶解反应进行到 3.5h 以后基本无太大变化，为节省时间，后期试验均采用 3.5h 的酶解时间。

3.1.2.2　不同水解度对抗氧化能力的影响

多项研究显示，小分子大米肽具有较好的抗氧化活性。有学者发现 1.5～4.5kDa 的肽段有较强的抗氧化活性，小于 5kDa 的肽段可促进抑制癌细胞的生长。也有学者通过研究高粱多肽抗病毒活性发现，分子质量在 2kDa 附近的肽具有最强的抗氧化活性和抗病毒活性。所以，控制合适的水解度对制备具有高抗氧化活性的大米硒代多肽非常重要。由图 3.6 可知，随着水解度的增大，水解产物的 DPPH 自由基清除率呈现增大趋势，但当水解度扩大至 25%时，抗氧化性又有所降低。结果表明，大米硒代多肽的水解度会影响其 DPPH 自由基清除率。且并非水解度越高清除率越高，这是因为水解度增加时可能会产生没有抗氧化活性的片段，从而使酶解产物抗氧化能力降低。

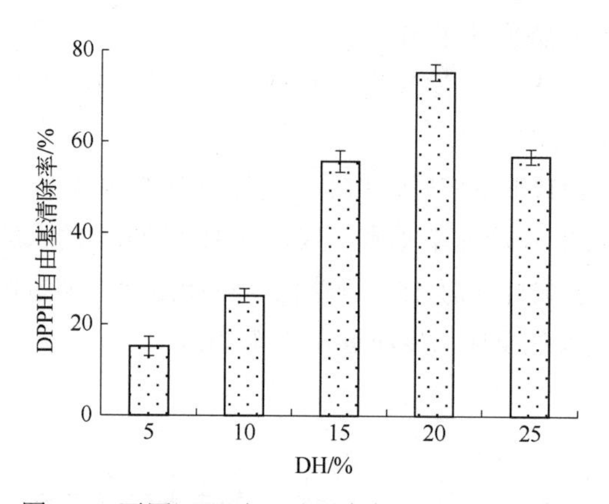

图 3.6　不同 DH 对 DPPH 自由基清除率的影响

3.1.2.3　各因素对酶解产物硒含量的影响

有关研究发现硒具有良好的抗氧化作用且可以促进细胞的生长，所以硒的含量也可能是影响酶解产物抗氧化活性的重要因素之一，为便于后期研究，试验要求尽可能多地保留硒，故需综合考虑硒含量和 DH 受各因素的影响，以确定最佳酶解条件。

（1）底物浓度对产物硒含量的影响

由图 3.7 可知，底物浓度为 8%时酶解产物的硒含量为 0.724mg/kg，此时硒含量高于其他组但水解度却只有 6.1%，由上述内容可知，要获得较高抗氧化性需将水解度控制在较高水平，图中 5%的底物浓度时水解度最大，此时硒含量为 0.501mg/kg，为保证所得多肽抗氧化性较高所以选择 5%左右的底物浓度。

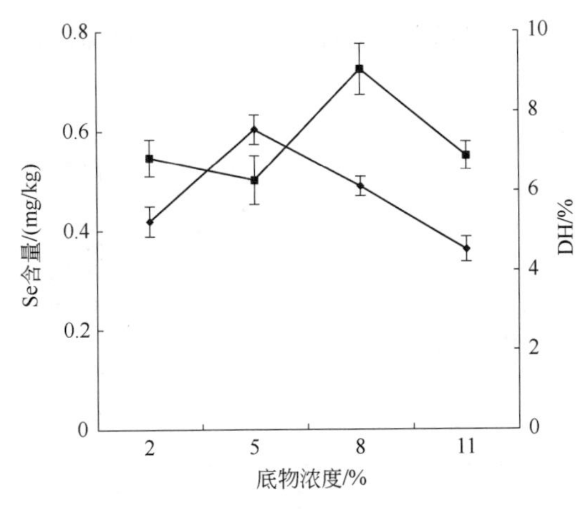

图 3.7　底物浓度对酶解产物硒含量的影响

—■—：Se 含量；—◆—：水解度 DH

（2）酶比底物浓度对酶解产物硒含量的影响

如图 3.8 所示，酶比底物浓度为 1%时硒含量最高，但此时水解度非常低，仅为 5.13%，参照图 3.6 的结果，此时所得多肽的抗氧化活性很低，DPPH 自由基清除率只有 15%左右；而酶比底物浓度在 9%和 13%处水解度均较高，9%略高于 13%的水解度，但 13%处的产物硒含量较高，故酶比底物浓度应选择 9%～13%之间。

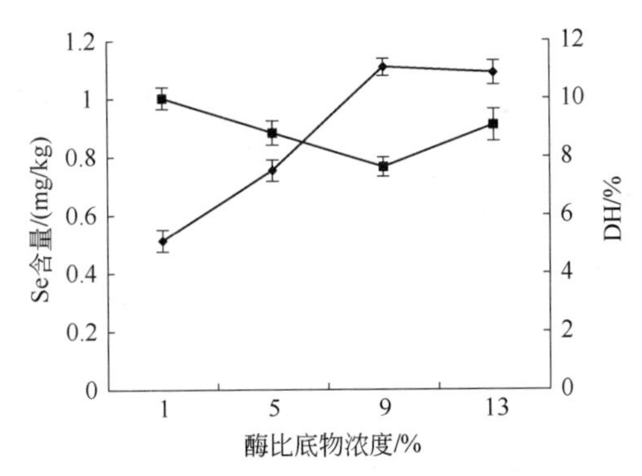

图 3.8　酶比底物浓度对酶解产物硒含量的影响

—■—：Se 含量；—◆—：水解度 DH

（3）pH 对产物硒含量的影响

酶只有在最适 pH 处才能表现最大活性，胰蛋白酶的最适 pH 在 8.0～9.0 之间，也有报道称其在 pH=7.8 时表现出最大活性，故本试验分别从 7.5～9.0 四个酶解 pH 进行了分析，结果如图 3.9 所示。由结果可知，pH=7.5 时，产物硒含量为 0.714mg/kg，但此时水解度只有 3.41%，对应的抗氧化活性非常低；而 pH=8.5 时产物硒含量最高，为 0.811mg/kg，同时水解度也较高；pH=9.0 时水解度最高，硒含量也较高，故 pH 选取 8.0、8.5 和 9.0 做条件筛选。

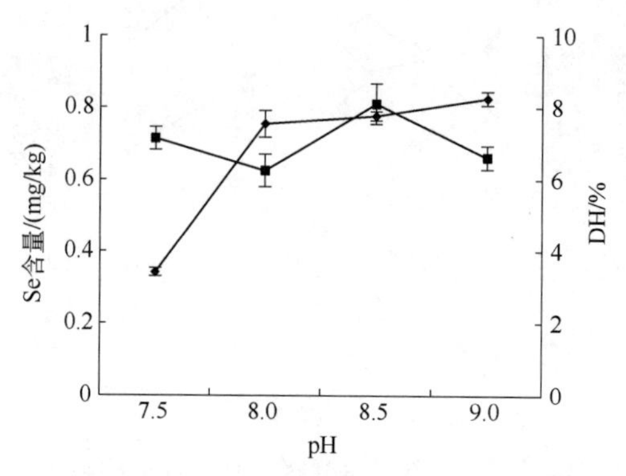

图 3.9　酶解体系 pH 对酶解产物硒含量的影响

—■—：Se 含量；—◆—：水解度 DH

（4）温度对产物硒含量的影响

酶解温度也是影响水解度和产物硒含量的重要因素，由图 3.10 可知，虽然 40℃时硒含量较高，但水解度很低；45℃、50℃、55℃处水解度基本一致，55℃时硒含量最高，为获得较高抗氧化活性，选择 45℃、50℃和 55℃三处温度做正交。

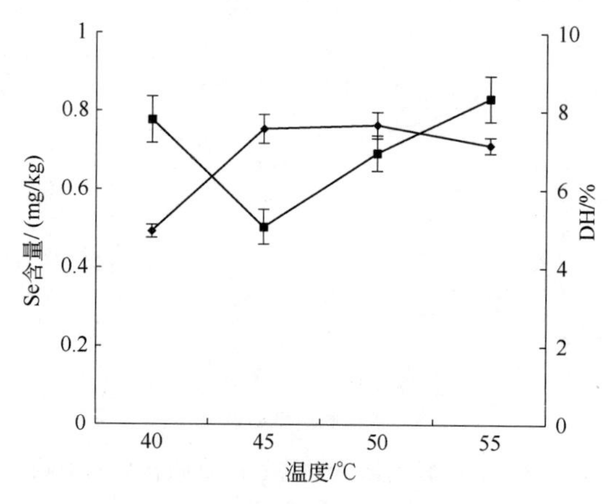

图 3.10　酶解温度对酶解产物硒含量的影响

—■—：Se 含量；—◆—：水解度 DH

3.1.3　酶解正交试验

基于以上各因素的分析结果，设计了如表 3.2 的 L_9（3^4）的正交试验，结果见表 3.3。

表 3.2　正交试验因素水平设计

编号	A	B	C	D
	E/S/%	S/%	pH	温度/℃
1	9	4	8.5	45
2	10	5	9	50
3	11	6	9.5	55

表 3.3　胰蛋白酶水解大米含硒蛋白 $L_9(3^4)$ 正交试验结果

试验号	A	B	C	D	各指标结果		
	E/S/%	S/%	pH	温度/℃	DH/%	Se/(mg/kg)	DPPH 自由基清除率/(2.0mg/mL)
（1）	1	1	1	1	14.81±0.29	0.363±0.021	52.57±1.83
（2）	1	2	2	2	21.79±0.32	0.374±0.016	77.47±1.37
（3）	1	3	3	3	25.78±0.49	0.369±0.032	56.52±1.37
（4）	2	1	2	3	23.63±0.43	0.362±0.028	57.31±2.74
（5）	2	2	3	1	24.19±0.56	0.365±0.022	70.95±0.68
（6）	2	3	1	2	20.30±0.52	0.417±0.034	60.08±1.37
（7）	3	1	3	2	25.31±0.37	0.406±0.034	48.42±3.42
（8）	3	2	1	3	20.30±0.51	0.299±0.019	60.47±0.46
（9）	3	3	2	1	25.28±0.22	0.422±0.026	55.34±0.66
DH/%							
k_{a_1}	20.79	21.25	18.47	21.43			
k_{a_2}	22.71	22.09	23.57	22.47			
k_{a_3}	23.63	23.79	25.09	23.24			
*R*a	2.84	2.54	6.62	1.81			
*Q*a	11%	6%	9.0	55℃			
Se 含量/(mg/kg)							
k_{b_1}	0.369	0.377	0.36	0.383			
k_{b_2}	0.381	0.346	0.386	0.399			
k_{b_3}	0.376	0.403	0.38	0.343			
*R*a	0.012	0.057	0.026	0.056			
*Q*a	10%	6%	8.5	50℃			
DPPH 自由基清除率/%							
k_{c_1}	62.18	52.77	55.99	59.62			
k_{c_2}	62.78	69.63	63.37	66.01			
k_{c_3}	54.74	57.63	58.63	58.1			
*R*a	8.04	16.86	7.38	7.91			
*Q*a	10%	5%	8.5	50℃			

注：k_{a_i}、k_{b_i}、k_{c_i} 分别指 i 水平的水解度、硒含量和 DPPH 自由基清除率的平均值；R 为极差；Q 为最优组。

在单因素试验的基础上对酶解条件进行了四因素三水平的正交优化试验，由表3.2 正交结果可得，对于水解度来说，pH（C）是首要因素，且各因素影响能力分别是 pH（C）>酶比底物浓度（A）>底物浓度（B）>温度（D），最佳因素组合是 $A_3B_3C_3D_3$；对于含硒多肽硒含量来说，底物浓度(B)是首要因素，且各因素影响能力分别是底物浓度（B）>温度（D）>pH（C）>酶比底物浓度（A），最佳因素组合是 $A_2B_3C_2D_2$；对于 DPPH 自由基清除率来说，底物浓度（B）是首要因素，且各因素影响能力分别是底物浓度（B）>酶比底物浓度（A）>温度（D）>pH（C），最佳因素组合是 $A_2B_2C_2D_2$；由以上分析综合选择最佳组合为 $A_2B_3C_2D_2$，即酶比底物浓度：10%，底物浓度：6%，pH：8.5，温度：50℃。

最佳条件下所得多肽（TPH）的水解度为 22.69%±0.34%，硒含量为(0.372±0.031) mg/kg，DPPH 自由基清除率为 78.19%±1.44%。此结果明显高于 Zhang 等[4]用木瓜蛋白酶水解所得大米抗氧化肽的抗氧化活性，这可能是因为硒结合蛋白比普通抗氧化肽链的抗氧化能力要强。试验中还发现，虽然水解度和产物硒含量并没有直接线性关系，但随着水解度的不断提高，硒含量呈现下降趋势，这可能是因为水解度过高时硒结合蛋白受到破坏，造成部分硒在试验过程中流失。

3.1.4　最佳条件酶解产物还原能力

由于用于测定抗氧化能的自由基体系也会影响试验结果，故通常试验中需要采用两种或两种以上的方法来鉴定样品的抗氧化活性。因此，本试验对已筛选出的最佳酶解条件下制得的酶解产物进行了还原能力的测定，结果如图 3.11 所示。

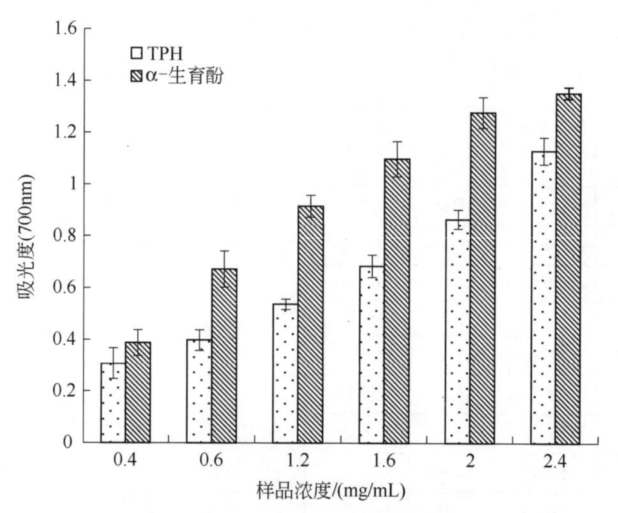

图 3.11　最佳条件酶解产物还原能力

TPH：胰蛋白酶最佳条件酶解产物

铁氰化钾还原法时常被用作抗氧化活性的一种测定方法。抗氧化剂可提供一个电子，使 Fe^{3+}/铁氰化物混合物转变成亚铁形式，同时，混合液的颜色会从黄色变成不同程度的蓝绿色，样品还原能力的大小由700nm处测得的吸光度来判断。吸光度越高则表示还原能力越高。

在图3.11中，样品浓度从0.4mg/mL逐步升至2.4mg/mL的过程中，不论是TPH还是α-生育酚的还原能力均呈现上升趋势，且在2.4mg/mL处TPH和α-生育酚的最高还原能力并无太大差别，分别为1.13±0.052和1.352±0.022。这一结果表明，酶比底物浓度：10%，底物浓度：6%，pH：8.5，温度：50℃条件下得到的大米含硒蛋白水解物的确具有一定的抗氧化活性。

3.2　含硒蛋白酶解液中痕量硒的检测方法

检测硒含量有电化学法、分子荧光光谱法、紫外分光光度法、原子荧光光谱法、氢化物发生-原子吸收光谱法、石墨炉原子吸收光谱法，目前检测食品中硒含量国家标准是原子荧光法。电感耦合等离子体质谱（ICPMS）法是将质谱的灵敏快速扫描优点与等离子体的高温电离特性相结合的元素分析方法，具有更高的灵敏度、更宽的线性范围。

干法消化、湿法消化和微波消解法是常用的硒检测样品前处理。干法消化主要用于有机样品中硒含量测定，其实验加热时间长、灰化装置昂贵且易造成硒的损失。湿法消化适用于环境和矿物样品，存在污染大、消解时间长等缺点。微波消解法是将固体样品和强酸加入密闭容器中利用微波加热消解样品，但后续赶酸操作会对环境造成污染，并且消解管等价格昂贵，不易推广。针对基质组成简单的食物样品，以及对食物硒进行营养初步评价实验过程中，待检样品常是液体，且含量在痕量级别（μg/L），建立针对含硒液体样品的检测方法可以缩短实验周期并减少对环境的污染。

赵尔敏[3]分别以酶解法和传统微波酸消解法分解大米样品，并评价两种样品处理方式的优劣性，以建立直接进样ICPMS分析液体粮食样品中硒含量的方法；并将此法应用于体外模拟消化液中硒的测定，考察大米中硒的利用效果，为初步评价大米中硒的生物有效性和安全性提供技术支持和理论依据。

3.2.1　样品前处理

3.2.1.1　直接进样法

称量0.5000g米粉于锥形瓶中，加入50mL超纯水，调至酶的最适pH，加入一定量的碱性蛋白酶，最适温度下振荡酶解一定时间。反应结束后，10000×g 离心

15min，收集上清液，过 0.22μm 滤膜后定容待测。每组样品同时做 3 次平行。

方法的准确度选用富硒大米的酶解液考察，酶解每小时取一个样，共 5 次取样，每个样品做 3 次平行。将所取样品分别通过直接进样法与微波消解法（将酶解液浓缩冻干、微波消解后换算得浓度）测定。

3.2.1.2 大米中无机硒提取

准确称取大米粉 1.0000g 于 50mL 离心管中，加入 30mL 超纯水，超声提取 15min，然后 40℃水浴振荡 10min，冷却至室温后，10000×*g* 离心 15min，取上清液用环己烷反复萃取 3 次，分出水相后用 5%硝酸定容于 20mL 容量瓶中。过 0.22μm 滤膜后，定容待测。

有机硒含量利用差值法计算，即总硒含量减去无机硒含量。

3.2.1.3 体外模拟胃肠消化法

（1）大米样品的熟制

取大米或米粉 0.5g 于 100mL 锥形瓶中，加入 3mL 超纯水，封口膜封住杯口，将上述锥形瓶置于 90℃水浴中加热 30min。

（2）体外消化过程

Wurster 参考《美国药典》配制模拟胃肠消化液[5]，并稍做改进。胃消化液：将 0.2g 氯化钠加入 60mL 超纯水，用 6mol/L 盐酸调整 pH 至 1.5，称取 0.30g 猪胃蛋白酶，加入上述混合溶液，加超纯水定容至 100mL。肠消化液：使用碳酸氢钠调节上述胃液 pH 至 7.0，每 100mL 加入 0.175g α-淀粉酶，0.5g 胰蛋白酶，充分溶解后，静置、保存备用。

取上述熟制大米样品加入胃消化液 50mL，将其置于 37℃水浴中振荡提取 2h，10000×*g* 离心 10min，取上清液 1mL 得到胃消化液样品。将上述溶液涡旋振荡重新溶解，饱和碳酸氢钠调节 pH 至 7.0，按照每 100mL 胃液加入 0.175g α-淀粉酶、0.5g 胰蛋白酶配制成模拟肠液，充分搅拌使混合均匀，37℃水浴继续振荡提取 4h，10000×*g* 离心 10min。取上清液 1mL 获得体外模拟胃肠消化液，与上述胃消液的上清液分别过 0.22μm 滤膜，每组样品同时做 3 次平行。

3.2.1.4 微波消解法

称量 0.5000g 米粉或其他酶解液冻干粉于聚四氟乙烯消解管中，加入 7mL 硝酸（75%，优级纯）浸泡 1h，再加入 1mL 过氧化氢（30%，优级纯），旋紧管盖后放进微波消解仪，设置消解条件见表 3.4。消解结束后赶酸至消解液剩余 1～2cm 高度时，冷却样品并转移至 10mL 容量瓶，用 2%硝酸定容待测，每组样品与空白同时做 3 次平行。

表 3.4　微波消解程序

步骤	温度/℃	压力上限/psi①	升温时间/min	维持时间/min
1	90	150	8	2
2	120	220	5	5
3	120	260	10	20

① 1psi=6894.757Pa。

3.2.2　硒测定

吸取一定量的硒标准溶液用 2%硝酸配制浓度为 0μg/L、2μg/L、4μg/L、8μg/L、20μg/L、40μg/L、80μg/L、160μg/L 的硒元素标准溶液系列。

采用 ICPMS 测定样品含硒量，工作条件如表 3.5 所示。

使用 1μg/L 质谱调谐液将 ICPMS 调到最佳工作状态，将试剂空白、硒标准溶液、样品进行测定。仪器的射频功率为 1550W，雾化室温度 2℃，等离子气体（Ar）流量 15.0L/min，采用高氦模式，采集模式为时间分辨分析（TRA）。

表 3.5　ICPMS 仪器操作条件

ICPMS 仪器参数	
RF 功率	1450W
冷却气流速	15.0L/min
载气流速	1.05L/min
同位素检测	^{77}Se, ^{78}Se, ^{80}Se, ^{82}Se
反应气体	3.5mL/min H_2
四级杆偏压	−16.0V
八级偏压	−18.0V
驻留时间	0.1s

3.2.3　质谱干扰的消除

ICPMS 法测定样品前，本实验选用 ^{7}Li，^{89}Y 和 ^{205}Tl 作为矫正因子，矫正仪器使其分辨率在 0.65～0.080amu 之间，氧化物（156/140）≤2%，双电荷（70/140）≤3.0%，消除双电荷离子、同位素、氧化物、氢化物、多原子等物质干扰检测结果，最优化仪器条件。氩和氯离子是测定硒最主要的干扰元素，本实验采用高氦模式，并使用调谐液对仪器条件进行最优化、用仪器内设的标准干扰校正方程消除氯和氩离子的干扰。

内标选择对检测结果的影响非常重要，用于减弱基体效应。有文献选用 Ge 作为内标元素进行外部校正，来检测硒含量。本实验中配制 Ge、Cs、Rh 内标溶液进行优化筛选，通过对信号漂移和稳定性的考察优化，选择在大米样品中不含有的 ^{103}Rh 元素作为内标。实验中采用 ^{78}Se 进行测定，在优化实验中发现 ^{80}Se 的基底噪声较大，^{77}Se 的仪器响应值明显低于 ^{78}Se。同时，为提高硒的仪器响应值，延长积分时间为 0.99s，同时适当延长样品提升时间为 50s。

3.2.4 标准曲线与相关系数

依据样品中的硒含量范围配制的硒元素标准溶液，其工作曲线如图 3.12 所示，回归方程 y=26.219x+6.6486，相关系数 0.9995，硒元素信号强度与硒浓度线性关系良好。

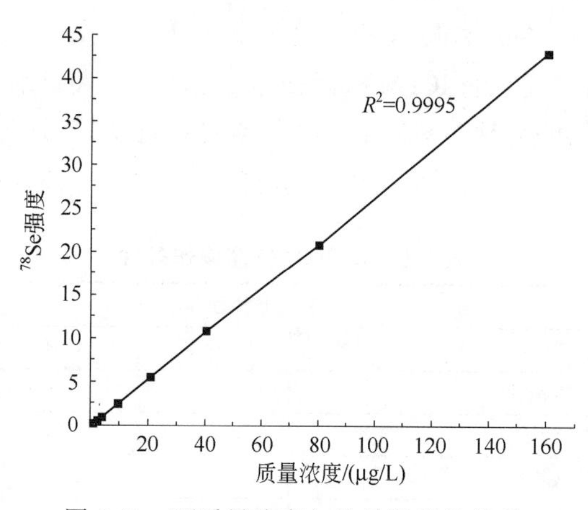

图 3.12 硒质量浓度与信号强度的关系

3.2.5 方法的检出限与准确度

本实验以空白对照溶液连续测定（n=12）所得标准偏差的 3 倍为检出限，测得检出限为 0.009μg/L。

以国家标准物质辽宁大米 GBW10043(GSB-21)硒含量来评价建立方法的准确度。标准大米的含硒标准值为(0.040±0.013) mg/kg，微波消解法实测值为(0.04±0.01) mg/kg，符合标准物质标准值与不确定度的要求。直接进样法适合液体样品的分析，选用富硒大米的体外酶解液（酶解每小时取一个样）来考察其准确度，同时与微波消解法（将酶解液浓缩冻干、微波消解后换算得浓度）的测定结果进行对比。结果见表 3.6，两种前处理方法所测结果相互吻合，误差在参考值范围内，表明直接进样法的准确度良好。直接进样 ICPMS 法测定硒含量，避免了赶酸、冻干等实验操作，操作简单环保快速，适用于液体样品快速准确的检测。

表 3.6　两种不同样品前处理方法所测得酶解液中硒含量

处理方法	酶解上清液硒浓度/(μg/L)				
	1h	2h	3h	4h	5h
直接进样法	4.260	8.201	9.071	9.926	11.320
微波消解法	4.411	8.336	8.604	9.601	10.795

3.2.6　方法的加标回收率和精密度

根据食品分析质量控制要求，元素平均回收率在95%～105%之间，精密度（相对标准偏差）低于 5%，则满足检测准确度要求。本实验采用国家标准物质辽宁大米 GBW10043(GSB-21)、普通大米和富硒大米的酶解液作为样品，采用加标回收实验验证直接进样 ICPMS 法的精密度与准确度，具体结果见表 3.7。由表 3.7 可知，样品加标回收率为 95.3%～102.8%，相对标准偏差在 0.87%～4.48%之间，说明直接进样法满足检测分析要求。

表 3.7　精密度与回收率（n=9）

酶解液	本底值（硒浓度）/(μg/L)	加标硒浓度/(μg/L)	硒终浓度/(μg/L)	回收率/%	精密度/%
标准大米	0.320	1	1.258	95.3	4.48
		2	2.255	97.2	3.57
普通大米	0.317	1	1.309	98.0	4.39
		2	2.321	101.3	2.74
富硒大米	9.490	2	11.424	96.7	1.57
		5	14.896	102.8	0.95
		10	19.393	99.5	0.87

3.2.7　直接进样 ICPMS 法的应用

3.2.7.1　无机硒含量测定

不同大米样品总硒、无机硒含量及有机硒所占比例如表 3.8 所示。本实验采用直接进样法测定无机硒，相比常规方法省去了将无机硒提取液浓缩冻干、强酸消解和赶酸等步骤。

表 3.8　大米样品中的硒含量

硒含量	总硒/(mg/kg)	无机硒/(μg/L)	有机硒比例/%
标准大米	0.04±0.005	0.154	85.63
普通大米	0.04±0.003	0.149	86.79
富硒大米	1.20±0.008	4.370	85.61

由表 3.8 可知，大米中 85%以上的硒形态主要由有机硒构成，普通大米与富硒大米中有机硒所占比例没有显著差别，可见大米是一种优良的补硒食物载体，可将土壤、肥料中的亚硒酸钠转化为低毒性且利于人体吸收的有机硒。

一般来说，有机硒主要以 SeMet、$SeCys_2$、MeSeCys 等硒代氨基酸形式存在，无机硒主要以 Se^{IV}、Se^{VI}形式存在。Fang 等[6]发现富硒大米酶解液中有 86.9%的总硒以 SeMet 的形式存在。

3.2.7.2　体外模拟消化液中硒含量分析

应用直接进样 ICPMS 法分析普通与富硒大米体外模拟胃消化和胃肠消化后酶解液中的痕量硒，结果如表 3.9 所示。富硒大米的体外模拟消化液中硒含量显著高于市售普通大米。同种大米，胃消解液中硒含量显著低于胃肠体外模拟消解液。

表 3.9　直接进样 ICPMS 法分析大米体外模拟消化液中硒含量

品种	体外模拟消化阶段	硒浓度/(μg/L)
普通大米	胃酶解液	0.132±0.05
	胃肠酶解液	0.309±0.092
富硒大米	胃酶解液	3.612±0.054
	胃肠酶解液	9.490±0.073

生物利用率在食品营养范畴中指在正常生理功能下，食物经过口腔、胃肠道后生物体所能吸收利用营养素的比例。研究人体胃肠道中硒的生物利用率是非常必要的，然而人体试验往往有显著的个体差异且成本较高，而体外模拟消化技术可以提供初步营养评价信息。对于硒元素而言，体外模拟胃肠消化即可，因为食物在口腔咀嚼时间有限，且唾液中主要含淀粉酶，难以释放结合在蛋白质中的硒。本研究通过经典的体外二步胃肠模拟消化法，并采用直接进样 ICPMS 法可直接测定体外模拟消化液中硒含量，在短时间对食物载体中硒的营养价值进行科学评价。

本研究采用经典的体外二步胃肠模拟消化法，对大米样品进行了体外模拟消化。通过表 3.8 和表 3.9 中数据计算可得大米硒的生物利用率，结果如图 3.13 所示。无论大米样品的品种，胃肠消化后硒的生物利用率比胃消化过程均有显著性提高（$P<0.01$）。究其原因，首先因为胃消解阶段已经将部分大分子蛋白质水解，露出更多的可供胰蛋白酶水解的肽键。其次，硒主要存在于大米储藏蛋白质中，此种蛋白质易溶于偏碱性的环境中，而胃蛋白酶的最佳 pH 为 1.5。最后，因为肠消化时会有α-淀粉酶同时将大分子淀粉颗粒降解，对释放束缚在大分子淀粉和蛋白中的硒有协同促进作用。

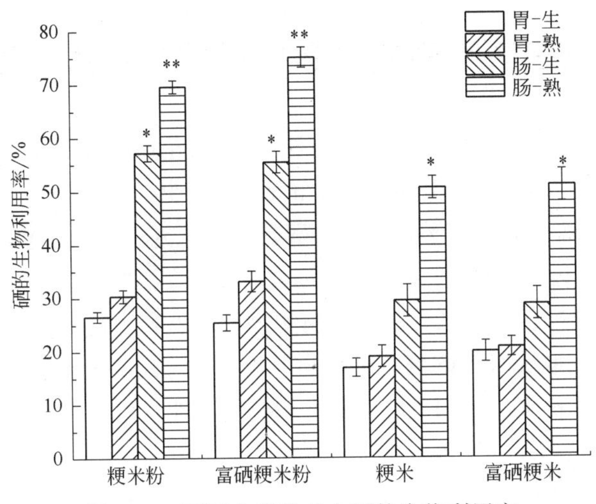

图 3.13　不同大米样品中硒的生物利用率

与对照组比较差异显著*P<0.05，**P<0.01

热加工方式对硒的生物可利用率也有显著性影响（P<0.05），尤其对于整米硒的生物可利用率影响显著。在胃消化阶段，生米和熟米硒的生物可利用率差别不大，分别为 16.91%和 18.98%。而经胃肠消化后熟米的生物利用率为 50.56%，比生米提高 72.03%。这可能是由于整米的细胞结构较米粉而言更加完整，细胞内贮存的硒不易被释放出来。而热加工后细胞破碎，且伴随淀粉糊化和蛋白质变性，利于酶解消化从而释放硒。说明对于咀嚼有难度的老人或者牙齿咀嚼有问题的人群，注意充分加热大米后食用，可大大提高硒元素的生物利用率。

最后，物理消化对硒的生物利用率影响显著（P<0.05）。无论是普通粳米还是富硒粳米，磨成粉后（模拟口腔咀嚼和胃蠕动的物理消化）胃肠消化热加工后硒的生物利用率分别高达 69.58%和 75.03%，区别于同样前处理条件下整米的 50.56%和 51.01%。由此可见，物理粉碎比如充分咀嚼和胃蠕动，可以破碎细胞并在一定程度上破坏淀粉、蛋白质等大分子的空间结构，利于硒的释放。

综上，由于硒是一种多价态、易挥发元素，检测硒含量的样品前处理方法需慎重选择，既要将样品中的结合硒消解成含硒酸根或游离硒代氨基酸，如 Se（Ⅳ）、Se（Ⅵ）、硒代甲硫氨酸、SeCys，又要避免前处理过程中的硒损失。本实验中固体样品前处理选用微波消解法，但微波消解法不能处理水分含量过高的样品，需对样品进行浓缩或冻干。对于基质组成简单的食物样品，比如功能饮料及实验过程中的液体样品检测，采用直接进样 ICPMS 法可准确地检测液体食品中硒含量，操作简单、不使用强酸，环保高效。

3.3 含硒蛋白酶解液的抗氧化活性与免疫活性的相关性

硒的生物活性与其化学结合形态息息相关，对硒的生物活性的研究方法主要有体外细胞试验、动物试验和人体试验。体外试验相较于体内试验具有快速、便宜、简单等优点，且动物试验中所用动物的个体差异是不可避免的、某些试验对活体是不可行的等问题总存在于体内试验中，故更多的研究者在研究初期更乐于选择体外细胞试验。

罗佩竹[2]通过对各组大米含硒蛋白酶解物的体外细胞抗氧化活性和免疫活性进行的分析比较，获取大米含硒蛋白酶解物中硒含量与其所表现的抗氧化活性、免疫活性的关系，并分析了酶解物抗氧化活性和免疫活性的相关性。

3.3.1 抗氧化活性

3.3.1.1 大米含硒蛋白酶解物抗氧化活性

大米含硒蛋白酶解物的抗氧化活性和很多方面有关系（酶的种类、水解度、硒的含量等）。现有的研究发现抗氧化肽一般都包括含有 5～16 个氨基酸残基的肽链，因为这些肽链可以更好地穿过肠黏膜且对自由基有更好的作用。从不同原料里提取的抗氧化肽对自由基的清除能力也不尽相同，一种抗氧化肽的抗氧化能力主要取决于分子量的大小和化学组成。His 和 Lys 已被证明具有一定的抗氧化活性，且其参与组成的多肽具有更高的抗氧化活性，关于组氨酸相关多肽的抗氧化活性报道主要是针对脂质过氧化的。在抗氧化肽中，芳香族氨基酸 Phe 同样被测得有较高含量，Phe 在这里的作用主要是促进肽在脂质中的溶解，从而可抑制过氧化的发生。Phe 已被证明具有很好的自由基清除能力[7]。而在大米蛋白酶解物的研究中发现，Asp、Glu、Arg 也是大米抗氧化肽的主要氨基酸成分[4]。

不同蛋白酶的作用位点均不相同，胃蛋白酶的主要作用位点在 Phe—和 Leu—，木瓜蛋白酶主要作用于 Arg—，Lys—，Phe—X—等，胰蛋白酶则主要作用于 Arg—和 Lys—。为了进一步确定大米含硒蛋白酶解物的体外活性，试验对各蛋白酶处理所得酶解物的体外细胞抗氧化活性进行了研究。且有学者发现，两种酶作用的酶解产物活性比单一的蛋白酶酶解产物活性高[8]，故在原先试验的基础上，又以胃蛋白酶和胰蛋白酶共同作用酶解大米含硒蛋白，并与其他组酶解物一同测定了体外细胞抗氧化活性。

添加了样品的培养液培养的细胞中，抗氧化物质与细胞膜结合或是穿过细胞膜进入细胞内部，DCFH-DA 本身不具有荧光性，DCFH-DA 分散于细胞内，在细胞酯酶作用下，二乙酰基脱落从而在细胞内形成更具极性的 DCFH。加入 H_2O_2 后，H_2O_2 在细胞内分散开并自发产生超氧自由基，这些超氧自由基破坏细胞膜并会产生更多的自由基使 DCFH 氧化变成具有荧光特性的 DCF。样品中的抗氧化物质可减少 DCFH 和膜脂质的氧化，从而使得 DCF 的生成量减少，反映在试验结果中即荧光强度减弱，如图 3.14 所示。

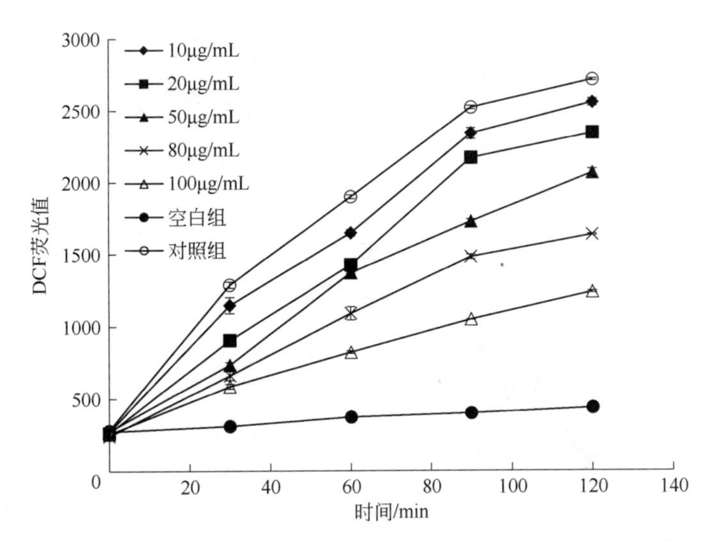

图 3.14　大米含硒蛋白胰蛋白酶水解物（TPH）的体外细胞抗氧化活性

在图 3.15 中，当 PAH 浓度为 10μg/mL 和 20μg/mL 时，样品的 DCF 荧光曲线几乎与对照组重合，这表明此时样品基本未表现出体外细胞抗氧化能力；当浓度增大到 50μg/mL 时，DCF 荧光值略有降低。

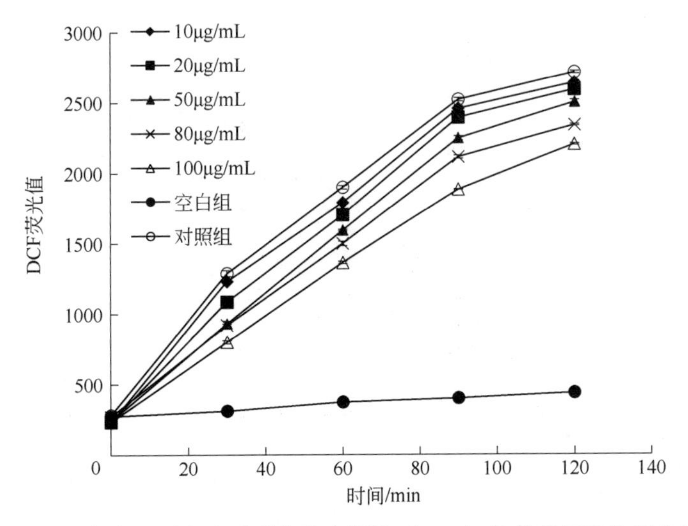

图 3.15　大米含硒蛋白木瓜蛋白酶水解物（PAH）的体外细胞抗氧化活性

图 3.16 表示的是经过 PEH 预处理的细胞所测得的 DCF 荧光值，由图中可以看出，样品浓度低于 50μg/mL 时其抗氧化能力很弱。而在样品浓度达到 80μg/mL 以上时，DCF 荧光值明显降低。

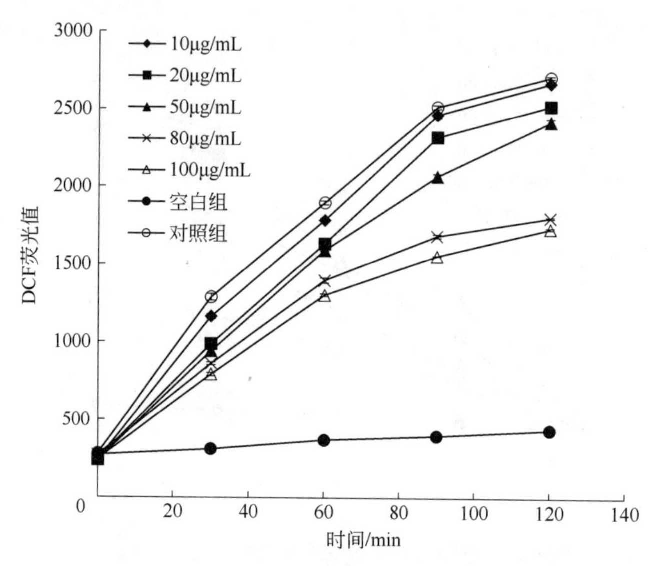

图 3.16　大米含硒蛋白胃蛋白酶水解物（PEH）的体外细胞抗氧化活性

图 3.17 表示胃蛋白酶和胰蛋白酶依次酶解大米含硒蛋白所得产物各浓度对 DCFH 氧化的影响，如图中曲线所示，样品浓度在 50μg/mL 以上时表现出较强的 DCFH 氧化抑制作用，当浓度为 100μg/mL 时，其抗氧化能力仅弱于 TPH。

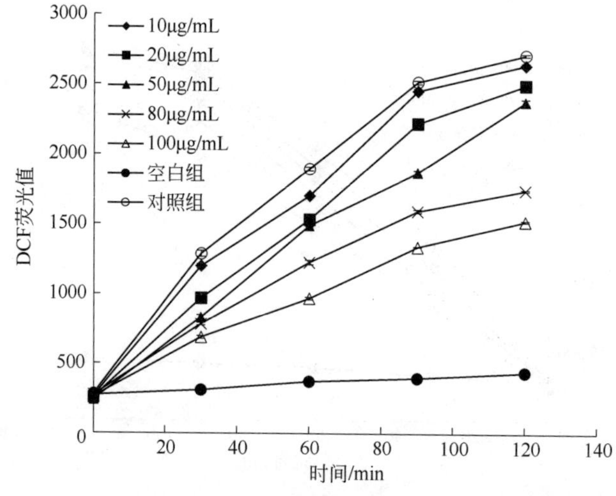

图 3.17　大米含硒蛋白胃蛋白酶+胰蛋白酶水解物（PTH）的体外细胞抗氧化活性

虽然 SDS+DTT+尿素提取的蛋白质也已大部分都断成小分子肽段，但如图 3.18 所示，试验结果表明这些小分子肽并没有像其他酶解产物那样具有细胞抗氧化活性，而此时提取出的小分子肽段组合中硒的含量非常低，故大米含硒蛋白酶解物所表现出的细胞抗氧化活性很可能与其中所含的硒结合蛋白质具有很大联系。所以进一步探究了硒含量和样品细胞抗氧化活性的关系。

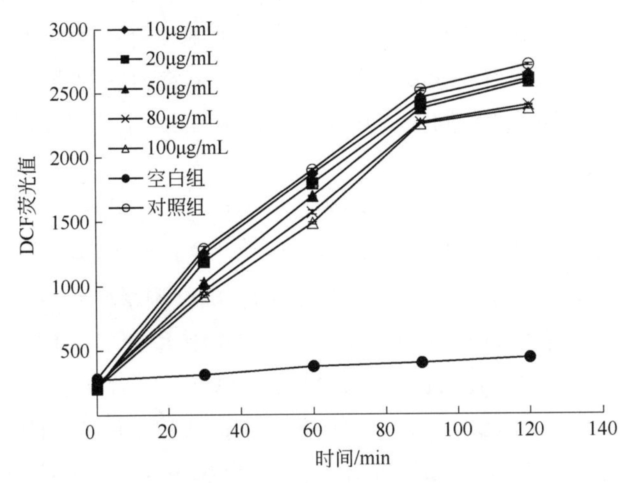

图 3.18　SDS 提取液所提蛋白质的体外细胞抗氧化活性

3.3.1.2　普通大米蛋白酶解物抗氧化活性

如图 3.19 所示，普通大米蛋白酶解物（HCRP）在样品浓度低于 100μg/mL 时具有一定的抗氧化活性，样品浓度在 80μg/mL 以上时表现出较强的 DCFH 氧化抑

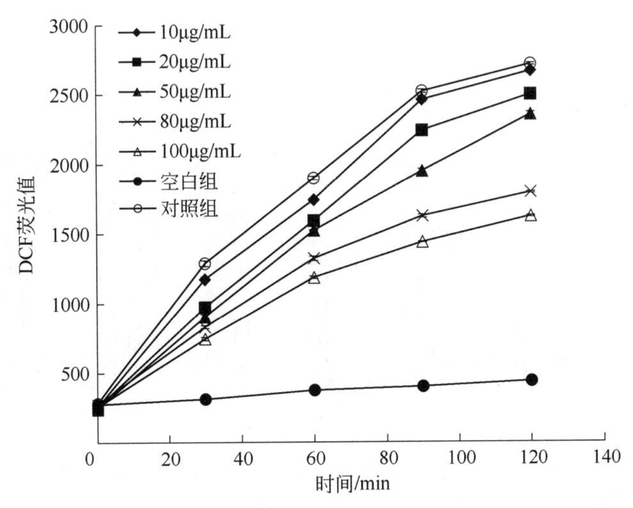

图 3.19　普通大米蛋白酶解物（HCRP）的体外细胞抗氧化活性

制作用，当浓度为 100μg/mL 时，其抗氧化能力低于水解度相近的含硒蛋白酶解物 TPH。

3.3.2 免疫活性

3.3.2.1 大米蛋白酶解物对巨噬细胞增殖的影响

巨噬细胞属于免疫细胞的一种，可用于研究细胞吞噬、细胞免疫等，无论是在特异性免疫应答还是非特异性免疫应答中，巨噬细胞都扮演着非常重要的角色。巨噬细胞可分泌细胞因子，通过固定细胞等方式吞噬病原体，还可激活其他免疫细胞，使之对病原体产生反应。

由图 3.20 可发现，各样品对巨噬细胞均有不同程度的增殖作用，但不同方式获得的产物间对巨噬细胞增殖的影响效果不尽相同，这说明不同的处理方式与产物的免疫活性强弱有着比较大的联系。其中 TPH 的巨噬细胞增殖率最高，在 100μg/mL 时达到 60.9%，而相同浓度时，其他组的巨噬细胞增殖率分别是 PTH：54.9%、PEH：50.6%、SDU：45.5%、PAH：21.9%、HCRP：49.9%。随着样品浓度的增加其对巨噬细胞增殖的影响越来越大，但当浓度在 50～100μg/mL 变化时，TPH 对巨噬细胞增殖的影响变化并不十分明显，增殖率的增加趋势减缓。PAH 对巨噬细胞增殖的影响最弱，在样品浓度为 10～30μg/mL 时，PAH 的巨噬细胞增殖率只有 10%左右，即便样品浓度增大至 100μg/mL，PAH 的巨噬细胞增殖率也仅有 21.9%。普通大米蛋白酶解物 HCRP 在样品浓度从 10μg/mL 变化至 100μg/mL 时对巨噬细胞亦有一定程度的增殖，且样品浓度从 20μg/mL 增至 50μg/mL 过程中，HCRP 的巨噬细胞增殖率仅低于 TPH，样品浓度为 80μg/mL 和 100μg/mL 时，PTH 的巨噬细胞增殖率略高于 HCRP。

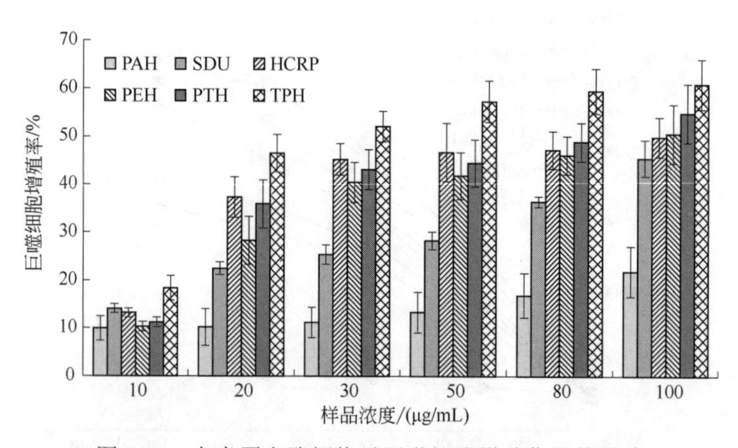

图 3.20　大米蛋白酶解物对巨噬细胞增殖作用的影响

TPH：胰蛋白酶水解物；PAH：木瓜蛋白酶水解物；PEH：胃蛋白酶水解物；PTH：胃蛋白酶水解物+胰蛋白酶水解物；SDU：2%SDS+0.1%DTT+6mol/L 尿素提取蛋白；HCRP：普通大米蛋白酶解物

由图 3.14 至图 3.18 的五张图可发现，除了 SDU 基本没有细胞抗氧化活性外（图 3.18），其他由蛋白酶水解得到的酶解物均有不同程度的体外细胞抗氧化活性。由图 3.20 的结果可知，各样品在浓度低于 100μg/mL 时对巨噬细胞没有毒性，如图 3.14 所示，经过 TPH 预处理的细胞中 DCF 荧光值有所降低，且当 TPH 浓度在 50～100μg/mL 间变化时，TPH 在培养过程中发挥了相当大的自由基清除功能。且 TPH 浓度为 100μg/mL 时其抗氧化活性最高。

3.3.2.2　大米含硒蛋白酶解物对巨噬细胞吞噬中性红的影响

巨噬细胞对中性红有一定的吞噬能力，具有免疫活性的物质可增大这一吞噬作用，故可通过测定大米含硒蛋白酶解物对巨噬细胞吞噬中性红能力的影响来判断样品是否具有免疫活性。

由图 3.21 可知，当样品浓度在 10～100μg/mL 之间变化时，不同方式获得的样品都对巨噬细胞吞噬中性红的能力有影响，且随着浓度的增加吞噬率也增加。样品浓度为 10μg/mL、20μg/mL 和 30μg/mL 时，五种样品的吞噬率均呈现缓慢上升的趋势，其中 TPH 的吞噬率略高，为 28.2%。而当样品浓度增加至 50μg/mL 时，TPH 和 PTH 的吞噬率有了一个突破性的升高，其中 TPH 为 64.1%、PTH 为 54.5%。在样品浓度相同时，TPH 具有最高的吞噬率，其后是 PTH，PAH 和 PEH 在样品浓度为 80μg/mL 和 100μg/mL 时对巨噬细胞的吞噬能力影响几乎一致，终浓度处 PAH 略高于 PEH，而 50μg/mL 之前均是 PEH 高于 PAH。HCRP 在样品浓度大于 50μg/mL 时可显著增强巨噬细胞吞噬中性红的能力，样品浓度为 100μg/mL 时 HCRP 预处理的巨噬细胞吞噬率达到 57.3%，仅次于 TPH 和 PYH 的促进作用。在图 3.21 中还可

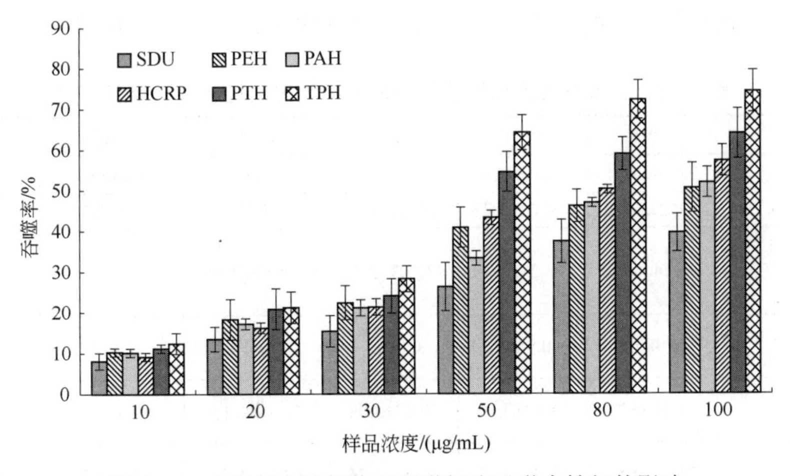

图 3.21　大米蛋白酶解物对巨噬细胞吞噬中性红的影响

TPH：胰蛋白酶水解物；PAH：木瓜蛋白酶水解物；PEH：胃蛋白酶水解物；PTH：胃蛋白酶水解物+胰蛋白酶水解物；SDU：2% SDS+0.1% DTT+6mol/L 尿素提取蛋白；HCRP：普通大米蛋白酶解物

发现 SDU 虽然对巨噬细胞吞噬中性红的能力有一定的增强作用，但与其他组样品相比却要低很多，终浓度时 SDU 的吞噬率只有 39.5%，而对巨噬细胞吞噬能力增强作用最明显的 TPH 在 100μg/mL 处的吞噬率达到了 74.3%。

3.3.3　硒含量和体外细胞抗氧化活性、免疫活性的关系

3.3.3.1　硒含量和细胞抗氧化活性的关系

将各种方式处理大米含硒蛋白获得的产物的硒含量和抑制 DCFH 氧化的 EC_{50} 值列出如表 3.10 所示。在本试验中，EC_{50} 值越小表明该样品的细胞抗氧化能力越强。表中数据显示，大米含硒蛋白酶解物抑制超氧自由基导致的 DCFH 氧化作用与样品的水解度关系较大，较高的水解度对应较低的 EC_{50} 值，其中，TPH 具有最低的 EC_{50} 值，为(96.24±3.75) μg/mL。由 PTH 的硒含量和 EC_{50} 值发现，较高的硒含量也可能是促使细胞抗氧化活性增大的原因之一，胃蛋白酶+胰蛋白酶水解时产物水解度为 8.49±0.17，比胰蛋白酶最佳条件酶解时的水解度 22.69±0.34 要低很多，但此时 PTH 的硒含量为(0.503±0.041) mg/kg，较之 TPH 高出约 0.13mg/kg，EC_{50} 值为(115.89±2.65) μg/mL，仅比 TPH 高出 19.65。由表 3.10 还可看出，SDS+DTT 尿素提取的蛋白 EC_{50} 值非常高，是 TPH 的 4 倍有余，而这些蛋白的硒含量仅有(0.037±0.002) mg/kg。HCRP 的水解度远高于 PTH，抗氧化活性和免疫活性却均不及 PTH，这可能与 HCRP 的硒含量远低于 PTH 有关。Anne 等[9]认为，经由 DTT 处理后大米中的大分子谷蛋白结合物大多断成了分子质量在 36kDa 以下的小分子，而 Zhang 等[4]分离出的具有较高抗氧化活性的大米抗氧化肽的分子质量基本都在 1kDa 以下，且氨基酸之间的结合方式是产生抗氧化活性的主要原因。由此说明 SDS+DTT+尿素法提取的小分子蛋白

表 3.10　大米含硒蛋白酶解物的体外细胞抗氧化活性和免疫活性

项目	TPH	PAH	PEH	PTH	HCRP	SDU
DH/%	22.69±0.34	2.90±0.29	2.05±0.11	8.49±0.17	21.08±0.41	—
Se/(mg/kg)	0.372±0.031	0.326±0.022	0.288±0.34	0.503±0.041	0.127±0.034	0.037±0.002
抑制 DCFH 氧化的 EC_{50} 值/(μg/mL)	96.24±3.75	286.57±4.29	132.09±2.38	115.89±2.65	123.37±2.34	425.95±3.54
样品浓度与 CAA 相关性（R^2）	0.9852	0.9800	0.9367	0.9494	0.9646	0.9274
增殖率/%（100μg/mL）	60.91±5.21	21.94±3.80	50.57±4.09	54.88±6.13	49.9±4.02	45.53±4.56
吞噬率/%（100μg/mL）	74.29±4.88	51.90±4.02	50.56±3.76	63.86±5.57	57.3±4.53	39.52±4.91

注：TPH：胰蛋白酶水解物；PAH：木瓜蛋白酶水解物；PEH：胃蛋白酶水解物；PTH：胃蛋白酶+胰蛋白酶水解物；HCRP：普通大米蛋白酶解物；SDU：2% SDS+0.1% DTT+6mol/L 尿素提取蛋白。

的细胞抗氧化活性较低可能是提取过程中断链位置不合适和硒损失严重两方面共同影响导致的。同时，由各样品浓度与 CAA 的相关性可知，TPH 的样品浓度和 CAA 的相关性最高（0.9852）。

SPSS 17.0 分析大米含硒蛋白酶解物抗氧化、免疫活性与产物硒含量、水解度的相关性，结果如表 3.11 所示。从表 3.11 可看出，大米含硒蛋白酶解物抑制超氧自由基氧化 DCFH 的能力与样品中的硒含量具有显著负相关性（$P<0.05$），相关系数 R 值为−0.840。由此可见，样品中硒含量的多少是影响大米含硒蛋白酶解物体外细胞抗氧化活性高低最主要的因素之一。

表 3.11　硒含量以及水解度与体外细胞抗氧化活性和免疫活性的关系

项目	Se	DH
增殖率（%） Pearson 相关性	0.226	0.590
吞噬率（%） Pearson 相关性	0.792*	0.930*
抑制 DCFH 氧化的 EC_{50} 值 Pearson 相关性	−0.840*	−0.645

* 表示在 0.05 水平（双侧）上显著相关。

3.3.3.2　硒含量和免疫活性的关系

值得注意的是，SDS 法所得蛋白质 SDU 的巨噬细胞增殖率较之木瓜蛋白酶水解物 PAH 要高得多，样品浓度为 100μg/mL 时，SDU 比 PAH 的巨噬细胞增殖率高出了 23.6%，这一数值甚至比此时的 PAH 本身的数值要高。然而，由前面已分析的细胞抗氧化活性可知，SDU 的体外细胞抗氧化能力是最差的，这和样品中非常低的硒含量以及蛋白质结构有关，在图 3.20 中，SDU 对巨噬细胞吞噬中性红能力的增强作用也是非常弱的，明显低于酶解方法制备所得的其他产物。将 100μg/mL 时各样品对巨噬细胞增殖的影响以及对其吞噬中性红能力的影响列出如表 3.10，并分析了硒含量、水解度与免疫活性的相关性。

如表 3.10 中数据所示，两种硒含量较高的大米含硒蛋白酶解物 TPH 和 PTH 的巨噬细胞增殖率和吞噬率均比较高，且水解度高的 TPH 的免疫活性更高，虽然 PAH 对巨噬细胞增殖的影响很弱，但其在增强巨噬细胞吞噬中性红方面却具有较高活性。从表 3.11 的数据可以发现，虽然大米含硒蛋白酶解物对巨噬细胞增殖的影响无论是与样品中硒的含量还是样品的水解度都没有显著相关性，但是其对巨噬细胞吞噬中性红能力的影响与样品的硒含量和水解度都呈现显著正相关（$P<0.05$），相关系数分别为 0.792 和 0.930。

Kápolna 等[10]在 pH 2.0 的条件下以胃蛋白酶水解富硒洋葱得到了具有免疫活性的成分，且证实了硒结合物对此活性成分的生物活性具有非常重要的影响。Reeves 等[11]通过研究小麦穗的硒提取物也得出类似结论，认为硒的化学形态能够显著影响硒结合物的生物活性，由此说明，本试验中大米含硒蛋白酶解物所表现出来的免疫活性不仅仅是由氨基酸组成及肽的结构决定，硒代氨基酸的作用也是影响大米含硒蛋白酶解物免疫活性的重要因素之一。

3.3.4　酶解物体外细胞抗氧化活性和免疫活性的关系

由以上分析可知，样品硒含量与大米含硒蛋白酶解物的体外细胞抗氧化活性和免疫活性都有着不可忽略的重要联系，试验结果还显示，抗氧化活性较高的样品免疫活性也较高。

以 SPSS 17.0 分析大米含硒蛋白酶解物体外细胞抗氧化活性和免疫活性的相关性，结果显示，大米含硒蛋白酶解物抑制超氧自由基氧化 DCFH 的能力与其促进巨噬细胞吞噬中性红的能力具有显著负相关性（$P<0.05$），相关系数为−0.829，如表 3.12 所示。这说明，大米含硒蛋白酶解物体外细胞抗氧化活性和免疫活性具有一定的相关性。这与代卉[12]、姜红[13]、Morrow[14]等人的研究结果相同。张亚飞[15]以 Alcalase 水解小麦蛋白得到的免疫活性肽氨基酸序列证实了其对免疫活性肽氨基酸的推测，认为是碱性氨基酸及末端为疏水性氨基酸的肽段具有免疫活性。而许多学者认为，各种免疫活性肽的氨基酸组成和结构差异较大，并没有一个统一的或是特定的氨基酸成分，但往往免疫活性肽中含有与抗氧化活性肽中相似的氨基酸，如侧链疏水性氨基酸 Leu、Ile、Tyr、Pro、Ala 等和碱性氨基酸 His、Arg、Lys 等。已有研究发现，酶解后，大分子含硒蛋白已成为小分子的含硒多肽或是硒代氨基酸，硒主要以 SeMet 形式存在[4]，SeMet 是一种生物活性很高的硒化合物，亦可影响含硒蛋白酶解物的抗氧化活性和免疫活性。Zhang[4]以碱性蛋白酶酶解大米蛋白获得了一种具有抗氧化活性的成分，其中包含的 Arg 和 Lys 所带正电荷被认为是促吞噬肽必不可少的一部分构成。然而，抗氧化肽和免疫活性肽之间的关系具体是如何相互作用的问题尚不清楚，有待进一步研究。

表 3.12　体外细胞抗氧化指标与免疫活性指标相关性分析

项目	巨噬细胞增殖率/%	巨噬细胞吞噬率/%
抑制 DCFH 氧化的 EC_{50} 值 Pearson 相关性	−0.570	−0.829*

*表示在 0.05 水平（双侧）上显著相关。

3.4　免疫活性硒肽的分离纯化方法

为获得更高活性的含硒蛋白与含硒肽水解物，进一步解析含硒肽的结构与功效，从分子水平阐明富硒大米的生物活性。赵尔敏[3]考查比较四种蛋白酶水解产物

（碱性蛋白酶、中性蛋白酶、胰蛋白酶和胃蛋白酶）的水解度、硒含量及得率、蛋白纯度和得率。此外，通过考察巨噬细胞的免疫活性，包括巨噬细胞吞噬能力、细胞活力和抗炎能力，建立体外高通量免疫活性筛选细胞模型。最终综合考察以上指标，筛选获得高免疫活性含硒肽制备方法。研究发现，富硒大米碱提蛋白的碱性蛋白酶水解物，较相同处理方式下普通大米多肽水解物，具有显著的免疫活性。为了进一步研究富硒大米的免疫活性机理，从分子水平阐释免疫活性含硒肽的构效关系，需对免疫活性含硒肽进行分离纯化和筛选，使其硒肽组分相对减少或单一，最终运用蛋白质测序方法测定其氨基酸序列，为免疫活性含硒肽的研发应用提供科学依据。

3.4.1　不同酶解产物的水解度和硒含量差别

研究以水解度和体外免疫活性的高低为标准，筛选四种蛋白酶，以获得免疫活性硒肽的制备工艺条件。用 pH-stat 法测定四种蛋白酶酶解含硒蛋白（SPH）过程的水解度，及水解产物硒肽的硒含量，结果见表 3.13。在相同的 8%酶比底物浓度和底物浓度 1%条件下水解，碱性蛋白酶 Alcalase 2.4 对硒蛋白的水解最彻底，水解度高达 22.59%，其次是胰蛋白酶（17.43%），中性蛋白酶和胃蛋白酶对硒蛋白的水解度较小，分别为 11.36 %和 8.74%。水解产物的硒含量趋势与水解度一致，碱性蛋白酶水解物>胰蛋白酶>中性蛋白酶>胃蛋白酶。

表 3.13　不同酶解产物水解度和硒含量

酶种类	温度/℃	pH	所得硒肽混合物	
			水解度（DH）	硒含量/(mg/kg)
碱性蛋白酶	50	8	22.59	13.27±0.02
中性蛋白酶	50	7	11.36	9.57±0.01
胰蛋白酶	37	8	17.43	11.53±0.01
胃蛋白酶	37	2	8.74	8.95±0.02

碱性蛋白酶水解度高，可能与其酶切位点多于其他三种蛋白酶有关。碱性蛋白酶是由地衣芽孢杆菌生产的一种碱性内切酶，主要作用于 Phe、Trp 等含疏水性基团的氨基酸中。中性蛋白酶是由枯草杆菌生产的一种中性内切酶。胰蛋白酶和胃蛋白酶是生物体消化变性蛋白质的主要蛋白酶，但难以消化未变性的蛋白质，前者主要作用于以赖氨酸和精氨酸作为羧基端的肽键，后者的酶切位点为由色氨酸、苯丙氨酸等疏水氨基酸所构成的肽键。而且，酶解底物是碱提硒蛋白，在碱性水解过程中溶解性高，利于蛋白酶酶解。

为了筛选出具有高免疫活性的含硒多肽，除了硒肽水解度和硒含量指标外，还需将不同酶的水解产物进行体外免疫活性筛选，通过检测巨噬细胞吞噬率、活力和产生的一氧化氮水平进行评估。

3.4.2　免疫活性筛选细胞模型的建立

免疫活性细胞筛选模型主要基于基本的免疫功能，比如细胞增殖率、吞噬率、分化趋势和细胞因子水平，研究选用的细胞一般来源于动物实验或人体的自愿捐献。建立用于天然产物免疫活性细胞筛选模型，可作为天然活性产物的体外免疫活性初筛步骤，具有高通量、快速简单、节约成本的优点，为后续开展动物实验提供参考依据。

实验中硒肽的免疫调节作用，选用对免疫活性指标敏感性高的 RAW264.7 巨噬细胞。巨噬细胞作为人体中重要的免疫调节和效应细胞，具有识别、吞噬和清除外来病原微生物及自身衰老细胞，抗肿瘤作用等多种功能，分泌细胞因子参与机体炎症反应，加工处理并递呈抗原，启动特异性免疫应答等功能。巨噬细胞是非特异性免疫的主导细胞，支撑起了继上皮屏障后的第二条宿主防线，在机体的众多生理和病理反应过程中发挥着极其重要的作用。而且巨噬细胞容易获得，便于培养，并可进行纯化，是研究细胞吞噬、细胞免疫和分子免疫学的重要对象。

通过优化巨噬细胞铺板密度、贴壁时间以及药物作用时间，以建立高敏感度、高通量的体外免疫活性细胞筛选模型。因为中性红的摄入量与巨噬细胞数量呈先行正相关，所以选择中性红吞噬实验来检测活的巨噬细胞的数量。

巨噬细胞 RAW264.7 在 96 孔板的种植密度与吸光度的关系见图 3.22。回归方程为 y=0.0124x+0.0264，相关系数 0.9969，吸光度信号强度与巨噬细胞浓度线性关系良好。实验细胞密度可在 10^4 个/mL 数量级内选择。

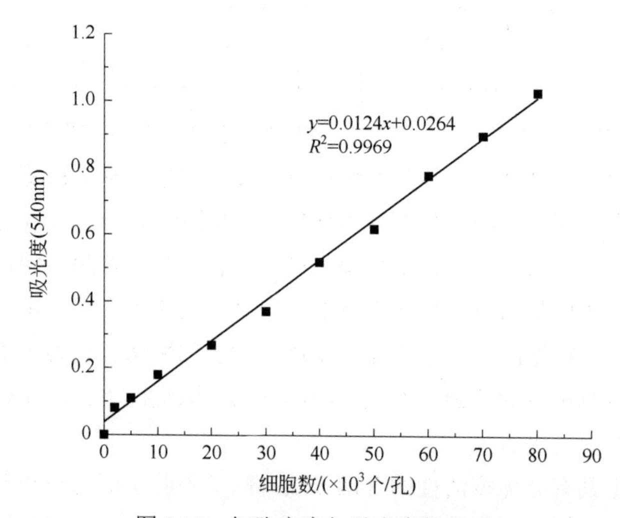

图 3.22　细胞密度与吸光度的关系

巨噬细胞贴壁时间点优化结果见图 3.23，在 1～27h 的贴壁孵育时间范围内，贴壁时间的增加同吸光度值呈正相关；20h 以后，各吸光度值之间没有显著性差异（$P>0.05$）。上述结果，在本实验条件下 20h 的孵育时间可使 90%以上的巨噬细胞贴壁。为简化实验操作，选择巨噬细胞孵育时间为 24h。

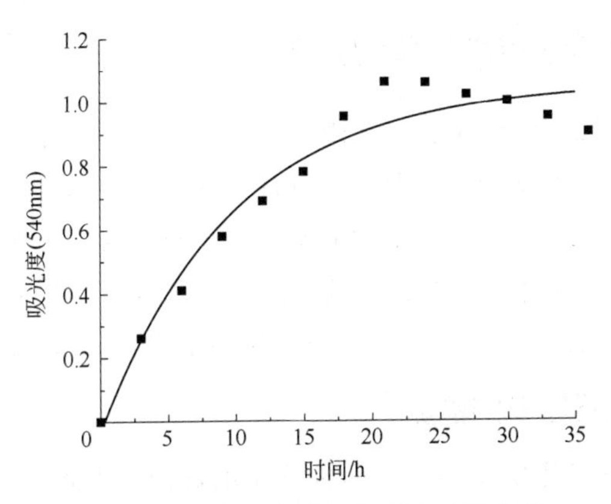

图 3.23　细胞贴壁时间与吸光度的关系

样品不同作用时间对巨噬细胞活力的影响结果见图 3.24。由图可知，RAW264.7 细胞，在 0～24h 孵育条件下，硒肽水解物对细胞活力有明显促进作用，在 540nm 的吸光度值显著升高，数据之间有显著性差异（$P<0.05$）。孵育 24h 后，吸光度值没有显著性差异（$P>0.05$）。对照组细胞活力随着培养时间增长而有所提高，符合细胞自然生长规律。综合考虑作用时间及时间点，在此后试验中，选择硒肽孵育细胞 24h 培养细胞，以考察样品对巨噬细胞的影响。

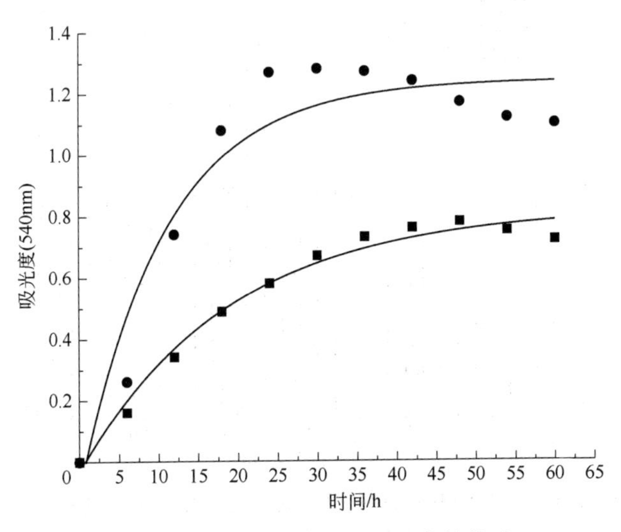

图 3.24　样品作用时间与吸光度的关系

本实验选用巨噬细胞吞噬能力、巨噬细胞体外增殖率（MTT）以及细胞内 NO 水平来建立体外免疫活性初筛细胞模型，用以体外评估样品是否对巨噬细胞的免疫能力有增强效果：NRU 指标可反映巨噬细胞吞噬能力；MTT 能反映细胞活力；NO 水平可知细胞的氧化应激水平。

3.4.3 基于免疫活性对蛋白酶的筛选

为了证实经不同蛋白酶（碱性蛋白酶、中性蛋白酶、胰蛋白酶、胃蛋白酶）处理后所得硒肽水解物（SPH-A、SPH-N、SPH-T、SPH-P）的增强免疫功能，本实验通过考察不同酶解产物样品对巨噬细胞 RAW264.7 的吞噬、增殖和抗炎功能的影响，筛选具有高免疫活性的硒肽。检测指标基于巨噬细胞基本的免疫活性机能，包括中性红吞噬能力、MTT 比色法、对脂多糖（LPS）诱导的细胞液一氧化氮水平的抑制作用。

3.4.3.1 巨噬细胞吞噬率的检测

利用中性红吞噬细胞实验考察经四种硒肽水解物在不同浓度下（0、20μg/mL、40μg/mL、80μg/mL、100μg/mL、160μg/mL）对巨噬细胞吞噬能力的影响，结果见图 3.25。从图中可看出，富硒大米碱提蛋白经不同蛋白酶处理所得含硒多肽混合物对巨噬细胞吞噬能力有不同影响，碱性蛋白酶所得水解物在 80μg/mL 和 100μg/mL 显著促进了巨噬细胞吞噬能力（$P<0.01$），胰蛋白酶水解物在 80μg/mL 也显著提高了吞噬率（$P<0.05$）；然而经中性蛋白酶和胃蛋白酶处理所得水解物，与对照相比，对巨噬细胞吞噬能力有一定促进作用，但无显著性差异。

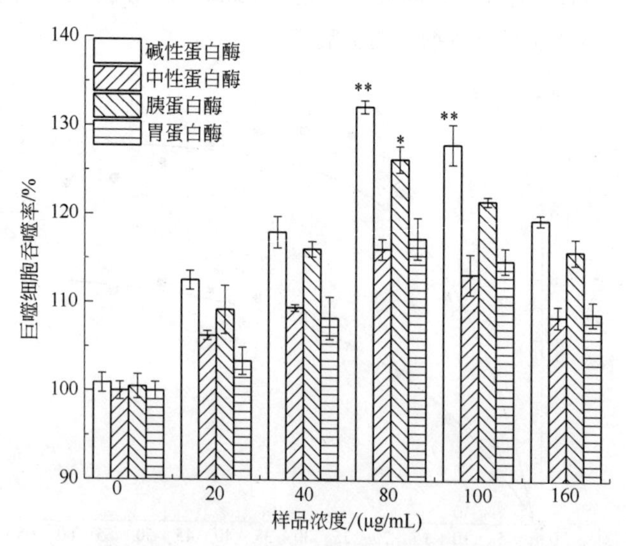

图 3.25　四种蛋白酶所得硒肽水解物对巨噬细胞吞噬率的影响

与对照组比较差异显著*$P<0.05$，**$P<0.01$。

此外图 3.25 也表明，随着样品浓度在 0 到 100μg/mL 范围内增加，巨噬细胞吞噬能力也在增强，在 80μg/mL 时，碱性蛋白酶水解物达到极值 132.20%。然而样品浓度超过 100μg/mL，吞噬率开始降低。经 JMP 因素分析，酶的种类对于巨噬细胞吞噬能力有相关性（$P<0.01$），而样品浓度不是关键影响因素。

吞噬作用是体现巨噬细胞免疫功能的重要指标，通过对于中性红摄入量的不同能够确定巨噬细胞吞噬能力的高低，并反映溶酶体功能的强弱。本实验中，经不同硒肽样品处理后的细胞，其细胞活力和溶酶体功能均明显高于对照组。数据表明硒肽能够增强细胞溶酶体的功能，对外来物毒物中性红染料的吞噬处理能力增强。

3.4.3.2　巨噬细胞增殖率的检测

通过 MTT 法检测四种硒肽水解物在不同浓度下（0、20μg/mL、40μg/mL、80μg/mL、100μg/mL、160μg/mL）巨噬细胞增殖能力的影响，结果见图 3.26。对照组细胞活力记为 100%,与对照组相比，碱性蛋白酶水解所得含硒肽在 80μg/mL 时，RAW264.7 细胞增殖能力提升至对照组的 132.14%，增殖率明显高于其他蛋白酶水解所得含硒肽（$P<0.05$）。同时可由表 3.13 看出碱性蛋白酶水解含硒肽混合物的含硒量最高（$P<0.05$）。这一结果与巨噬细胞吞噬率实验的结果吻合。

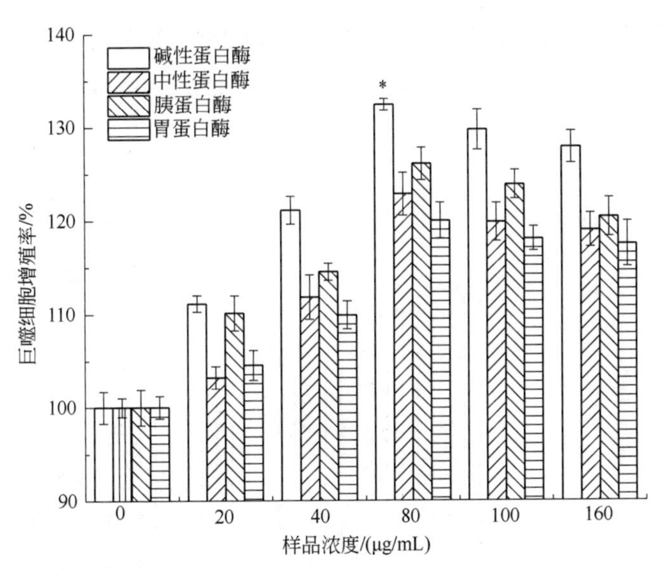

图 3.26　四种蛋白酶所得硒肽水解物对巨噬细胞增殖率的影响

与对照组比较差异显著*$P<0.05$

另外，随着样品浓度与巨噬细胞增殖率呈现正相关，并呈浓度依赖性，说明硒肽能剂量依赖的提高细胞活力，但在高浓度（100～160μg/mL）时，此趋势趋于平缓并有降低趋势。其中在浓度为 80μg/mL 时，RAW264.7 细胞整理能力开始缓慢降低。其浓度在 100μg/mL 情况下，使细胞活力提高了 24.87%，在 160μg/mL 时，使细胞活力提高了 24.03%。

MTT 法是基于细胞的线粒体对噻唑蓝［3-(4,5-二甲基噻唑-2)-2,5-二苯基四氮唑溴盐，MTT］的摄入能力来检测细胞增殖能力，是测定细胞增殖能力的普遍方法。本实验数据表明，经硒肽水解物处理后的细胞活力状态最佳，能够促进线粒体摄入黄色染料噻唑蓝的能力。

3.4.3.3　巨噬细胞抗炎能力的检测

图 3.27 显示了四种蛋白酶水解所得硒肽对脂多糖（LPS）诱导的细胞内 NO 水平的影响。与对照组比较，大米碱提蛋白经胰蛋白酶水解后，在其浓度达 100 μg/mL 和 160 μg/mL 时，巨噬细胞内 NO 水平下降为对照组的 40.17%和 38.45%（$P<0.01$）；在 80 μg/mL 时，为 52.67%（$P<0.05$）。经胰蛋白酶处理组，浓度达 100 μg/mL 和 160 μg/mL 时，可使细胞内 NO 水平下降至 50.50%与 42.93%，与对照组比较具有显著性差异（$P<0.05$）。而经中性蛋白酶和胃蛋白酶处理后所得硒肽对巨噬细胞内 NO 水平无显著改变（$P>0.05$）。

此外，水解所得硒肽能剂量依赖地提升 RAW264.7 细胞的抗炎能力，在其浓度为 0～160 μg/mL 范围内，随着样品浓度的增大，细胞经 LPS 诱导的内 NO 高水平表达不断下降。

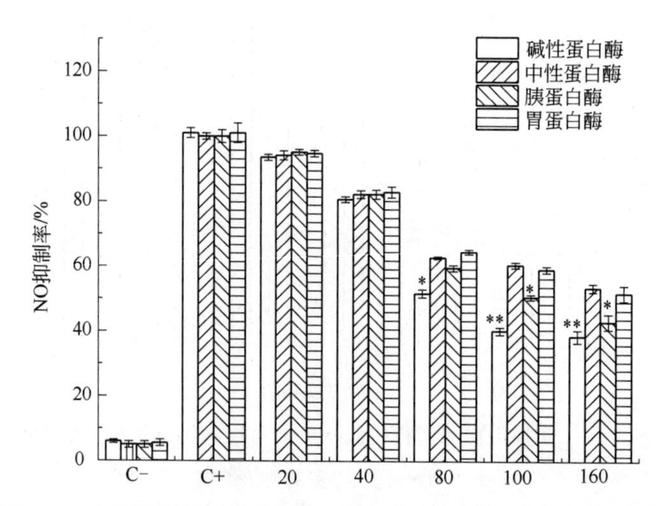

图 3.27　四种蛋白酶所得硒肽水解物对 LPS 诱导的 NO 水平影响

C−表示空白对照（PBS）；C+表示对照组（1μg/mL 的 LPS）并记为 100%。

对照组比较差异显著 *$P<0.05$、**$P<0.01$

实验结果表明，硒肽水解物能显著增强 RAW264.7 在 LPS 刺激下的抗炎能力，降低胞内 NO 的浓度，维持细胞的内稳态。所以，硒肽在巨噬细胞抗炎方面能够起到积极作用。

由此可见，硒肽可以增强巨噬细胞吞噬作用和增殖能力。其中，吞噬中性红能力，主要是细胞中的溶菌酶在发挥作用；吞噬 MTT 主要由胞内线粒体完成，这表明硒肽对巨噬细胞免疫能力的提升可能在增强线粒体和溶酶体方面起到重要作用，从而增强细胞杀灭外来异物的能力。此外，硒肽也可在降低 PLS 刺激下细胞内 NO 的高水平表达，进而维持细胞内稳态。由此，综合考虑硒含量和水解产物体外免疫活性的结果，可断定富硒大米蛋白水解物具有免疫调节作用。碱性蛋白酶是最适合用作生产大米中免疫活性含硒肽的蛋白酶，其水解物具有最高免疫活性。故最终选择碱性蛋白酶制备免疫活性硒肽，进行后续的免疫活性构效关系研究。

3.4.4　含硒肽的凝胶色谱分离纯化

将大米蛋白水解物硒肽由离子水溶解配成浓度为 5mg/mL 的溶液，超声 5min 得到完全溶解的澄清硒肽。碱性蛋白酶酶解后的产物分子量较小，交联葡聚糖凝胶色谱 Sephadex G-25 的排阻体积为小于 5kDa，因此选用 Sephadex G-25 对碱性蛋白酶酶解后的多肽（SPH-A）进行分离纯化。选取柱长 75cm，直径 2.5cm 的层析柱，硒肽上样量为柱体积的 4%,用一次性塑料滴管将样品沿柱壁圆周缓慢加入 Sephadex G-25 葡聚糖凝胶柱。以去离子水作为洗脱液。调节恒流泵，使洗脱液流速为 1.5mL/min。设置紫外检测仪的检测波长为 220nm，记录仪绘制实时紫外检测结果，用自动分部收集器收集洗脱液，每管 12mL。以时间为横坐标，吸光度值为纵坐标，绘制硒肽洗脱曲线，根据记录仪所画曲线，将每管组分收集并冷冻干燥；同时在线用 ICPMS 法测定每组分的硒含量，并进行比较。

从图谱来看（图 3.28），Alcalase 2.4L 酶解后的含硒多肽液经 Sephadex G-25 分离后，依据多肽分子量差异，初步得到了 4 个峰。

经凝胶色谱分离后所得四个峰中的硒肽液分别收集，进行浓缩、透析和冻干后，进行体外免疫活性筛选，作用于细胞浓度为 80μg/mL，结果如图 3.29。经葡聚糖凝胶 G-25 分离纯化后得到的四个组分，与对照（加入等量 PBS）相比，对巨噬细胞的免疫活性均有不同程度的提高。其中，组分 2 在 80μg/mL 时，对巨噬细胞的吞噬中性红能力、细胞增殖能力都有显著提高，分别为 134.95%和 136.11%（$P<0.01$）。随后是峰 3，与对照相比，将巨噬细胞的吞噬能力和细胞活力分别显著提升了 18.19%和 21.41%（$P<0.05$）。

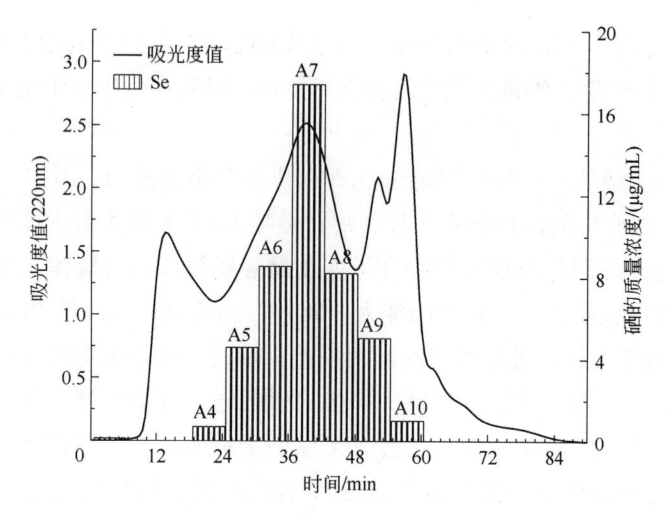

图 3.28　Sephadex G-25 分离色谱图及其硒含量

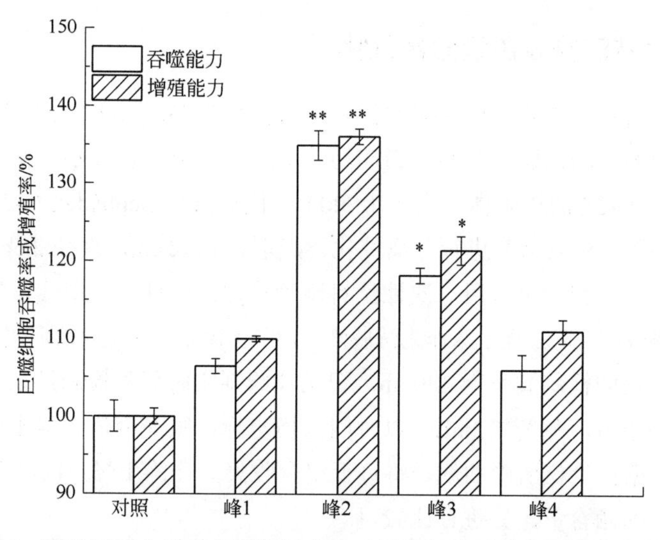

图 3.29　四种不同分子量含硒肽混合物对巨噬细胞吞噬率和增殖率的影响

与对照组比较差异显著*P<0.05，**P<0.01

同时，检测 Sephadex G25 洗出液中硒含量。每 8min 收集一个组分，分标记为 A1、A2……A13。将各组分中有机溶剂乙腈氮吹挥发后，直接用 ICPMS 法测定每个组分的硒含量。结果表明，含硒组分的硒的质量浓度值从高到低排序为 A7>A8>A6>A9>A5，A7 的硒质量浓度显著高于其他组分，是 A8、A6 的 2 倍多，是 A5、A9 的 4 倍多。A7、A8、A6 是峰 2，峰 2 是体外免疫活性筛选实验中活性最高组分。综合以上结果，选择组分 A5～9 进行进一步的体外免疫活性筛选和结构测序实验。

3.5　免疫活性硒肽的结构鉴定

罗佩竹[2]采用 Triple-TOF MS/MS 对富硒大米中提取的免疫活性含硒肽段进行质谱分析，检测其分子量，并得到其一级结构信息，分析比对高免疫活性含硒肽具有的结构特征。测定多肽样品结构时，首先通过超高压液相将样品分离，再通过一级质谱选择响应值高的目标母离子进行二级质谱，将母离子分裂产生子离子碎片得到二级质谱图，对二级质谱碎片进行分析和整合并在数据库中比对，确定样品的结构。实验采用的高分辨质谱具有灵敏度高、准确度高、分辨率高的特点。

通过凝胶色谱 Sephadex G-25 将大米含硒蛋白酶解物按不同分子量范围进行分离纯化；所得硒含量最高多肽混合物组分通过体外免疫活性细胞筛选模型，将含硒肽混合物的免疫活性通过巨噬细胞增殖、吞噬中性红能力和细胞内一氧化氮水平进行量化对比，得到高免疫活性硒肽；最终利用高分辨质谱，对高免疫活性硒肽的一级结构进行鉴定，从分子营养水平解析其免疫活性和结构的关系。

3.5.1　不同组分硒肽的体外免疫活性研究

依据先前免疫筛选实验，选用在最优浓度（80μg/mL）条件下，考察经 Sephadex G25 分离纯化后所得不同组分硒肽的免疫活性。其中，对 RAW264.7 巨噬细胞的吞噬中性红能力的影响见图 3.30。与对照相比，富硒大米碱提蛋白经碱性蛋白酶水解所得产物（SPH-A）对细胞吞噬中性红能力有促进作用，但普通大米碱提蛋白的酶

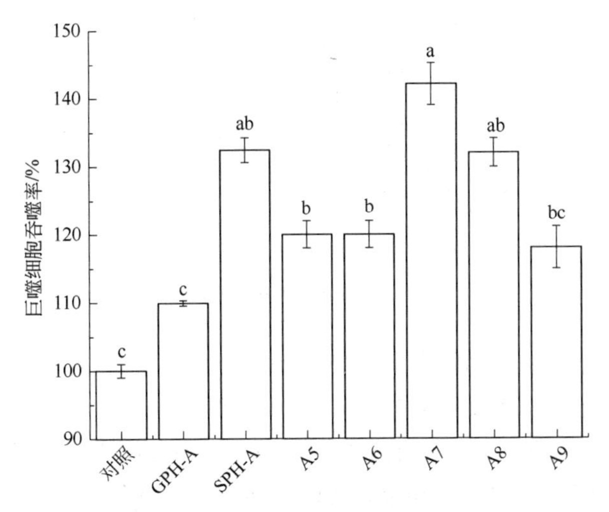

图 3.30　不同组分硒肽对 RAW264.7 细胞吞噬率的影响

不同字母表示差异显著（$P<0.05$）

解物（GPH-A）与对照组无差异。其中，组分 7（A7）处理后的 RAW264.7 细胞的吞噬能力最强（142.11%，$P<0.05$），随后是组分 8 和未经凝胶色谱分离的总含硒肽水解物，分别为 132.0%和 132.41%。组分 5、6、9 对巨噬细胞吞噬能力的促进作用最弱。

正常生理状态下，机体依靠巨噬细胞的吞噬作用，消除外来病原体和识别排斥内在衰老细胞，从而维持机体内稳态的平衡。中性红作为外来异物，能够被活力强的巨噬细胞吞噬，并运送至溶酶体中进行清除。巨噬细胞吞噬中性红的量可作为其生理功能活性高低的指标，在一定范围与巨噬细胞数目和活力呈正相关。由此可知，硒肽可以增强巨噬细胞中溶酶体的功能，从而提高其免疫活性功能。

不同组分硒肽对细胞增殖率的提高和中性红吞噬实验结果有类似的趋势。图 3.31 表明硒肽能够促进 RAW264.7 巨噬细胞的增殖能力。对增殖率做显著性分析（$P<0.05$），与对照组相比，A7 和 SPH-A 能显著提高巨噬细胞增殖率至对照组的 140.95%和 132.20%，位于其次的 A5、A6 和 A8 对巨噬细胞增殖率分别提升了 28.13%、30.09 %和 31.30%。而普通肽对细胞增殖率提升了 16.43%。

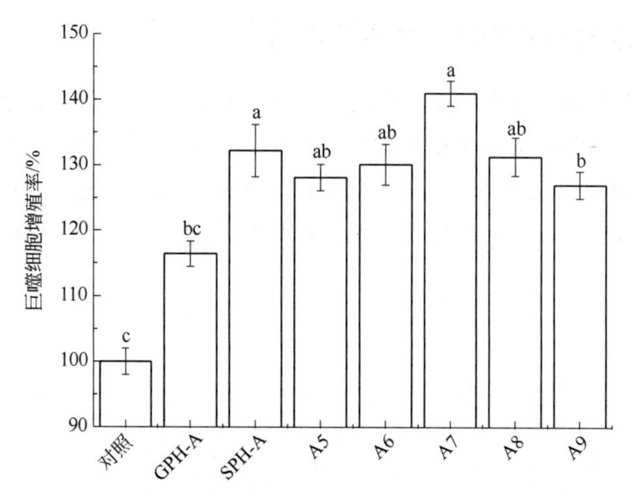

图 3.31　硒肽对 RAW264.7 细胞增殖能力的影响

不同字母表示差异显著（$P<0.05$）

细胞行使正常的生理功能和调节细胞死亡过程中，线粒体有非常关键的作用，它是此过程中一个非常重要的调控器。本试验结果表明，硒肽可显著提升 RAW264.7 细胞增殖能力，可能是通过某些细胞蛋白通路促进了线粒体的功能活性实现的。

图 3.32 显示不同分离组分硒肽对 LPS 诱导的细胞内一氧化氮（NO）高浓度产生有抑制作用。本实验将加入 LPS 的细胞组别作为对照组（C+），并记为 100%，与没有加入 LPS 的空白对照（C−）相比，LPS 的加入引发了巨噬细胞的炎症反应，

表现为产生高浓度 NO。在 A7 处理下，细胞内 NO 水平下降到最低值 36.92%，其次是 A8（53.52%）。SHP-A、A6 和 A9 对细胞内 NO 高浓度产生也有一定程度的抑制（52.67%，60.11%和 85.03%）（$P<0.05$）。此外，细胞内 NO 水平抑制率随硒肽样品中硒含量呈现正相关。

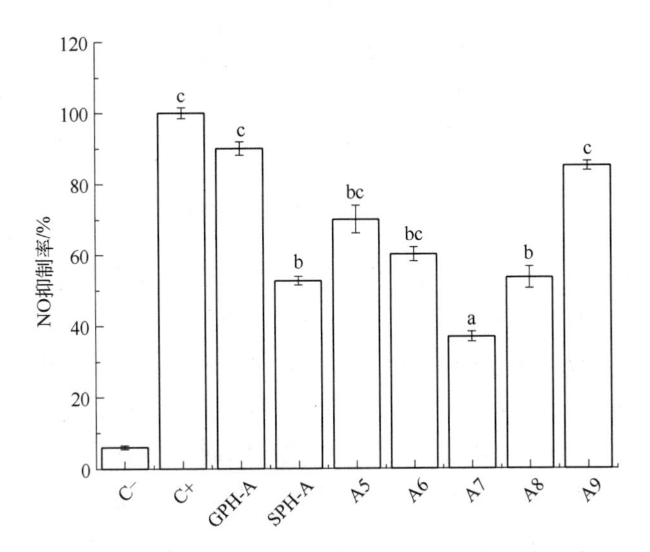

图 3.32　硒肽对 LPS 诱导的细胞内 NO 水平的影响

不同字母表示差异显著（$P<0.05$）

综上，A7 的免疫活性最高，在巨噬细胞吞噬能力、增殖能力和抗炎能力上显著高于对照组，且其硒的质量浓度也是各组分中最高的。因此，选取经凝胶过滤后的组分 A7 进行反相液相疏水性分离。

3.5.2　硒肽的一级结构鉴定

将通过凝胶色谱分离纯化得到的、具有高免疫活性的组分 7（A7）进行反向超高压液相色谱（RP-UPLC）疏水性分离，得到结果见图 3.33。随着流动相 B（乙腈+0.1% TFA）浓度增大，亲水性高和分子量小的含硒肽首先被洗脱出来，分子量大和疏水性强的多肽在后期被分离。同时在线检测各多肽的分子量和基本物质信息。

高分辨质谱（Triple TOF）凭借信息以来检索（IDA），只要出现“色谱峰”的离子就会首先被离子化，而后依据检测离子的质荷比（m/z）对样品进行分离，得到一、二级质谱图。在复杂基质样品中，即使存在很强的本底噪声离子掩盖了目标化合物，目标物的二级质谱信息也不会被“错过”。本实验是通过凝胶色谱分离得到含硒肽组分，因此选用正离子扫描模式，在高分辨质谱仪上进行扫描鉴定。

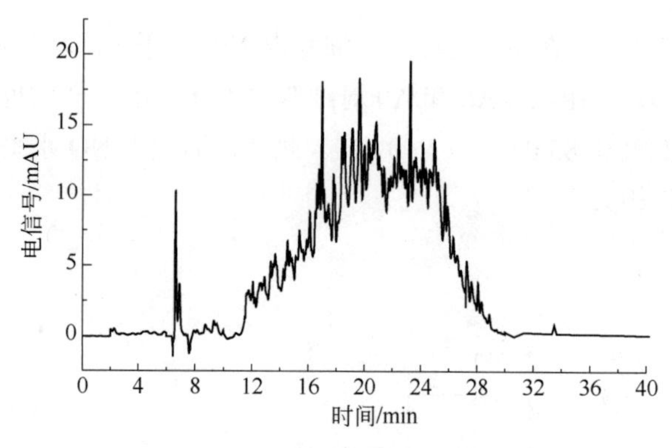

图 3.33　A7 的反相超高压液相图

本实验进行质谱分析物质是硒代氨基，其结构（氨基酸序列）较普通氨基酸具有其独特性，在一般的大米肽数据库中难以比对查找。也就是两种含硫氨基酸：甲硫氨酸（Met）、半胱氨酸（Cys）中的硫元素被其同族元素硒取代，成为硒代甲硫氨酸（SeMet）和硒代半胱氨酸（$SeCys_2$），同时，还有可能存在二硫键、硫硒键和硒硒键，以及氧化产物 SeOMet，甲基化产物 MeSeCys，这些都为含硒肽结构鉴定分析、从数据库中比对查找目标含硒氨基酸序列增加了难度。

为了解决以上问题，在后期的质谱分析中，需为两种特殊氨基酸专门编程，作为插件编入氨基酸总库进行查找：即 Met 通过取代，用硒替代了硫元素，分子量增加了 46，同法将 $SeCys_2$ 编入程序。

A7 经过液相色谱分离系统后，再由质谱系统将肽段打成不同分子量的碎片，并由飞行时间质量分析器将离子碎片分离，最终经检测器检测得到质谱图。最后，在蛋白质数据库中与植物类蛋白进行序列比对后，得出置信度大于 90%的高免疫活性含硒肽序列见表 3.14。

表 3.14　硒肽一级结构鉴定结果

出峰时间/min	氨基酸序列	分子质量/Da	蛋白质种属	置信度/%
3.3	VQXSAVKVN	974.52	谷蛋白	93
4.3	KTNPNSX	790.36		92
5.0	KTNPNSXVSH	1113.52		97
6.1	NFPILIIQX	1201.66		95
7.8	GRGVFGX	722.35		95
9.0	VLPXYANAHKLVYIVQ	1859.00		90
9.1	NFPILNIIQX	1202.65		99
9.4	SKGLVLPX	843.48		90
9.6	AATQXPDEPAGWFQ	1547.67	葡糖-1-磷酸腺苷酰基转移酶	99
10.1	TXMM	560.124		100

续表

出峰时间 /min	氨基酸序列	分子质量 /Da	蛋白质种属	置信度/%
10.3	FVTPSGKXVPY	1224.62	蛋白质二硫化物异构酶	92
10.5	AVGKVLPALNGKLTGX	1568.89	甘油醛-3-磷酸脱氢酶	95
10.6	LNGKLTGX	833.43		97
10.7	VIDLIRHX	995.56		99
11.0	LGAPDVGHPX	992.47		99
12.2	RELGAPDVGHPX	1277.61	过敏蛋白	99
12.3	GAPDVGHPX	879.39		95
12.4	QLINNQVXQQ	1214.60	醇溶谷蛋白	99
13.8	QLINNQVX	958.49		99
16.0	NTGPSXVPGVIVX	1300.65	H0806H05.4 蛋白	90
17.8	GLGGEGYLNFX	1156.52	分支酶-3	97
21.8	XAVPDKWIE	1087.53		90
22.0	TVGGAPAGRIVXE	1256.65	肽酰-脯氨酰-顺反式异构酶	97
28.8	VQRDXKLVPY	1247.66	胚乳腔结合蛋白	95
32.6	XDPGQQ	736.23	发病机制相关的类甜蛋白	100

注：X 代表 SeMet。

由表 3.14 中的免疫活性硒肽一级结构鉴定结果可知，富硒大米中的含硒肽主要存在于谷蛋白，过敏蛋白位居其次。对大米蛋白中硒肽进行蛋白组学分析的结果表明，硒肽也存在于一些蛋白酶中：甘油醛-3-磷酸脱氢酶、葡糖-1-磷酸腺苷酰基转移酶、分支酶-3 和发病机制相关的类甜蛋白。有学者对富硒大米蛋白进行以硒为靶向的蛋白质组学分析后，亦发现硒存在于谷蛋白与甘油醛-3-磷酸脱氢酶等酶中。

此外，通过高分辨质谱得出的高免疫活性肽分子量小，多数包含二十个以内的氨基酸参加，易穿过肠道屏障进而表现出生物活性。研究表明，多肽对巨噬细胞增殖率的影响与它的一级结构有关，例如氨基酸排列、硒代氨基酸含量及组成、正电荷、疏水性和肽链的长度等，本实验所筛选出的高免疫活性硒肽中，富含谷氨酰胺（Q）、谷氨酸（E）和精氨酸（R），有研究者对具有免疫调节作用多肽的氨基酸组成进行了分析，其特点是富含 E、Q、R，研究与本实验结果相一致。此外，具有免疫增强作用的多肽序列，在其碳端倒数第四位，往往含有较大侧链基团，而本研究中的硒肽有 90%的肽序列符合这一现象。

所检测到的硒肽氨基酸组成结果显示，硒肽全部以硒代甲硫氨酸（SeMet）的形式存在于富硒大米蛋白中，与 Fang 等[6]得到的实验结果：86.9%的硒以 SeMet 存在于富硒大米中相一致。除了 SeMet 含量高外，半胱氨酸（C）本身化学结构不稳定，也会造成硒肽序列中不含有 SeCys。表 3.15 列出了高分辨质谱鉴定出的在 A7

中所含有的半胱氨酸，所有的半胱氨酸的 N 端（氨基端）都被尿甲基进行了化学修饰，证明了半胱氨酸是不稳定化合物。

表 3.15　含半胱氨酸多肽鉴定结果

出峰时间/min	氨基酸序列	分子质量/Da	蛋白质种属	置信度/%
2	CMQKQK	821.38	B0414F07.2 蛋白	90
15	RSNAPIKCPVGKQ	1454.76		99
20	LGEKGGIPIGIGKNCHIRRAIIDK	2590.47	葡糖-1-磷酸腺苷酰基转移酶	100
38	GGCSVWHDEL	1158.47	丝氨酸/苏氨酸蛋白激酶	92

注：C 代表被 Carbamidomethyl 修饰过的半胱氨酸。

3.5.3　高置信度硒肽质谱图分析

对置信度为 100%的含硒肽物质进行一级和二级质谱分析，图 3.34、图 3.35 分别为保留时间为 17.82min、22.01min 色谱峰的 MS/MS 谱图。

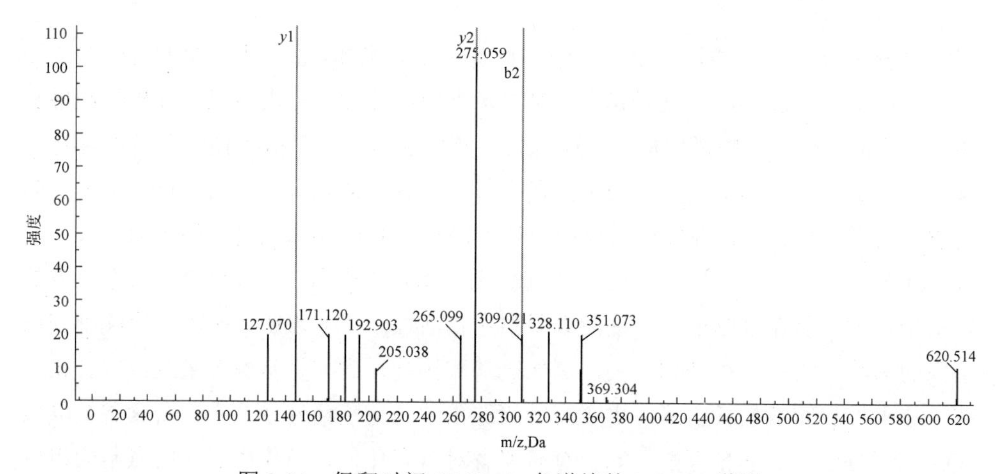

图 3.34　保留时间 17.82min 色谱峰的 MS/MS 谱图

二级质谱分析的正离子模式中，肽链被打碎形成的离子有三种：①序列离子。若肽链离子的正电荷在分子碎片离子 C 末端，便得到 *x*，*y*，*z* 系列离子；若正电荷保留在碎片离子的 N 端，那么就得到 *a*，*b*，*c* 系列的离子。②亚氨离子和酰基离子。③卫星离子是氨基酸侧链被打断后，再经过肽键处断裂形成。此外，Ser、Asp、Thr、Glu 等氨基酸还会产生脱羧离子，Lys、Gln、Arg 等氨基酸可能侧链脱氨。一般情况下，因为肽链中酰胺键更容易断裂，*y* 系列和 *b* 系列离子出现的概率较大。

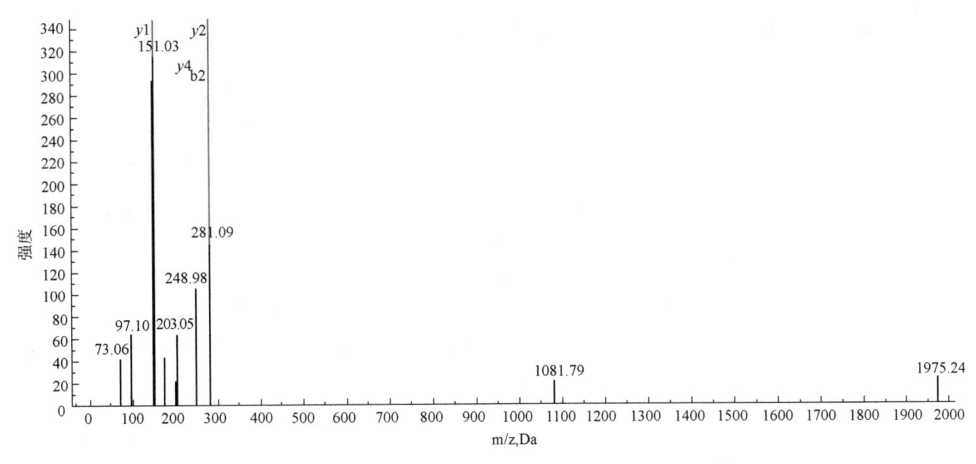

图 3.35　保留时间 22.01min 色谱峰的 MS/MS 谱图

在蛋白质数据库中与植物类蛋白进行序列比对后，分子碎片分析结果表明，图 3.34 的目标肽的分子量为 1547.67，其氨基酸序列为：SeMDPGQQ。图 3.35 样品中 22.01min 的色谱峰肽段序列为 TSeMMM。

免疫活性肽的抗氧化活性与肽的氨基酸种类、数量和排序有关；此外，硒本身具有抗氧化等免疫活性，故含硒肽具有潜在的免疫活性功能食品开发价值。研究表明，生物活性肽的一级结构从 C 端始第四位氨基酸，一般是疏水氨基酸且分子量较大。本研究所得免疫活性硒肽中，有 90%的硒肽具有此特征。而且，有研究将大量具有免疫活性多肽序列进行统计分析，谷氨酸（E)、谷氨酰胺（Q）和精氨酸（R）是免疫活性肽的特征氨基酸。本实验从富硒大米中分离提取的硒肽，其中有 60%具有此特征。从富硒大米中提取的免疫活性硒肽，其一级结构特征与已有的免疫活性肽特征结构一致。从上述研究结果来看，SeMDPGQQ、TSeMMM 等含硒肽具有免疫活性的特征序列，其免疫调节机制与巨噬细胞增殖与活性增强有关。

3.6　小结

研究证明，胰蛋白酶水解的大米含硒蛋白产物具有较高的 DPPH 自由基清除率。其水解大米含硒蛋白的最佳条件为：酶比底物浓度：10%，底物浓度：6%，pH：8.5，温度：50℃。此条件下所得产物（TPH）的水解度为 22.69%±0.34%，硒含量为(0.372±0.031)mg/kg。还原能力测定结果表明 TPH 具有一定的抗氧化活性。

建立 ICPMS 直接进样法对大米酶解液中痕量硒的检测方法：在 0～160μg/L 范围内线性相关系数为 0.9995，方法检出限是 0.009μg/L，样品加标回收率在 95.3%～102.8%之间，精密度为 0.87%～4.48%。该法操作简单环保安全，大大减少硒在检测过程中的损失和微波消解、赶酸等操作对环境的污染。ICPMS 直接进样法可作为粮食类液体样品痕量硒的批量分析检测方法，可用于后续免疫活性硒肽筛选研究中硒含量的快速测定。将建立方法应用于大米中总硒和有机硒含量检测。实验数据表明，富硒大米中有机硒含量高达 85.61%，说明富硒大米是补充硒营养不足有效安全的硒补剂。应用于体外模拟消化实验数据表明，硒的生物利用率经胃肠消化处理后明显高于胃消化（$P<0.01$），最高可达 75.03%。

此外，在对大米含硒蛋白酶解物的体外细胞抗氧化活性的研究中发现，体外酶解产物具有一定的体外细胞抗氧化活性，添加量在 100μg/mL 以内时胰蛋白酶水解产物 TPH 的抗氧化活性最高。大米含硒蛋白酶解物的巨噬细胞增殖能力和对巨噬细胞吞噬中性红能力的影响结果表明，不同处理方法对产物免疫活性的高低有显著影响，且 TPH 免疫活性最高。大米含硒蛋白酶解物对巨噬细胞吞噬中性红能力的影响与样品的硒含量和水解度都呈现正相关（$P<0.05$），硒代多肽是影响大米含硒蛋白酶解物免疫活性的重要因素。大米含硒蛋白酶解物抑制超氧自由基氧化 DCFH 的能力与其促进巨噬细胞吞噬中性红的能力具有显著负相关性，相关系数 R 值为−0.840（$P<0.05$），由此证实，大米含硒蛋白酶解物体外细胞抗氧化活性和免疫活性具有一定的相关性。

参考文献

[1] Rayman M P, Infante H G, Sargent M. Food-chain selenium and human health: Spotlight on Speciation[J]. British Journal of Nutrition, 2008, 100(2): 238-253.

[2] 罗佩竹. 大米源含硒蛋白酶解物的制备及其抗氧化和免疫活性[D]. 南京：南京财经大学, 2013.

[3] 赵尔敏, 方勇, 王明洋, 李彭, 胡秋辉, 邱伟芬. ICP-MS 直接进样对大米酶解液中痕量硒的测定[J]. 食品科学, 2017, 38(10): 168-172.

[4] Zhang J, Zhang H, Wang L, et al. Isolation and identification of antioxidative peptides from rice endosperm protein enzymatic hydrolysate by consecutive chromatography and MALDI-TOF/TOF MS/MS[J]. Food Chemistry, 2010, 119(1): 226-234.

[5] Wurster D E, Burke G M, Berg M J, et al. Phenobarbital Adsorption from Simulated Intestinal Fluid, U.S.P., and Simulated Gastric Fluid, U.S.P., by Two Activated Charcoals[J]. Pharmaceutical Research, 1988, 5(3): 183-186.

[6] Fang Y, Zhang Y, Catron B, et al. Identification of selenium compounds using HPLC-ICPMS and nano-ESI-MS in selenium-enriched rice via foliar Application[J]. Journal of Analytical Atomic Spectrometry, 2009, 24(12): 1657.

[7] Rajapakse N, Mendis E, Jung W-K, et al. Purification of a radical scavenging peptide from fermented mussel sauce and its antioxidant Properties[J]. Food Research International, 2005, 38(2): 175-182.

[8] 田刚. 酶解鸡蛋清小（寡）肽混合物对小鼠免疫功能的影响及其机理研究[D]. 成都：四川农业大学, 2006.

[9] Van Der Borght A, Vandeputte G E, Derycke V, et al. Extractability and chromatographic separation of rice endosperm Proteins[J]. Journal of Cereal Science, 2006, 44(1): 68-74.

[10] Kápolna E, Fodor P. Bioavailability of selenium from selenium-enriched green onions (*Allium fistulosum*) and chives (*Allium schoenoprasum*) after 'in vitro' gastrointestinal digestion[J]. International Journal of Food

Sciences and Nutrition, 2007, 58(4): 282-296.

[11] Reeves P G, Gregoire B R, Garvin D F, et al. Determination of Selenium Bioavailability from Wheat Mill Fractions in Rats by Using the Slope-Ratio Assay and a Modified Torula Yeast-Based Diet[J]. Journal of Agricultural and Food Chemistry, 2007, 55(2): 516-522.

[12] 代卉，施用晖，韩芳，等. 小麦肽免疫活性及抗氧化作用的研究[J]. 天然产物研究与开发，2009，21(3): 473-476.

[13] 姜红. 马鹿茸血酶解肽免疫活性及抗氧化活性的研究[D]. 无锡: 江南大学, 2008.

[14] Morrow D M P, Entezari-Zaher T, Romashko J, et al. Antioxidants preserve macrophage phagocytosis of *Pseudomonas aeruginosa* during Hyperoxia[J]. Free Radical Biology and Medicine, 2007, 42(9): 1338-1349.

[15] 张亚飞，乐国伟，施用晖，等. 小麦蛋白 Alcalase 水解物免疫活性肽的研究[J]. 食品与机械，2006(3): 44-46+93.

第4章　大米硒肽缓解铅损伤作用及其调控机制

铅是一种具有高亲和性、易蓄积性特点的有毒重金属元素，可通过食物链、水、空气等路径侵入机体，其进入人体后可以长期蓄积，对人体造成很大的伤害，尤其是在认知功能和神经行为方面的影响更加严重。因此，开展缓解铅毒性的试验有十分现实的意义。硒具有多种生物功能，其功能之一即是拮抗重金属，缓解其毒性。特别是对于铅而言，有研究报道指出硒和铅是一对拮抗元素，硒进入体内能有效降低铅毒性，这是由于硒与铅具有强大的结合能力，二者能在体内形成金属-硒-蛋白质复合物，减少铅毒害作用并将铅排出体外。这已为一些研究人员所证实，例如，李金有等[1]证明预防给硒在一定程度上可拮抗铅的毒性作用，其原因可能是硒能够与铅形成复合物而降低有效铅浓度。McKelvey 等[2]也发现有机硒能保护铅诱导 HepG2 细胞的 DNA 损伤。但是我国总体上缺硒且硒的分布极不均匀，所以研究富硒大米，提高硒摄取量，可能是提高铅污染地区人们健康水平的一种有效方式。

4.1　铅损伤模型的建立

为了研究硒肽样品的生物活性，许姿[3]选用铅的最常见价态二价铅（Pb^{2+}），通过建立不同细胞模型，来筛选出铅敏感型细胞以及最佳作用时间。

4.1.1　细胞株型与铅浓度选择

MTT 法是测定细胞活力的普遍用法，是反映细胞状态的最直接指标。通过该法检测不同浓度的铅对四种细胞活力的影响，结果见图 4.1。对照组细胞活力记为100%，而随着铅浓度递增，各细胞的活力均逐渐降低，并呈浓度依赖性，其中在铅浓度为 0.2mmol/L 时，PC12 细胞活力降低至对照组的 45.6%，铅浓度为 0.4mmol/L 时，RAW264.7 细胞活力降低至对照组的 46.7%，与对照组相比差异均具有显著性（$P<0.05$）。此外，与 PC12 和 RAW264.7 细胞相比，HepG2 和 MC3T3-E1 细胞在相同浓度铅处理条件下，活力比 PC12 和 RAW264.7 细胞活力高，说明这两种细胞对铅的敏感程度比 PC12 和 RAW264.7 细胞低，为了更好地观察铅对细胞的损伤作用，

选择 PC12 和 RAW264.7 这两种细胞进行后续试验，其染铅浓度分别选择 0.2mmol/L 和 0.4mmol/L。

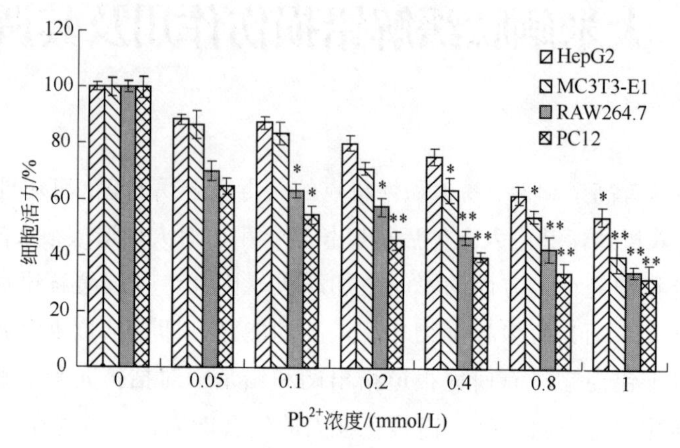

图 4.1 Pb^{2+}对不同细胞活力的影响

与对照组比较差异显著 * $P<0.05$，** $P<0.01$

4.1.2 作用时间及时间点选择

不同作用时间及时间点对细胞活力的影响见图 4.2。由图可知，在 PC12 和 RAW264.7 两种细胞中，当将三种处理时间点进行比较时，在 4h 孵育条件下，三种处理时间点之间没有显著性差异（$P>0.05$）；在 12h 或 24h 孵育条件下，硒肽先于铅处理是比另外两种处理时间点更能提高细胞活力的方法（$P<0.05$）。在两种细胞中，当将作用时间进行比较时，在硒肽和铅同时孵育条件下，细胞活力随着培养时间增长而降低；在硒肽先于或后于铅孵育条件下，细胞活力随着培养时间增长而有所提

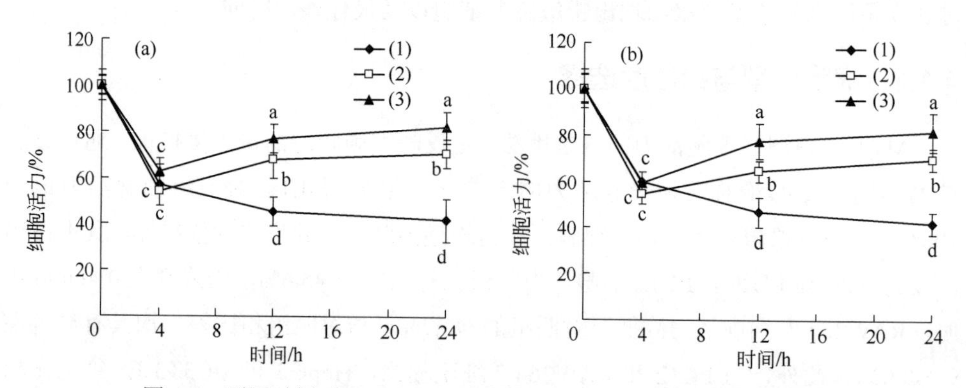

图 4.2 不同时间对 PC12（a）和 RAW264.7（b）细胞活力的影响

（1）硒肽与 Pb^{2+}同时培养；（2）Pb^{2+}先于硒肽培养；（3）硒肽先于 Pb^{2+}培养；
没有被相同字母连接代表差异显著（$P<0.05$）

高，其中培养 12h 时细胞活力显著高于 4h（$P<0.05$），而培养 24h 时细胞活力和 12h 并无显著差别（$P>0.05$）。综合考虑作用时间及时间点，在此后试验中，选择先用硒肽孵育细胞 12h 再用铅处理的方法来培养细胞。

4.2 大米硒肽对铅损伤细胞的影响

实验通过观察不同细胞的不同指标，研究硒肽对于铅诱导细胞损伤的保护作用，从而对硒肽的功能做出适当评价，为富硒大米的有效利用提供科学依据。研究指标主要有细胞活力、氧化应激水平（ROS 和 NO 水平）、细胞膜损伤程度（LDH 漏出率和 MDA 含量）、抗氧化防御能力（GSH 含量和 SOD 活力）。

4.2.1 硒肽对铅损伤细胞活力的影响

硒肽对铅损伤 PC12 和 RAW264.7 细胞活力影响结果见图 4.3。对照组细胞活力记为 100%。PC12 细胞［图 4.3（a）］：与对照组相比，经 0.2mmol/L 铅损伤 4h 后，模型组 PC12 细胞活力为对照组的 48.90%，差异具有显著性（$P<0.05$）。硒肽能剂量依赖地提高细胞活力，但高浓度（100～160μg/mL）时，此趋势趋于平缓，其浓度在 100μg/mL 情况下，可使细胞活力提高 24.87%，浓度在 160μg/mL 情况下，可使细胞活力提高 24.03%，与模型组相比均具有显著差异（$P<0.05$）。而普通肽对铅损伤细胞活力无显著改善作用（$P>0.05$）。RAW264.7 细胞［图 4.3（b）］：与对照组相比，经 0.4mmol/L 铅损伤 4h 后，模型组细胞活力为对照组的 53.51%，差异具有显著性（$P<0.05$）。在硒肽浓度达 100μg/mL 时，提高细胞活力 22.95%，浓度达 160μg/mL 时，提高细胞活力 23.18%，与模型组相比均具有显著性差别（$P<0.05$）。而普通肽对铅损伤 RAW264.7 细胞活力无显著改善作用。

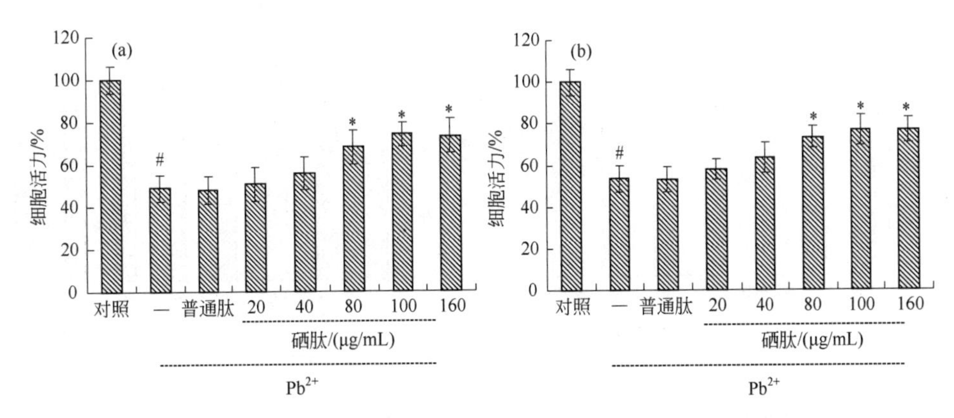

图 4.3　硒肽对 Pb^{2+}损伤 PC12（a）和 RAW264.7（b）细胞活力的影响

—代表模型组；与对照组比较差异显著# $P<0.05$；与模型组比较差异显著 *$P<0.05$

由此可知，硒肽可以缓解铅所致细胞活力的降低。上述试验结果趋势也与前人研究类似，例如，Milgram 等[4]研究发现，铅处理与主要类型的几种成骨细胞的活力降低有关；Gargouri 等[5]研究发现铅可诱导 HEK293 肾脏细胞活力的降低，但是一种盐土蔬菜作物 *Sarcocornia perennis* 具有较好的细胞保护作用，能够缓解细胞活性的降低。

4.2.2　硒肽对铅损伤细胞氧化应激水平的影响

4.2.2.1　硒肽对铅损伤细胞 ROS 水平的影响

硒肽对铅损伤 PC12 和 RAW264.7 细胞内 ROS 水平的影响结果见图 4.4。PC12 细胞（图 4.4）：与对照相比，经 0.2mmol/L 铅损伤 4h 后，模型组 PC12 细胞内 ROS 水平为对照组的 140.12%，差异具有显著性（$P<0.05$）。硒肽能剂量依赖地降低细胞内 ROS 水平，但高浓度（100～160μg/mL）时，此趋势趋于平缓，在其浓度达 100μg/mL 时，可使细胞内 ROS 水平降低 27.99%，浓度达 160μg/mL 时，可使细胞内 ROS 水平降低 28.74%，与模型组相比均差异显著（$P<0.05$）。而普通肽对铅损伤 PC12 细胞内 ROS 水平无显著性影响（$P>0.05$）。

RAW264.7 细胞［图 4.4（b）］：与对照组比较，经 0.4mmol/L 铅损伤 4h 后的模型组 RAW264.7 细胞内 ROS 水平为对照组的 151.82%，差异具有显著性（$P<0.05$）。硒肽能够剂量依赖地降低细胞内 ROS 水平，在其浓度达 100μg/mL 时，使细胞内 ROS 水平降低 32.17%，浓度达 160μg/mL 时，使细胞内 ROS 水平降低 33.94%，与模型组相比均具有显著性差异（$P<0.05$）。而普通肽对铅损伤 RAW264.7 细胞内 ROS 水平无显著改变（$P>0.05$）。

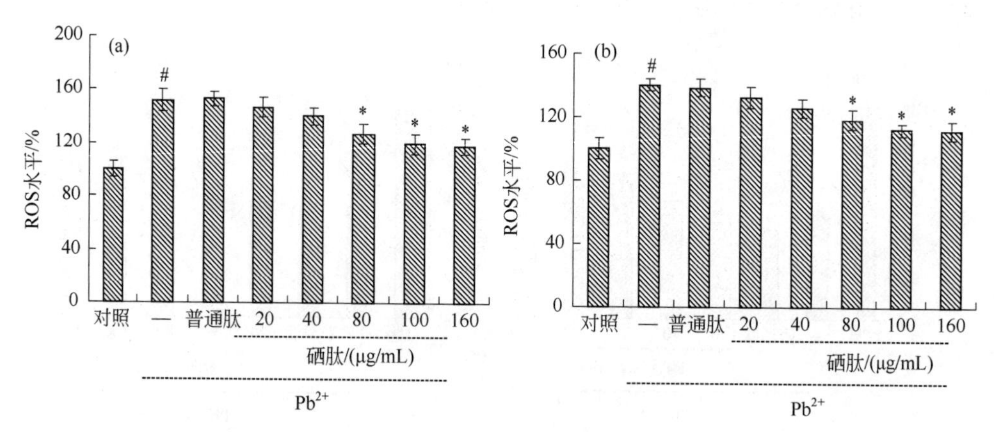

图 4.4　硒肽对 Pb^{2+}诱导 PC12（a）和 RAW264.7（b）细胞内 ROS 水平的影响

“—”代表模型组；与对照组比较差异显著# $P<0.05$；与模型组比较差异显著 *$P<0.05$

正常细胞中，抗氧化防御系统通过 ROS 的产生和消除来维系氧化还原的平衡。当 ROS 产生过多或者没有被及时消除和中和时，就会发生氧化应激反应。氧化应激是机体和细胞最基本的保护机制，细胞内 ROS 水平的变化反映了机体受到氧化应激损伤的程度。由此可知，硒肽可以抑制铅诱导的细胞内 ROS 水平的提高，这可能与硒肽能增强细胞抗氧化防御能力，抑制铅的氧化应激损伤有关。Jadhav 等[6]研究表明，在荧光探针装载 PC12 细胞中，铅处理会剂量依赖增加探针的荧光强度，即提高 ROS 水平。有学者也做了类似报道，铅处理后的 PC12 细胞的 ROS 水平显著高于正常细胞。

4.2.2.2　硒肽对铅损伤细胞内 NO 水平的影响

图 4.5 显示了硒肽对铅诱导损伤 4h 后的 PC12 和 RAW264.7 细胞内 NO 水平的影响。PC12 细胞［图 4.5（a)]：与对照组比较，经 0.2mmol/L 铅损伤 4h 后，模型组 PC12 细胞内 NO 水平为对照组的 213.41%，差异具有显著性（$P<0.05$）。硒肽能剂量依赖地降低细胞内 NO 水平，在其浓度达 100 μg/mL 时，可使细胞内 NO 水平降低 77.08%，浓度达 160 μg/mL 时，可使细胞内 NO 水平降低 81.81%，与模型组比较均具有显著性差异（$P<0.05$）。而普通肽对铅损伤 PC12 细胞内 NO 水平无显著改变（$P>0.05$）。

RAW264.7 细胞［图 4.5（b)]：与对照组比较，经 0.4mmol/L 铅损伤 4h 后的模型组 RAW264.7 细胞内 NO 水平为对照组的 187.78%，差异具有显著性（$P<0.05$）。硒肽能剂量依赖地降低细胞内 NO 水平，但高浓度（100～160 μg/mL）时，此趋势趋于平缓，在其浓度达 100 μg/mL 时，使细胞内 NO 水平降低 65.33%，浓度达 160 μg/mL 时，使细胞内 NO 水平降低 72.15%，与模型组比较均具有显著性差异（$P<0.05$）。而普通肽对铅损伤细胞内 NO 水平无显著改变（$P>0.05$）。

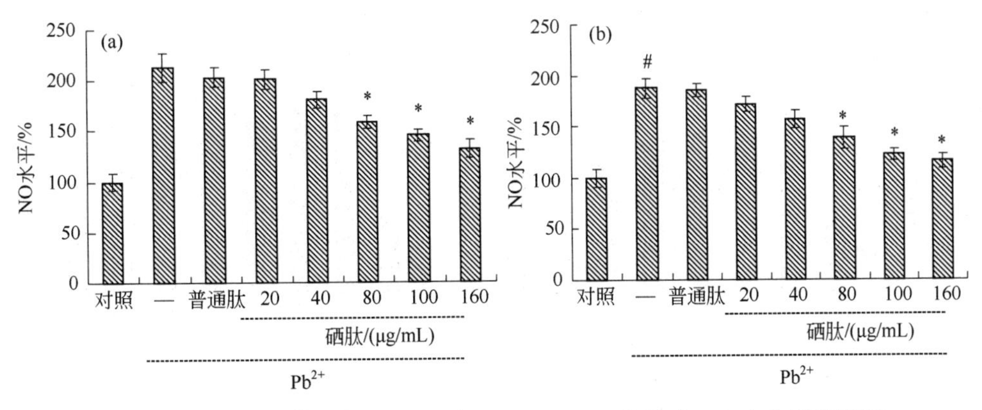

图 4.5　硒肽对 Pb^{2+}损伤 PC12 (a)和 RAW264.7 (b)细胞内 NO 内水平的影响

“—”代表模型组；与对照组比较差异显著# $P<0.05$；与模型组比较差异显著 *$P<0.05$

NO 是由 L-精氨酸合成的一种自由基，能和超氧化物发生反应形成高活性过氧亚硝基，后者会形成羟基自由基，从而造成多种细胞损伤，氧化应激的发生是使细胞培养液中 NO 水平增加的一种原因。本节采用 Griess 试剂检测 NO 的含量。结果表明，铅能显著诱导 PC12 和 RAW264.7 释放 NO，而硒肽能浓度依赖地降低铅诱导的细胞 NO 生成量。这表明大米硒肽对细胞的保护在氧化应激过程中起到积极作用。Sharifi 等[7]试验证实铅能剂量依赖地诱导 PC12 细胞 NO 的产生，他们认为铅诱导的细胞毒性可能正是由过量的 NO 产量所调控的。

4.2.3 硒肽对铅损伤细胞膜的影响

4.2.3.1 硒肽对铅损伤细胞 LDH 漏出率的影响

图 4.6 显示了硒肽对铅处理 4h 后的 PC12 和 RAW264.7 细胞 LDH 漏出率影响。PC12 细胞［图 4.6（a）］：与对照组比较，经 0.2mmol/L 铅损伤 4h 后，模型组 PC12 细胞 LDH 漏出率为对照组的 267.84%，差异具有显著性（$P<0.05$）。硒肽能剂量依赖地降低 LDH 漏出率，但高浓度（100～160 μg/mL）时，此趋势趋于平缓，在其浓度达 100 μg/mL 时，可使 LDH 漏出率降低 79.74%，浓度达 160 μg/mL 时，可使 LDH 漏出率降低 89.45%，与模型组比较均具有显著性差异（$P<0.05$）。而普通肽对铅损伤 PC12 细胞 LDH 漏出率无显著性影响（$P>0.05$）。

RAW264.7 细胞［图 4.6（b）］：与对照组比较，经 0.4mmol/L 铅损伤 4h 后的模型组 RAW264.7 细胞 LDH 漏出率为对照组的 239.04%，差异具有显著性（$P<0.05$）。硒肽能剂量依赖地降低 LDH 漏出率，但高浓度（100～160 μg/mL）时，此趋势趋于平缓，在其浓度达 100 μg/mL 时，使 LDH 漏出率降低 75.13%，浓度达 160 μg/mL 时，使 LDH 漏出率降低 86.04%，与模型组比较均具有显著性差异（$P<0.05$）。而普通肽对铅损伤 RAW264.7 细胞 LDH 漏出率无显著性影响（$P>0.05$）。

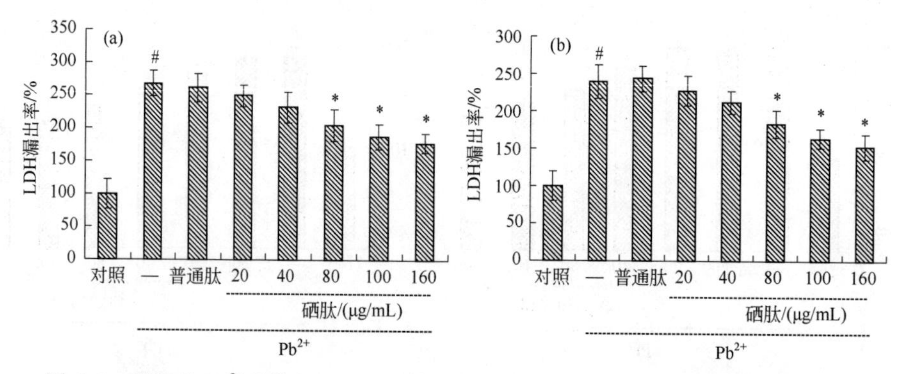

图 4.6　硒肽对 Pb^{2+}损伤 PC12（a）和 RAW264.7（b）细胞 LDH 漏出率的影响

“—”代表模型组；与对照组比较差异显著# $P<0.05$；与模型组比较差异显著 *$P<0.05$

LDH 是存在于细胞内的一种稳定的细胞质酶，不能自由通过胞膜，但在细胞膜受损情况下，它会穿过细胞膜而释放到细胞培养液中。因此测定培养液中 LDH 含量，即 LDH 漏出率是反映细胞膜完整与否的重要指标，可以反映细胞死亡或受损程度。由结果可知，铅能显著增加 PC12 和 RAW264.7 细胞的 LDH 漏出率，而硒肽能剂量依赖地抑制铅对细胞 LDH 漏出率的增加。而普通肽对铅损伤细胞 LDH 释放量水平无显著改变。这表明硒肽对细胞的保护可能在细胞膜方面起到重要作用。

4.2.3.2　硒肽对铅诱导细胞内 MDA 含量的影响

硒肽对铅损伤 PC12 和 RAW264.7 细胞内 MDA 含量的影响结果见图 4.7。PC12 细胞［图 4.7（a）］：与对照组比较，经 0.2mmol/L 铅损伤 4h 后，模型组 PC12 内 MDA 水平为对照组的 212.95%，差异具有显著性（$P<0.05$）。硒肽能剂量依赖地降低 MDA 水平，但高浓度（100～160μg/mL）情况下，此趋势趋于平缓，在其浓度达 100μg/mL 时，可使 MDA 水平降低 73.70%，浓度达 160μg/mL 时，可使 MDA 水平降低 81.50%，与模型组相比均差异显著（$P<0.05$）。而普通肽对铅损伤细胞内 MDA 水平无显著改变（$P>0.05$）。

RAW264.7 细胞［图 4.7（b）］：与对照组比较，经 0.4mmol/L 铅损伤 4h 后的模型组 RAW264.7 细胞内 MDA 水平为对照组的 189.11%，差异具有显著性（$P<0.05$），硒肽能浓度依赖地降低细胞内 MDA 水平，在其浓度达 100μg/mL 时，使 MDA 水平降低 59.36%，浓度达 160μg/mL 时，使 MDA 水平降低 68.16%，与模型组相比均差异显著（$P<0.05$）。而普通肽对铅损伤细胞内 MDA 水平无显著性影响（$P>0.05$）。

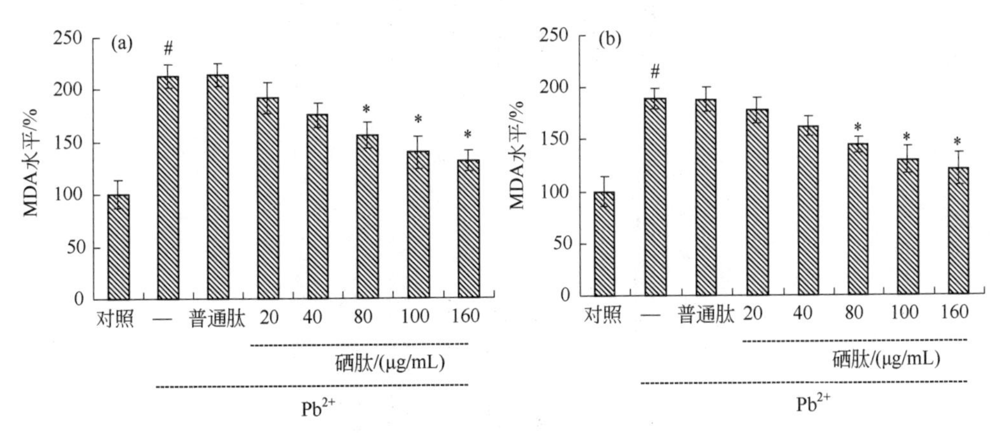

图 4.7　硒肽对 Pb^{2+}损伤 PC12 (a)和 RAW264.7 (b) 细胞内 MDA 水平的影响

“—”代表模型组；与对照组比较差异显著# $P<0.05$；与模型组比较差异显著 *$P<0.05$

ROS 可使细胞膜上的脂类发生过氧化反应，MDA 即为此类反应的终端生成物，检测 MDA 的含量能代表脂质过氧化和氧化应激水平，从而间接代表细胞膜受损程度。

上述结果表明，铅能显著诱导 PC12 和 RAW264.7 细胞内 MDA 水平的提高，而硒肽能浓度依赖地降低 MDA 水平。一些研究和理论可以证明试验结果的合理性，例如 Jurczuk 等[8]认为铅能改变细胞的氧化还原状态，促进自由基的产生，氧化损伤是调节铅毒性的主要机制。因此，硒肽有利于维持细胞氧化还原平衡，保护细胞膜免受损伤。

4.2.4　硒肽对铅损伤细胞抗氧化防御能力的影响

4.2.4.1　硒肽对铅损伤细胞内 GSH 含量的影响

图 4.8 显示了比色法测定的硒肽对铅诱导损伤 4h 后 PC12 和 RAW264.7 细胞内 GSH 含量的影响。PC12 细胞［图 4.8（a)］：与对照组比较，经 0.2mmol/L 铅损伤 4h 后，模型组 PC12 细胞内 GSH 含量为对照组的 54.89%，差异具有显著性（P<0.05）。硒肽能剂量依赖地增加细胞内 GSH 含量，但高浓度（100～160 μg/mL）时，此趋势趋于平缓，在其浓度达 100 μg/mL 时，可使 GSH 含量增加 27.14%，浓度达 160 μg/mL 时，可使 GSH 含量增加 27.38%，与模型组比较均具有显著性差异（P<0.05）。而普通肽对铅损伤细胞内 GSH 水平无显著改变（P>0.05）。

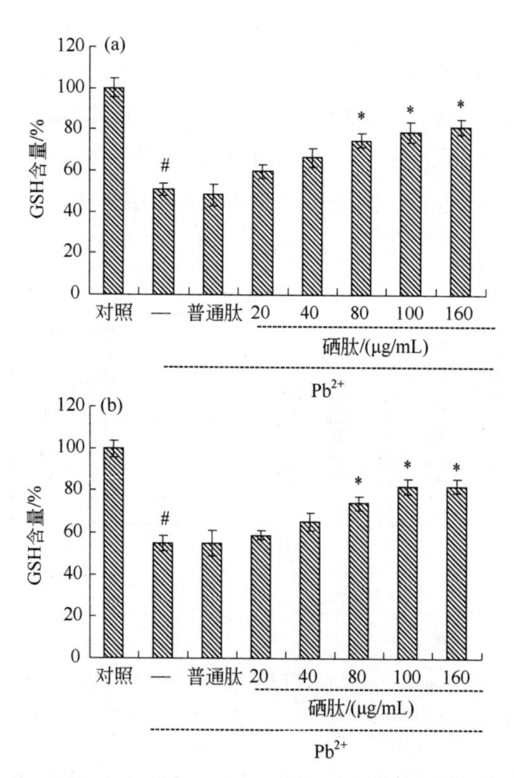

图 4.8　硒肽对 Pb^{2+}损伤 PC12 (a) 和 RAW264.7 (b) 细胞内 GSH 含量的影响

“—”代表模型组；与对照组比较差异显著# P<0.05；与模型组比较差异显著 *P<0.05

RAW264.7 细胞［图 4.8（b）］：与对照组比较，经 0.4mmol/L 铅损伤 4h 后的模型组 RAW264.7 细胞内 GSH 含量为对照组的 52.78%，差异具有显著性（$P<0.05$）。硒肽能剂量依赖地增加细胞内 GSH 含量，在其浓度达 100 μg/mL 时，使 GSH 含量增加 26.42%，浓度达 160 μg/mL 时，使 GSH 含量增加 28.64%，与模型组比较均具有显著性差异（$P<0.05$）。而普通肽对铅损伤细胞内 GSH 含量无显著改变（$P>0.05$）。

一般情况下，细胞会利用内生的抗氧化防御系统来减轻氧化应激损伤，其中包括酶和非酶两种抗氧化机制。GSH 是非酶抗氧化机制中的一种重要的防护物质，可以通过消除细胞内的 ROS 而起到保护细胞免受氧化损伤的作用，因此其含量是衡量生物体抗氧化能力高低的关键指标。结果表明，铅能显著降低 PC12 和 RAW264.7 细胞内 GSH 水平，而硒肽能剂量依赖地提高铅损伤细胞的 GSH 水平。Penugonda 等[9]也发现铅可通过降低细胞内 GSH 水平来诱导细胞毒性。因此，硒肽可能参与了细胞的非酶抗氧化机制，提高了细胞的抗氧化防御能力。

4.2.4.2 硒肽对铅诱导细胞内 SOD 活力的影响

图 4.9 显示硒肽对铅诱导损伤 4h 后 PC12 和 RAW264.7 细胞内 SOD 活力水平的影响。PC12 细胞［图 4.9（a）］：与对照组比较，经 0.2mmol/L 铅损伤 4h 后，模型组的 SOD 活力水平为对照组的 40.76%，差异具有显著性（$P<0.05$）。硒肽能剂量依赖地增加细胞内 SOD 活力，但高浓度（100～160 μg/mL）时，此趋势趋于平缓，在其浓度达 100 μg/mL 时，可使 SOD 活力提升 35.72%，浓度达 160 μg/mL 时，可使 SOD 活力提升 36.49%，与模型组比较均具有显著性差异（$P<0.05$）。而普通肽对铅损伤细胞内 SOD 活力水平无显著改变（$P>0.05$）。

RAW264.7 细胞［图 4.9（b）］：与对照组比较，经 0.4mmol/L 铅损伤 4h 后，模型组的 SOD 活力水平为对照组的 41.58%，差异具有显著性（$P<0.05$）。硒肽能剂量依赖地增加细胞内 SOD 活力，但高浓度（100～160 μg/mL）时，此趋势趋于平缓，在其浓度达 100 μg/mL 时，使 SOD 活力提升 34.80%，浓度达 160 μg/mL 时，使 SOD 活力提升 35.38%，与模型组比较均具有显著性差异（$P<0.05$）。而普通肽对铅损伤细胞内 SOD 活力水平无显著改变（$P>0.05$）。

SOD 为细胞抗氧化防御系统中一种重要抗氧化酶，被称为天然的氧自由基清除剂，可以清除 ROS，对生物机体的氧化和抗氧化平衡有非常关键的作用，机体中自由基含量，脂质过氧化程度以及细胞的抗氧化能力都可用它的活性高低表示。本试验结果表明，铅能显著减弱 PC12 和 RAW264.7 细胞内 SOD 的活力水平，而硒肽能剂量依赖地提高铅损伤的细胞内 SOD 的活力水平。Milgram 等[4]也曾报道铅的作用可加重对细胞内 SOD 活力的抑制。因此，硒肽可能通过增强抗氧化酶活力来提高细胞抗氧化防御能力。

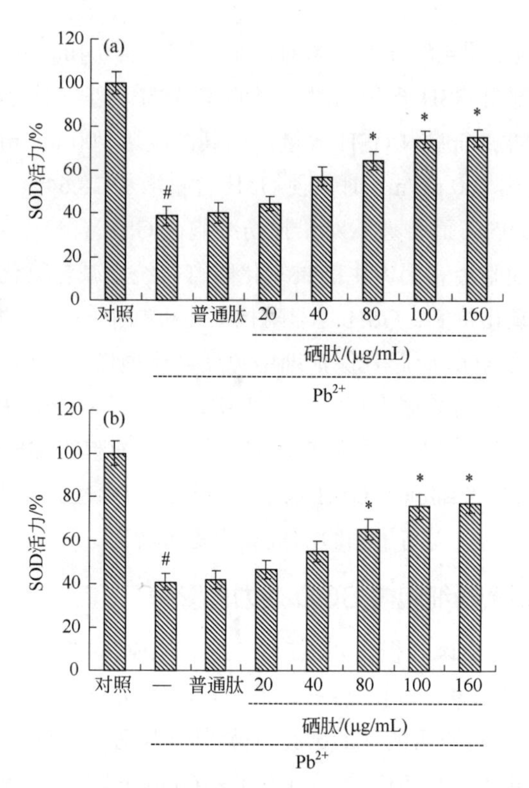

图 4.9　硒肽对 Pb^{2+}诱导 PC12 (a) 和 RAW264.7 (b) 细胞内 SOD 活力的影响

“—”代表模型组；与对照组比较差异显著# $P<0.05$；与模型组比较差异显著 *$P<0.05$

4.3　大米硒肽缓解铅损伤机制

细胞凋亡（Apoptosis），又称程序性细胞死亡(Programmed Cell Death)，是细胞为维护内环境的稳定或某些特定需要而自主死亡的过程，它是一种由基因调控、高度有序、一系列酶参与的过程，并伴随着特定的形态学和生物化学的改变。细胞凋亡的途径主要可分为三种：线粒体途径、死亡受体途径以及内质网途径。线粒体途径是以线粒体为核心成分所诱导的细胞凋亡途径，是细胞凋亡发生的重要途径之一。线粒体为细胞的生命活动提供场所，有细胞“动力工厂”之称，在多数凋亡发生过程中都伴有线粒体膜电位（MMP）的异常，它是细胞发生凋亡初期时的不可逆的改变，也是反映线粒体功能的重要指标。通过观察和检测荧光染色细胞的荧光强度的高低可表示线粒体的受损状况。在细胞凋亡调控上起着重要决定性作用的还有 Caspase 蛋白酶家族，它们能够特异性地导致某些蛋白质发生活化或失活，从而发挥其生物活性。当凋亡程序启动后，上游的细胞凋亡起始者（Caspase-8、Caspase-9、Caspase-10）就会依次激活下游的凋亡执行者（Caspase-3、Caspase-6、Caspase-7），即形成 Caspase 级联反应，最后引发细胞凋亡。细胞色素 C 主要存在于线粒体中，当细胞受到损伤时便会从中释放，导致 MMP 降低，然后与胞浆中的凋亡因子结合，进一步活化 Caspase 家族的级联反应进而促使细胞凋亡。BCL-2 家族在线粒体通路上起到核心作用，可分为两类：其一是抗凋亡蛋白，例如 Bcl-2、Bcl-XL，能抑制细胞色素 C 的释放；其二是促凋亡蛋白，例如 Bax、Bad。两类蛋白质的比率决定了细胞是否发生凋亡或死亡。

为研究硒肽对铅诱导细胞凋亡的保护作用及其机理，采用 Hoechst 33258 染色法和罗丹明 123 染色法检测细胞凋亡及线粒体状态，然后通过分析 Caspase-3/-8/-9 的活力判断凋亡相关通路，再通过 Western 印迹测定凋亡相关蛋白质表达，从而得出硒肽保护细胞凋亡的基本机理。

4.3.1　硒肽对铅损伤细胞凋亡形态的影响

将经 Hoechst 33258 染色后的细胞置于显微镜下观察其核形态，结果见图 4.10。对照组细胞核为圆形，呈现均匀的蓝色，无深染状亮点，染色质分布较均匀，无显著的凋亡形态变化［图 4.10（a）-A、（b）-A］；模型组细胞核呈致密浓染的固缩形态，并伴有细胞凋亡小体的出现，表现出细胞凋亡的典型病理变化［图 4.10（a）-B、（b）-B］；硒肽处理的铅损伤细胞的细胞核固缩形态和凋亡小体数减少较为明显，大部分细胞染色质呈现出均匀的蓝色［图 4.10（a）-C，（b）-C］。这表明硒肽可有效缓解铅诱导 PC12 和 RAW264.7 细胞凋亡的发生，以及凋亡形态改变，而普通肽对于凋亡的改善作用不明显［图 4.10（a）-D、（b）-D］。Engstrom 等[10]通过荧光显微镜观察细胞核形态发现，铅能显著促进神经干细胞的凋亡。Zhu 等[11]研究发现小麦胚芽分离蛋白质的水解物能显著减少 H_2O_2 诱导的核浓染和核碎裂等凋亡现象。

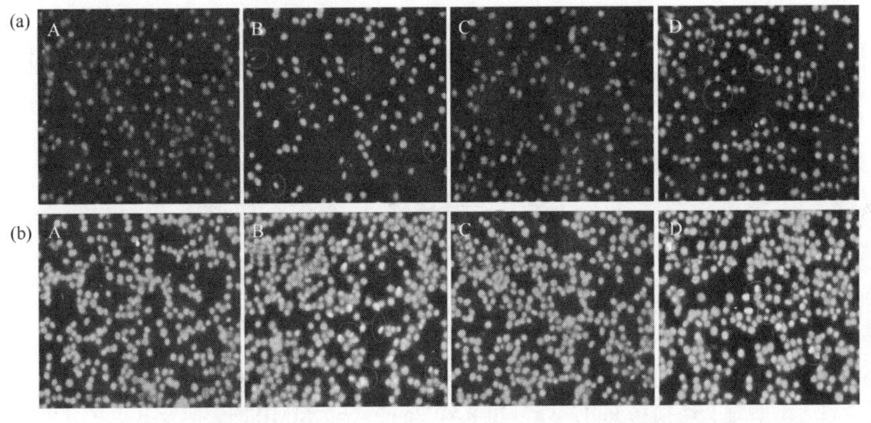

图 4.10　硒肽对 Pb^{2+}损伤 PC12（a）和 RAW264.7（b）细胞凋亡形态的影响

A：对照组；B：模型组；C：硒肽（100μg/mL）+Pb^{2+}；D：普通肽（100μg/mL）+Pb^{2+}

4.3.2　硒肽对铅损伤细胞 MMP 的影响

细胞经不同样品处理后，用罗丹明 123 染色，通过荧光显微镜直接观察并用酶标仪定量检测细胞荧光强度，结果见图 4.11。由图 4.11（a）、（b）可看出，模型组细胞荧光强度显著低于对照组，硒肽处理后可有效缓解铅对细胞荧光强度的降低，而普通肽对铅损伤作用无显著缓解效果。对荧光强度做显著性分析，结果见图 4.11（c）。PC12 细胞［图 4.11（c）］：与对照组比较，经 0.2mmol/L 铅损伤 4h 后，模型组 MMP 水平为对照组的 51.81%，差异具有显著性（$P<0.05$）。硒肽处理能显著提高细胞的 MMP 水平至对照组的 86.33%，与模型组比较具有显著性差异（$P<0.05$）。而普通肽对铅损伤细胞内 MMP 水平无显著改变作用（$P>0.05$）。RAW264.7 细胞［图 4.11（c）］：与对照组比较，经 0.4mmol/L 铅损伤 4h 后，模型组 MMP 水平为对照组的 56.85%，差异具有显著性（$P<0.05$）。硒肽处理能显著提高细胞的 MMP

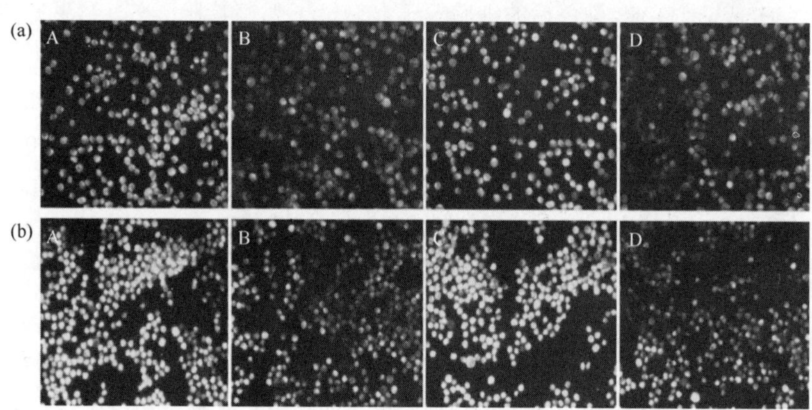

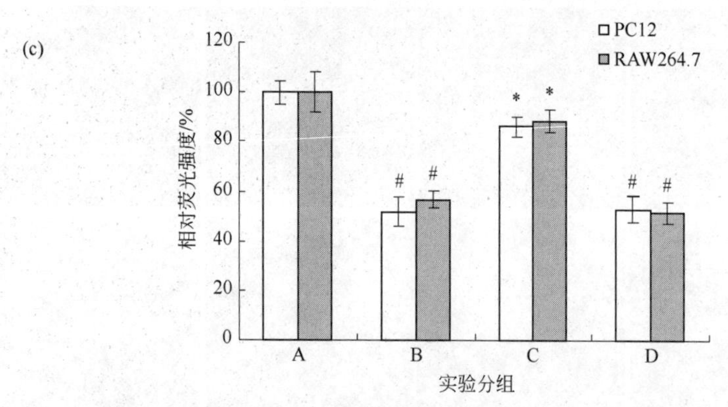

图 4.11　硒肽对 Pb^{2+} 损伤 PC12（a）和 RAW264.7（b）MMP 的影响及其定量分析（c）

A：对照组；B：模型组；C：硒肽（100μg/mL）+Pb^{2+}；D：普通肽（100μg/mL）+Pb^{2+}；与对照组比较差异显著# $P<0.05$；与模型组比较差异显著 *$P<0.05$

水平至对照组的 88.59%，与模型组比较具有显著性差异（$P<0.05$）。而普通肽对铅损伤细胞内 MMP 水平无显著改变作用（$P>0.05$）。

细胞在行使正常的生理功能和调节细胞死亡过程中，线粒体有非常关键的作用，它是此过程中一个非常重要的调控器。在多数凋亡发生过程中都伴有线粒体膜电位（MMP）的异常，它是细胞凋亡发生时的一个不可逆改变，也是反映线粒体功能的有效指标。本试验结果表明，铅可显著降低 PC12 和 RAW264.7 细胞 MMP 水平，而硒肽处理能显著提高 MMP 水平，这说明硒肽对铅降低细胞 MMP 水平具有抑制作用。由此可见，MMP 降低，线粒体通透性增加是铅诱导的细胞凋亡的首要环节，这也间接提示硒肽缓解铅细胞毒性的机制之一是通过 MMP 实现的。

4.3.3　硒肽对铅损伤细胞 Caspases 活性的影响

检测硒肽对铅诱导细胞 Caspase-3/Caspase-8/Caspase-9 活性的影响，结果如图 4.12 所示。与对照组相比，模型组 PC12 和 RAW264.7 两种细胞的 Caspase-3/

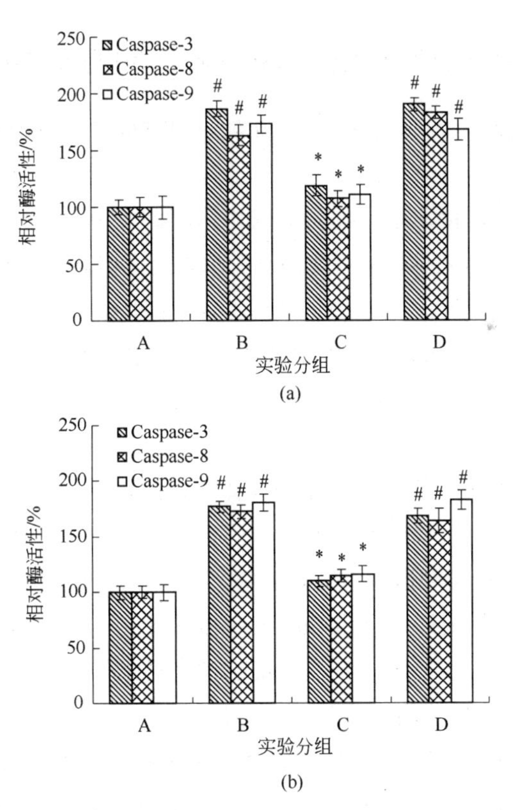

图 4.12　硒肽对 Pb^{2+}损伤 PC12 (a) 和 RAW264.7 (b) 细胞 Caspases 活性的影响

A：对照组；B：模型组；C：硒肽（100μg/mL）+Pb^{2+}；D：普通肽（100μg/mL）+Pb^{2+}；
与对照组比较差异显著# $P<0.05$；与模型组比较差异显著 *$P<0.05$

Caspase-8/Caspase-9 活性均显著增加（$P<0.05$），而硒肽可显著降低 Caspases 的活性（$P<0.05$），但普通肽此作用不显著（$P>0.05$）。由此可见，Caspase-3/Caspase-8/Caspase-9 都参与了硒肽对铅诱导细胞凋亡的保护过程，硒肽可能是通过降低 Caspase-3/Caspase-8/Caspase-9 的活性来保护细胞免受凋亡。

Caspase 蛋白酶家族在细胞凋亡调控上起着重要决定性作用，它们是存在于细胞质中的蛋白质水解酶。在许多细胞凋亡通路中，都存在 Caspase 的级联反应。在细胞凋亡的调控机制中不论哪种凋亡途径，Caspase-3 都会被上游其他 Caspase 家族成员激活，转化为具有活性的蛋白酶形式，从而加速细胞的凋亡。本试验结果说明，Caspase 依赖线粒体通路在硒肽对铅损伤细胞的保护作用中发挥了作用。其他类型的凋亡中也有类似的结果，例如，Sharifi 等[12]研究发现在经高糖处理的 PC12 细胞中 Caspase-3/Caspase-8/Caspase-9 的活性浓度依赖地提高，这可能是因为三种酶均参与了高糖诱导的细胞凋亡；Xu 等[13]发现铅诱导的细胞凋亡是在 Caspase-3 被活化之后发生的。

4.3.4　硒肽对铅损伤细胞 Bax、Bcl-2、Cyt C 蛋白质表达的影响

Western 印迹检测硒肽对铅损伤 PC12 和 RAW264.7 细胞 Bax、Bcl-2 和 Cyt C 蛋白质表达的影响，结果见图 4.13。由条带图可看出，与对照组相比，铅增强了促凋亡因子 Bax 和 Cyt C 的表达，减弱了凋亡抑制因子 Bcl-2 的表达，硒肽共同处理可提高 Bax 和 Cyt C 的表达，而降低 Bcl-2 的表达，但普通肽此作用不明显。通过分析各条带的灰度值可知，对照组的 Bax、Bcl-2 和 Cyt C 蛋白的表达与模型组比较具有显著性差异（$P<0.05$）；模型组各蛋白质表达与硒肽处理组比较也具有显著性差异（$P<0.05$）；而模型组各蛋白质表达与普通肽处理组比较不具有显著性差异（$P>0.05$）。

Bcl-2 家族位于线粒体外膜上，在线粒体凋亡通路上起到核心作用，是参与细胞凋亡的重要调节分子。细胞色素 C（Cyt C）从线粒体中的释放是受 Bcl-2 家族调控的，而细胞质中的 Cyt C 则通过 Caspase 的活化作用而启动细胞凋亡过程。此外，有研究发现在铅诱导的威斯塔鼠中 Bax 表达显著提高，Bcl-2/Bax 比例显著降低，而加硒处理后，能显著改变这一现象[14]。Shan 等[15]研究患有克山病的大鼠发现适当补硒对减少 Cyt C 从线粒体中的释放起到一定作用，而且能下调 Bax 的表达，上调 Bcl-2 和 Bcl-XL 的表达。由此可见，硒肽对铅诱导细胞损伤的保护机制可能与调节 Bcl-2 家族蛋白质的表达有关。硒肽可以通过改善 Bcl-2 表达，抑制 Bax 表达及 Cyt C 释放来对抗铅诱导的细胞凋亡，所以硒肽可能是通过阻断细胞线粒体凋亡通路来拮抗细胞凋亡。

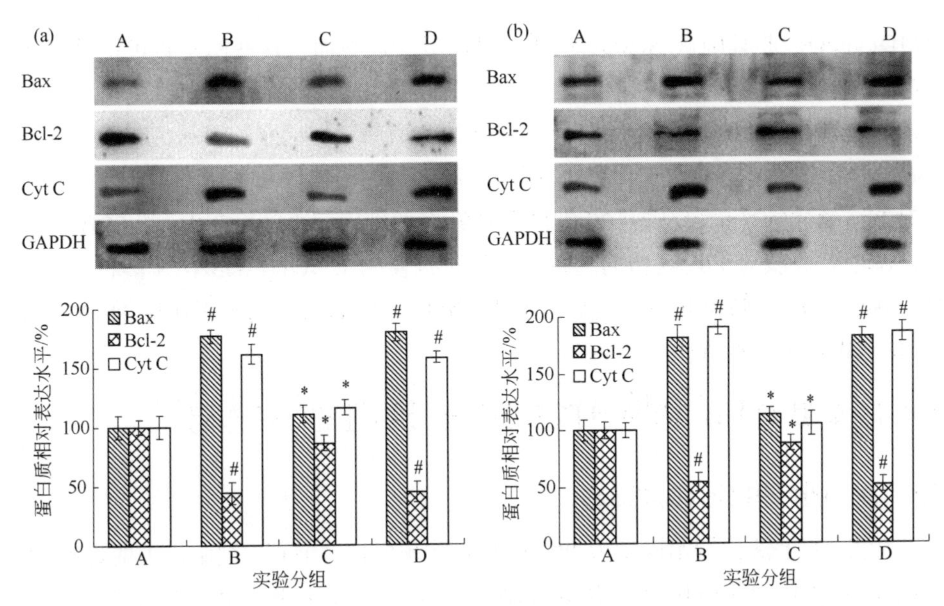

图 4.13 硒肽对 Pb^{2+}损伤 PC12 (a)和 RAW264.7 (b)细胞 Bax、Bcl-2 和 Cyt C 蛋白质表达的影响

A：对照组；B：模型组；C：硒肽（100μg/mL）+Pb^{2+}；D：普通肽（100μg/mL）+Pb^{2+}；与对照组比较差异显著# $P<0.05$；与模型组比较差异显著 *$P<0.05$

4.4 硒肽TSeMMM和SeMDPGQQ对神经细胞氧化毒性的保护作用

当 Pb 跨越血脑屏障时，会在海马体中累积，对记忆和学习能力造成长期损害。氧化应激是铅神经毒性的主要机制，铅可引起大鼠大脑显著的氧化损伤，包括超氧化物歧化酶（SOD）和 GSH-Px 活性的降低。Pb 对机体及各种组织或系统的损伤可以从动物实验中探索，其具体机制可以通过更多的细胞实验来研究。体外研究发现，在 PC12 细胞中，Pb^{2+}的存在增加了一氧化氮（NO）和乳酸脱氢酶（LDH）的水平[7,16]。此外，核因子红细胞 2 相关因子（Nrf2）是氧化应激的重要调节因子，神经干细胞暴露于 Pb 后，Nrf2 基因的表达发生明显改变。

硒作为 GSH-Px 和硒蛋白的重要组成部分，可以平衡氧化还原系统，提高免疫力。神经元中含硒谷胱甘肽过氧化物酶 4 的缺失可直接导致小鼠死亡。植物中的硒化合物是通过生物转化将氨基酸结合形成的，硒一般以 SeMet 的形式被人体吸收。在之前的研究中，SPHs 可以通过 Caspase 依赖的线粒体途径保护 PC12 细胞免受 Pb^{2+}诱导的细胞毒性和凋亡。进一步获得 SPHs 的功能成分，通过葡聚糖凝胶柱分离纯化出较高活性的第二组分 SPHs-2，并鉴定了其中的免疫调节肽的序列 TSeMMM 和

SeMDPGQQ，并且确认 SeMet 发挥重要作用[17]，然而，这些肽是否可以抵御 Pb^{2+} 引起的神经氧化损伤是未知的。

为了获得对 Pb^{2+}神经毒性具有潜在保护作用的活性因子，有研究者合成了硒肽 TSeMMM 和 SeMDPGQQ，通过检测细胞活力、细胞毒性和细胞凋亡水平，研究它们对 Pb^{2+}诱导的小鼠海马 HT22 细胞的神经保护作用。通过与 SPHs 和 SPHs-2 相比较，阐明合成肽对 Pb^{2+}损伤的影响。利用试剂盒测定 SOD、GSH-Px 等抗氧化酶活性。通过 Nrf2 核转位和血红素加氧酶 1（HO-1）的表达，进一步探讨 TSeMMM 和 SeMDPGQQ 的神经保护作用机制。

4.4.1　硒肽对 Pb^{2+}诱导 HT22 细胞氧化毒性的保护作用

4.4.1.1　Pb^{2+}和 Se 浓度筛选

通过 MTT 法检测不同浓度 Pb^{2+}以及硒肽预保护对 HT22 细胞活力的影响，结果如图 4.14 所示。不同 Pb^{2+}浓度培养细胞 24h 后，细胞活力随着 Pb^{2+}浓度升高而降低。当铅浓度在 400μmol/L 时，细胞活力为对照组的 49.61%，接近 50%，且与空白组具有显著性差异（$P<0.05$）因此选用 400μmol/L 为后续实验 Pb^{2+}浓度（图 4.14A）。

HT22 细胞经过硒肽预先处理 24h 后，再用含 400μmol/L Pb^{2+}培养液孵育 24h，与仅有 Pb^{2+}处理的细胞相比，细胞活力明显提升（图 4.14B）。Se 浓度在 0～2μg/mL 时，随着 Se 浓度升高，细胞活力不断提升。当 Se 浓度达到 2μg/mL 时，细胞活力达到最高值，SPHs、SPHs-2、TSeMMM 与 SeMDPGQQ 分别提升细胞活力至 60.10%、86.29%、89.98%、70.17%。Se 浓度达到 4μg/mL 时，SPHs、SPHs-2、TSeMMM 与 SeMDPGQQ 分别提升细胞活力至 68.66%、74.43%、86.88%、70.59%。虽然 Se 浓度为 4μg/mL 的混合肽 SPHs 的预保护效果较 2μg/mL 浓度更好（$P<0.05$），但主要研究目的为探究合成肽 TSeMMM 与 SeMDPGQQ 的保护作用，且 Se 浓度为 4μg/mL 的 TSeMMM 与 SeMDPGQQ 预保护的细胞活力与 Se 浓度为 2μg/mL 时的细胞活力并无显著性差异（$P>0.05$），因此 2μg/mL 被选为 Se 浓度用于后续实验。

4.4.1.2　硒肽对 Pb^{2+}损伤神经细胞一氧化氮含量的影响

近几年研究表明，NO 是一种神经递质，是迄今为止在体内发现的第一个气体性细胞内及细胞间信使分子。当细胞受到损伤时，NO 作为主要的效应分子之一，同时，大量的 NO 聚集会产生细胞毒性作用，损伤正常的细胞组织。图 4.15 显示了硒肽预保护对 Pb^{2+}诱导 HT22 细胞内 NO 水平的影响。与空白对照组相比，经过 400μmol/L Pb^{2+}孵育 24h 后，HT22 细胞内 NO 水平显著上升，增长为对照组的 258.55%，且具有显著性差异（$P<0.05$）。SPHs、SPHs-2、TSeMMM 与 SeMDPGQQ 预处理的 HT22 细胞内 NO 含量则降低为对照组的 242.16%、154.76%、161.67%、220.50%。

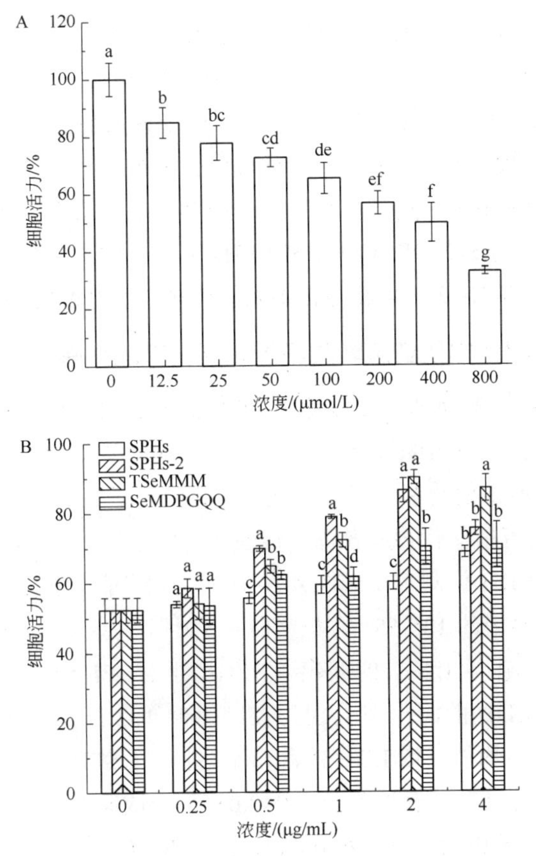

图 4.14　不同浓度 Pb^{2+}及硒肽对 HT22 细胞活力影响

不同字母代表有显著性差异，$P<0.05$，B 图中同一样品中不同字母代表有显著性差异

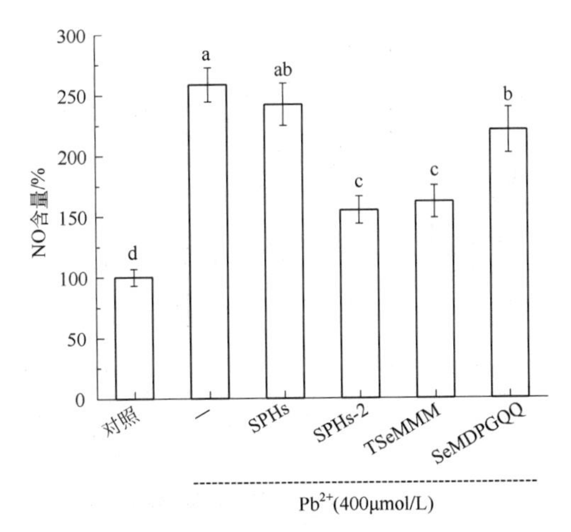

图 4.15　硒肽对 Pb^{2+}诱导 HT22 细胞中 NO 含量的影响

“—”代表模型组，不同字母代表有显著性差异，$P<0.05$

结果表明，Pb^{2+}能显著地诱导 HT22 细胞释放 NO，四种硒肽预处理均能降低 HT22 细胞中的 NO 含量。混合肽一定程度上能降低 NO 水平，但并没有显著性差异（$P>0.05$）。纯化肽 SPHs-2 呈现出对细胞释放 NO 最好的保护效果，合成肽 TSeMMM 与 SeMDPGQQ 均能降低 NO 水平，并且与模型组对比差异显著，但 TSeMMM 组 NO 水平明显低于 SeMDPGQQ（$P<0.05$），与 SPHs-2 组相比差异并不显著，数据表明，尽管 TSeMMM 与 SeMDPGQQ 是从 SPHs 中鉴定出来的肽，但预保护效果并不优于 SPHs-2，说明 SPHs-2 中可能存在多条肽或多种氨基酸的协同作用。

4.4.1.3 硒肽对 Pb^{2+}损伤细胞乳酸脱氢酶漏出率的影响

LDH 是参与糖酵解和糖异生过程中催化乳酸和丙酮酸之间氧化还原反应的重要酶类，存在于机体所有组织细胞的胞质内。细胞凋亡或坏死而造成的细胞膜结构的破坏会导致细胞浆内的酶释放到培养液里，其中包括酶活性较为稳定的 LDH。因此，LDH 漏出率也可用作药物或者毒物毒性评价的指标。

HT22 细胞内 LDH 检测水平如图 4.16 所示，Pb^{2+}能显著促进细胞 LDH 水平的提高，达到空白对照组的 135.65%，与空白对照相比具有显著性差异（$P<0.05$）。硒肽预处理可减少细胞内 LDH 的漏出，SPHs 组、SPHs-2 组、TSeMMM 组与 SeMDPGQQ 组的 LDH 的漏出率分别为控制组的 132.56%、116.47%、118.04%、127.09%。四种硒肽组均能降低 LDH 的漏出率，纯化肽 SPHs-2 与混合肽 SPHs 相比，降低趋势更明显，且具有显著性差异（$P<0.05$）。合成肽 TSeMMM 与 SeMDPGQQ 相比，TSeMMM 效果更为显著（$P<0.05$），但与 SPHs 对比并无显著性差异。就展现细胞毒性的 LDH 指标而言，SPHs-2 与 TSeMMM 具有更好的保护 HT22 细胞对抗

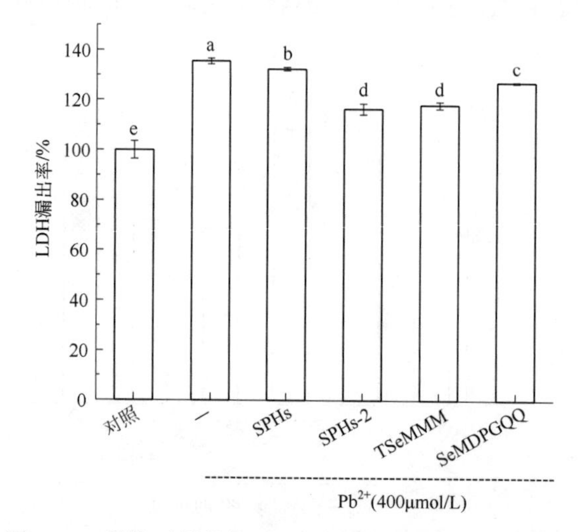

图 4.16 硒肽对铅损伤 HT22 细胞后 LDH 含量的影响

“—”代表模型组，不同字母代表有显著性差异，$P<0.05$

Pb^{2+}毒性的能力。Hu 等[18]在研究金针菇不同的组分时发现，6 种组分均能不同程度地逆转 H_2O_2 处理导致的 PC12 神经细胞 LDH 水平的升高，与本实验结果类似。

4.4.1.4　硒肽对 Pb^{2+}损伤细胞细胞凋亡水平的影响

MTT 法检测过细胞存活率，但在部分的存活细胞中，仍然存在凋亡状态的细胞中，为进一步明确硒肽的保护效果，我们对存活的细胞进行了凋亡状态的检测，结果如图 4.17。将早期凋亡、晚期凋亡状态的细胞占比叠加，即可得到细胞凋亡率。

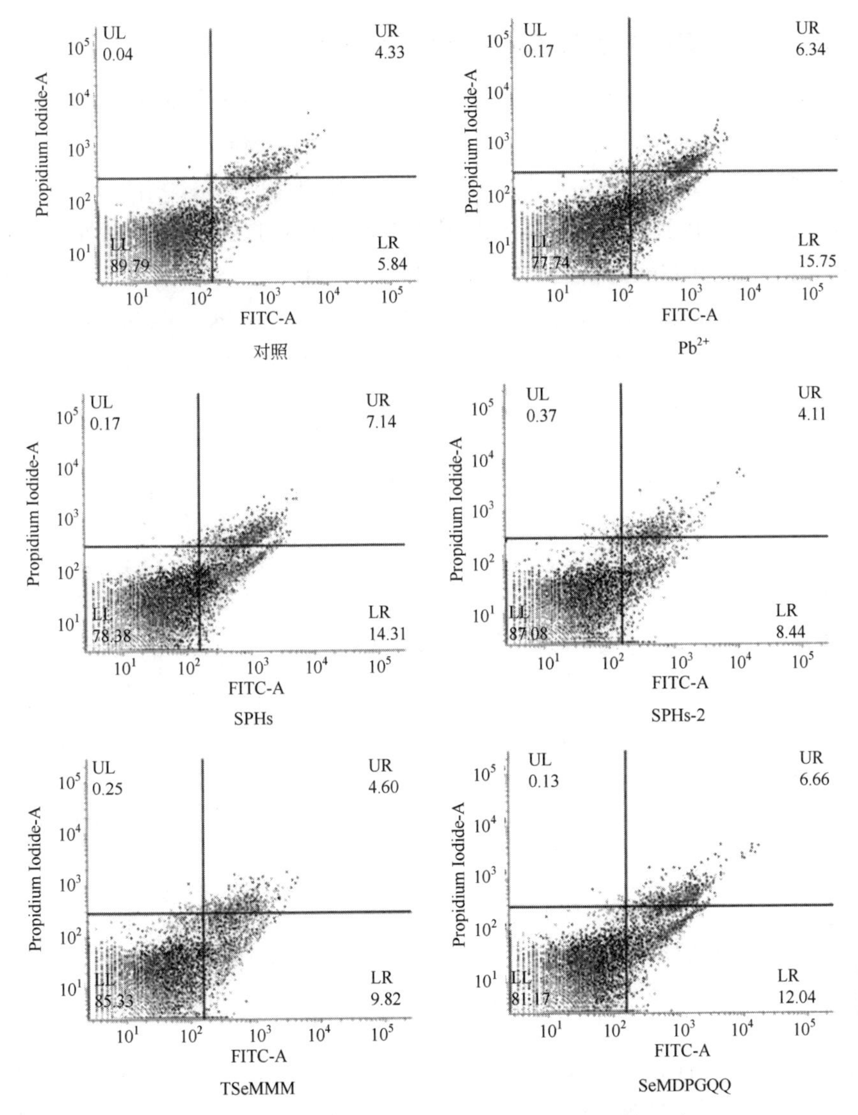

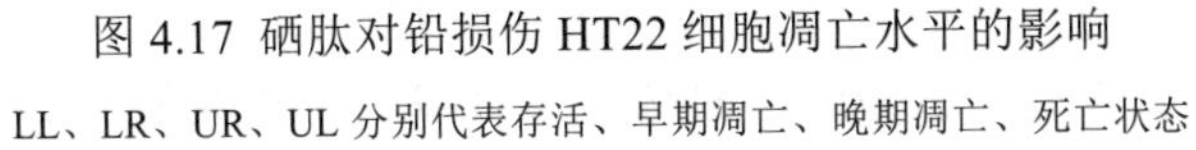

图 4.17　硒肽对铅损伤 HT22 细胞凋亡水平的影响

LL、LR、UR、UL 分别代表存活、早期凋亡、晚期凋亡、死亡状态

结果表明，Pb^{2+}能显著地诱导HT22细胞凋亡，凋亡率达到22.09%； SPHs组细胞凋亡率达到21.45%，并无改善效果；SPHs-2组与TSeMMM组细胞凋亡率分别为12.55%与14.42%，达到减缓细胞凋亡的效果；SeMDPGQQ组细胞凋亡率为18.7%，高于SPHs-2组与TSeMMM组。已有研究表明Pb^{2+}促进细胞凋亡的原因为其促进了促凋亡因子Bax和Cyt C的表达，同时减弱了凋亡抑制因子Bcl-2的表达，硒肽可抑制铅诱导的细胞凋亡，其机制可能与线粒体通路有关，其中Caspase依赖途径和Bcl-2家族蛋白均参与了此过程。

4.4.1.5 硒肽对Pb^{2+}损伤细胞抗氧化酶活性的影响

Pb^{2+}对神经系统具有明显的氧化毒性，作为抗氧化系统中重要组成部分，SOD和GSH-Px酶活性通常被用作抗氧化活性的常用指标。因此，HT22细胞中SOD和GSH-Px酶活性被检测以确定硒肽对Pb^{2+}氧化毒性的保护作用，结果如图4.18。细胞SOD活性检测显示，与空白对照组相比，Pb^{2+}处理能够降低SOD活性（$P<0.05$），由1.56units降至0.77units（图4.18A）。SPHs、SPHs-2、TSeMMM与SeMDPGQQ预处理能提高SOD酶活性至0.87units、1.03units、1.13units、0.87units，且与Pb^{2+}模型组具有显著性差异（$P<0.05$）。在相同硒浓度下，TSeMMM具有最佳的提高SOD酶活力的能力，且与其他组别具有显著性差异（$P<0.05$）。

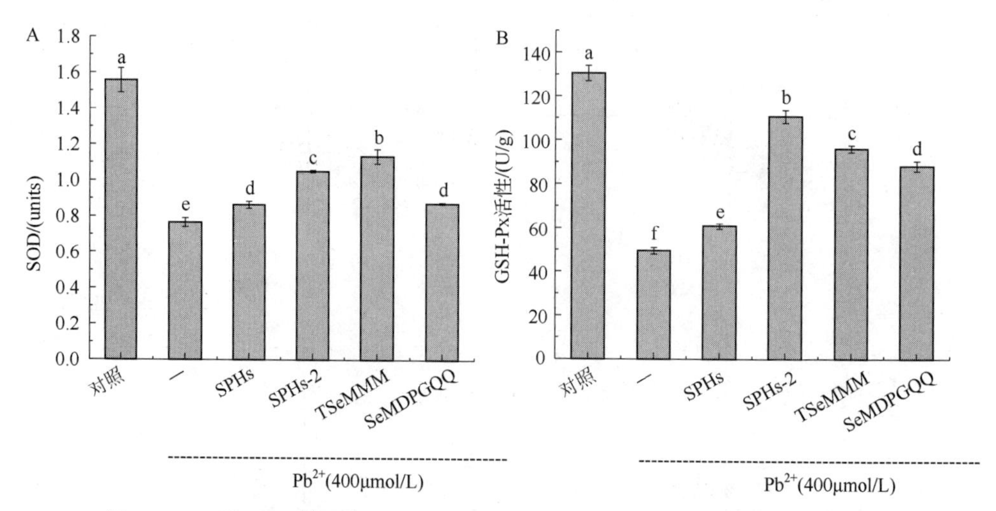

图4.18　硒肽对Pb^{2+}损伤HT22细胞总SOD（A）、GSH-Px（B）水平的影响

"—"代表模型组，不同字母代表有显著性差异，$P<0.05$

HT22细胞GSH-Px酶活性检测结果如图4.18B，空白对照组GSH-Px酶活性为130.57U/g，Pb^{2+}处理显著降低了HT22细胞内GSH-Px活性至49.46U/g，与空白对照相比具有显著性差异（$P<0.05$）。SPHs、SPHs-2、TSeMMM、SeMDPGQQ均能不

同程度地升高细胞内 GSH-Px 活性至 60.78U/g、110.90U/g、96.30U/g、88.40U/g，且各组间具有显著性差异（$P<0.05$）。由图 4.18 可知，硒肽能明显提高抗氧化酶 SOG 及 GSH-Px 酶活力，SPHs-2 及 TSeMMM 对提升 SOD 及 GSH-Px 酶活力效果最为显著，表明二者可通过提高抗氧化酶活力来预防 Pb^{2+}诱导的氧化损伤。任晓慧[19]在检测醋酸铅对大鼠皮质神经细胞损伤时发现，150μmol/L 醋酸铅处理细胞 48h 可显著降低细胞中 SOD 及 GSH 水平至对照组的 57.73%、40.34%。与此同时，魏云鹏[20]发现激动素对谷氨酸诱导的 HT22 细胞中 SOD 及 GSH-Px 水平有显著的提升作用，与本研究结果一致。

4.4.1.6　硒肽对 Pb^{2+}损伤细胞 Nrf2 蛋白表达水平的影响

细胞具有抵御环境有害因素刺激的自我防御系统，从而减少其对细胞形态和功能的有害影响，促进细胞的存活。Nrf2 是其自我防御系统中重要的一员。Nrf2 属于亮氨酸拉链家族，是一个对氧化还原敏感的转录因子。它主要参与细胞内抗氧化反应过程，是机体重要的抗氧化因子。

Nrf2 蛋白免疫荧光图如图 4.19A，DAPI 蓝色荧光染色部位为细胞核，FITC 绿色荧光染色部位为 Nrf2 蛋白，空白对照组 HT22 细胞内 Nrf2 蛋白几乎都集中在细胞质中，Pb^{2+}模型组细胞中绿色荧光大大减少。SPHs、SPHs-2、TSeMMM、SeMDPGQQ 组可明显看到细胞质部分绿色荧光减少，细胞核部分绿色荧光增多，表明 Nrf2 发生了转位入核的情况，并且 SPHs-2 组细胞核内绿色荧光最为强烈。为进一步量化 Nrf2 转位入核的趋势，通过 Western 印迹对细胞核内及细胞质内 Nrf2 蛋白表达水平进行了检测，结果如图 4.19B 所示，Pb^{2+}模型组细胞质内 Nrf2 蛋白表达水平降低为空白对照组的 77.88%。细胞核内 Nrf2 蛋白表达水平升高为空白对照组的 144.51%。结果表明 Pb^{2+}也导致了 Nrf2 蛋白一定程度上转位入核，有学者在研究 Nrf2/HO-1 信号通路对铅致神经毒性保护作用时发现了类似的结果，这可能是 Pb^{2+}损伤细胞时促进了细胞自身抗氧化系统反应来抵御 Pb^{2+}的氧化毒性。SPHs、SPHs-2、TSeMMM、SeMDPGQQ 组细胞质内 Nrf2 蛋白表达水平分别为空白对照组的 77.83%、64.99%、64.43%、73.12%，细胞核内 Nrf2 蛋白表达水平分别为空白对照组的 160.06%、199.08%、185.38%、166.23%。SPHs-2 展现出了良好的促进 Nrf2 蛋白转位入核能力，以此来激活细胞机体的抗氧化潜力，且与其他样品组具有显著性差异（$P<0.05$）。李脉泉[21]发现 Nrf2 在苯乙醇苷神经保护作用中发挥了重要作用，免疫荧光及 Western 印迹实验结果均能体现出苯乙醇苷促使 Nrf2 蛋白转位入核。

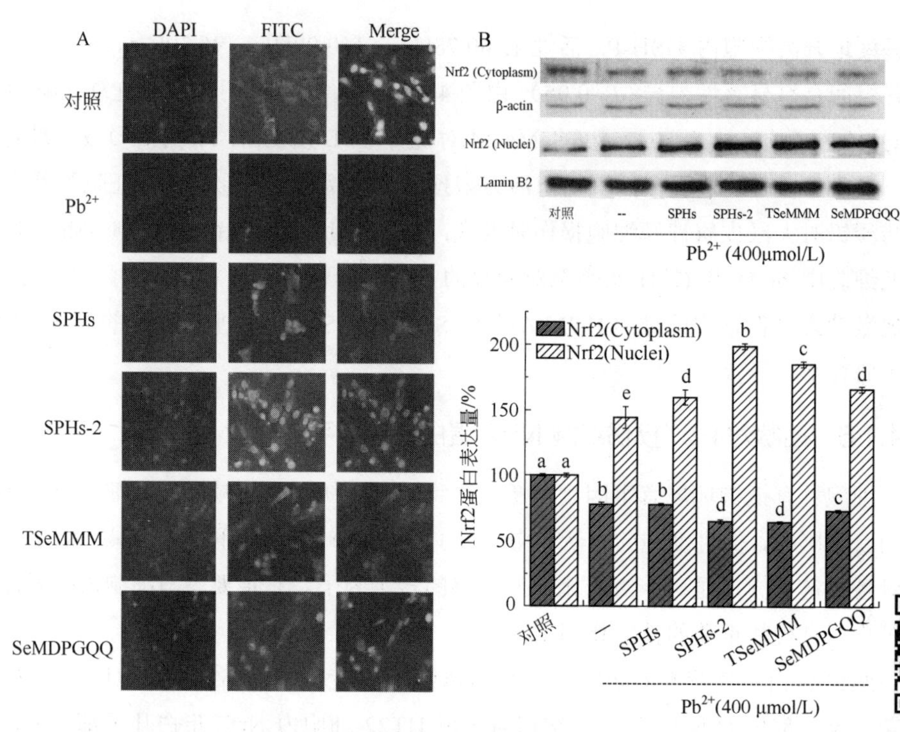

图 4.19　硒肽对铅损伤 HT22 细胞中 Nrf2 蛋白免疫荧光（A）及表达水平（B）的影响

"—"代表模型组，不同字母代表有显著性差异，$P<0.05$

4.4.1.7　硒肽对 Pb^{2+}损伤细胞 HO−1 表达水平的影响

前一部分已经证实 Nrf2 具有抗氧化保护作用，但 Nrf2 只是一个转录因子，其本身并不具有抗氧化功能，其保护作用是通过激活下游具有抗氧化解毒功能基因的表达来实现的。故在第一部分基础上进一步探讨 Nrf2 下游基因 HO-1 在铅致神经毒性中的保护作用。

利用 qRT-PCR 与 Western 印迹对 HO-1 的 RNA 及蛋白质表达水平进行了检测，结果如图 4.20 所示。Pb^{2+}诱导 HO-1 mRNA 表达，增加为空白对照组的 111.79%，且具有显著性（$P<0.05$）。SPHs、SPHs-2、TSeMMM、SeMDPGQQ 预处理组 HO-1 mRNA 表达量分别为空白对照组的 144.52%、218.00%、216.74%、169.76%。HO-1 的蛋白质表达也展现出了相同的趋势（图 4.20B），Pb^{2+}模型组 HO-1 蛋白质表达水平增长为空白对照组的 147.26%，四种硒肽则依次为 181.43%、273.57%、250.89%、208.35%。作为 Nrf2-ARE 信号通路里 Nrf2 的下游信号，HO-1 的表达表现出了与 Nrf2 相同的趋势，SPHs-2 与 TSeMMM 组 NO-1 表达量最大，以回应上游 Nrf2 的升高。结果提示 Nrf2/HO-1 信号通路在硒肽保护 HT22 细胞免受 Pb^{2+}致氧化损伤中起到了重要的作用。

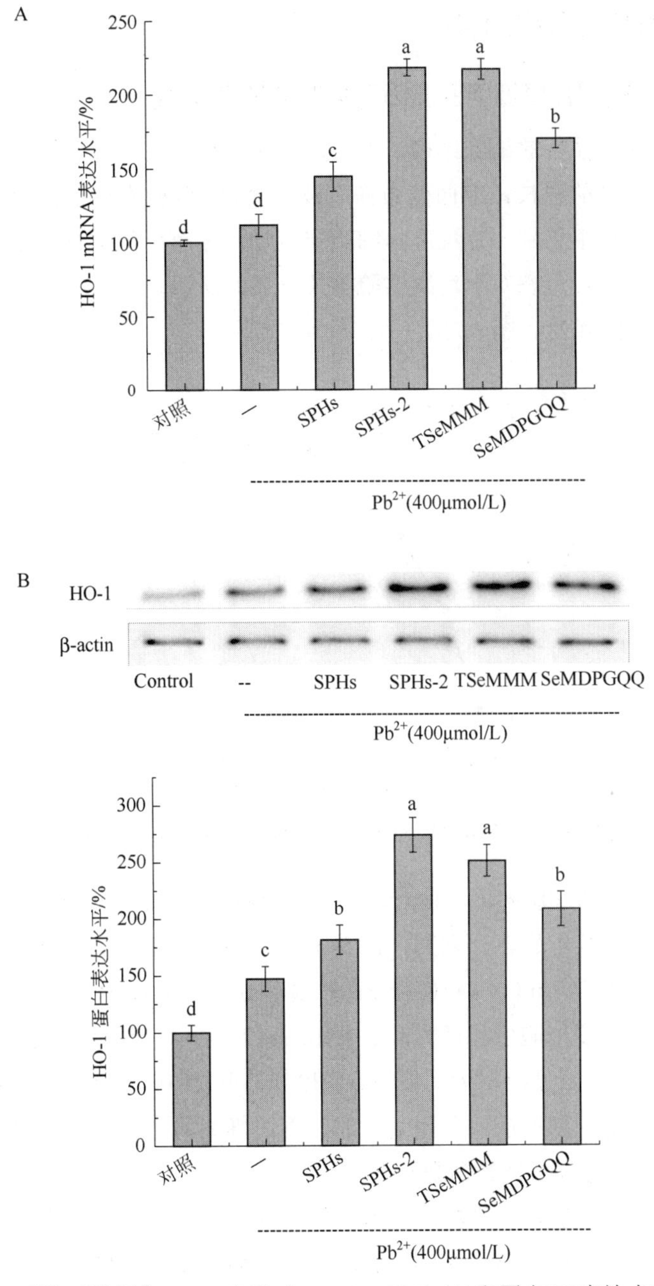

图 4.20　硒肽对铅损伤 HT22 细胞中 HO-1 mRNA (A)和蛋白(B)表达水平的影响

"—" 代表模型组，不同字母代表有显著性差异，$P<0.05$

4.4.2　TSeMMM 和 SeMDPGQQ 对 Pb^{2+}损伤大鼠胚胎原代皮层神经细胞转录组的影响

4.4.2.1　原代皮层神经细胞密度筛选及细胞形态变化

神经细胞具有独特的细胞结构，主要部分包括树突、胞体、轴突、细胞膜。树突形状似分叉众多的树枝，上面散布许多枝状突起，因此有可能接受来自许多其他细胞的输入。细胞生长到一定程度，细胞间接触，才有可能进行细胞间信息传递，因此，细胞的密度及形态对于后续实验至关重要。所以进行了细胞密度筛选以及形态观察，结果见图 4.21、图 4.22。

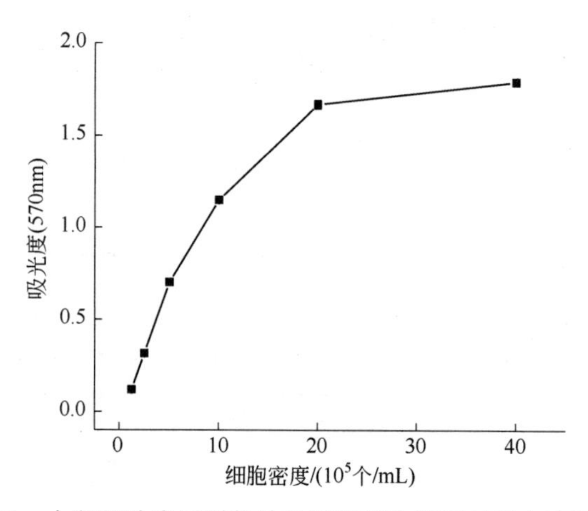

图 4.21　大鼠胚胎皮层原代神经细胞细胞密度对吸光度的影响

为筛选出合适的细胞密度，细胞计数后，将含有细胞的培养液稀释到不同的倍数，设置不同密度的实验组别，分别为：1.25×10^5 个/mL、2.5×10^5 个/mL、5×10^5 个/mL、1×10^6 个/mL、2×10^6 个/mL、4×10^6 个/mL，培养 6 天后通过 MTT 法计算细胞活力，以此来推算不同密度细胞生长活力，结果如图 4.22 所示，不同密度的细胞培养 6 天后 MTT 吸光度随着密度的增大而增加。密度在达到 2×10^6 个/mL 后，细胞吸光度趋于平缓。为保证每个细胞能够获得足够的营养，细胞活力达到最旺盛状态，因此选择 2×10^6 个/mL 作为后续试验细胞密度。

大鼠胚胎原代皮层神经细胞生长形态如图 4.22 所示，细胞经消化分离后调整密度为 2×10^6 个/mL，接种至 6 孔板中，24h 后至显微镜观察，视野中可见细胞呈纺锤形，贴壁正常，部分细胞可见明显突触。接种后第 2 天的细胞突触伸长，与其他细胞交联，并且几乎所有细胞长出突触。持续至第 6 天的细胞遍布视野，突触增多，具有明显的神经细胞结构。

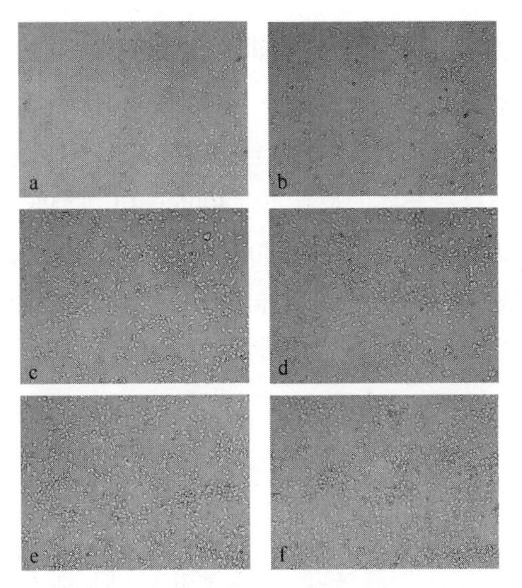

图 4.22　大鼠胚胎皮层原代神经细胞生长图（×20）

a：第一天；b：第二天；c：第三天；d：第四天；e：第五天；f：第六天

4.4.2.2　原代皮层神经细胞的鉴定

微管结合蛋白 2（MAP-2）是神经元细胞特有的蛋白质，MAP-2 与神经元细胞的增殖、凋亡等相关，作为神经元细胞的标志性蛋白质，MAP-2 可以被用来判断细胞是否属于神经元细胞。因此，通过免疫荧光手段来鉴定分离培养的细胞是否为神经元细胞，结果如图 4.23 所示。

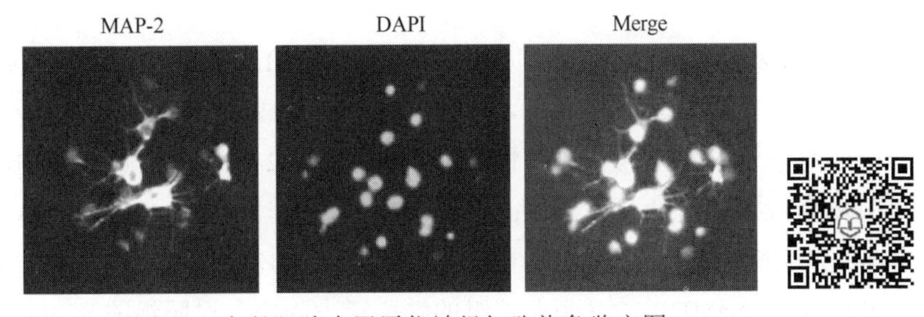

图 4.23　大鼠胚胎皮层原代神经细胞染色鉴定图

利用结合 MAP-2 抗体通过免疫反应来标记神经元，免疫结合之后，FITC 附着在 MAP-2 蛋白结合的痕迹上，在荧光显微镜下显现出绿色。同时利用 DAPI 染色细胞核，定位细胞位置。如图 4.23 所示，绿色荧光存在于分离的原代细胞中，主要集中于细胞质及突触中，因此认定分离的细胞为皮层神经元细胞，可用于后续实验。

4.4.2.3　Pb^{2+}及硒肽浓度对原代皮层神经细胞的影响

为筛选出合适的Pb^{2+}浓度、培养时间，在细胞生长第6天时，设置了浓度梯度及不同培养时间组别，结果如图4.24A。细胞活力随着浓度的增加、培养时间的增加呈现下降的趋势，但存在局部的反弹点。300μmol/L的Pb^{2+}孵育72h后细胞活力仅为空白对照组的64.97%，但在浓度为400μmol/L时细胞活力出现反弹升高的迹象。所有组别均未到达半数致死剂量，考虑到作用浓度不宜太高，因此选用300μmol/L的Pb^{2+}孵育72h作为构建大鼠胚胎原代皮层神经细胞Pb^{2+}损伤模型的条件。

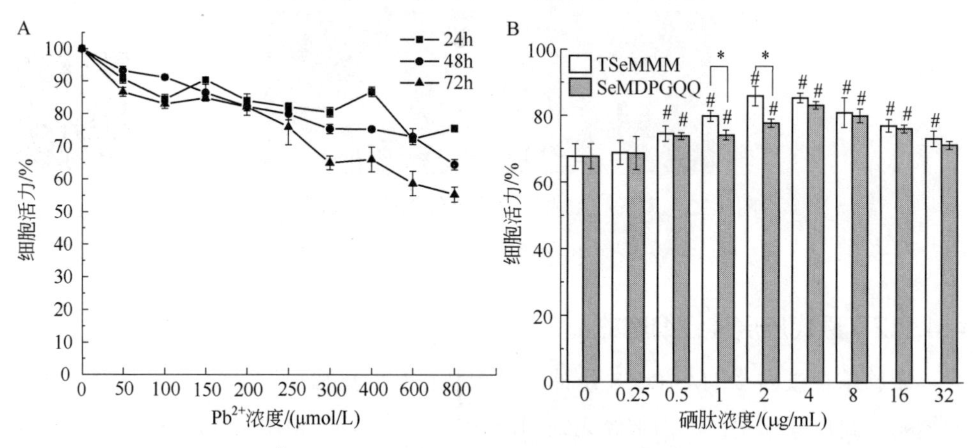

图4.24　不同Pb^{2+}浓度、培养时间（A）及不同硒肽浓度（B）对大鼠胚胎皮层原代神经细胞的影响

“#”代表与未加硒肽组具有显著性差异，$P<0.05$；“*”代表同一浓度下两个样品具有显著性差异，$P<0.05$

上一章实验结果表明合成肽TSeMMM与SeMDPGQQ对Pb^{2+}诱导HT22细胞氧化毒性具有明显的保护作用，为进一步明确合成肽的保护效果，因此本章实验选用这两条合成肽作为预保护样品。结果如图4.24B所示，原代细胞先给予含硒肽的培养液预处理再用含300μmol/L Pb^{2+}的培养液孵育72h进行损伤造模，随着Se浓度增加，细胞活力呈现先增加后降低的趋势。Se浓度在2μg/mL时，TSeMMM与SeMDPGQQ预保护组的细胞活力为空白对照组的85.94%、77.81%，与Pb^{2+}模型组具有显著性差异（$P<0.05$），且TSeMMM对铅致神经细胞毒性的预防效果显著高于SeMDPGQQ（$P<0.05$）。因此将2μg/mL选定为后续实验中硒肽的硒浓度。

4.4.2.4　Pb^{2+}诱导的原代细胞差异mRNA的GO富集分析

mRNA测序结果发现，铅损伤细胞后，导致2374条基因表达异常，其中1015条基因上调，1359 条基因下调。GO（Gene Ontology）是基因本体联合会所建立的一种适用于各种物种的，对特征基因以及其所表达的功能蛋白进行限定和描述的数据库。通过 GO 富集分析，可对由 Pb^{2+}引起的原代细胞差异 mRNA 所涉及的细胞组分（cell components，CC）、分子功能（molecular function，MF）以及生物过程（biological process，BP）进行揭示与阐明。使用 R 软件中的 phyper 函数进行基因富集分析，计算 P 值，然后对 P 值进行 FDR 校正，通常 Q 值≤0.05 的功能视为显著富集。如图 4.25、图 4.26、图 4.27 所示，本章通过柱状图对 Pb^{2+}诱导的原代细胞差异 mRNA 所富集的 GO 功能表述。

其中，图 4.25 对差异表达的 2374 条基因相关的细胞组分进行了分析，其中有 751 条基因与细胞核有关，占比为 31.63%；其次为细胞质，基因数目为 713，占比为 30.03%。除此以外，有 83 条基因与神经元突触相关，占比为 3.50%；85 条基因与神经元胞体相关，占比为 3.58%。

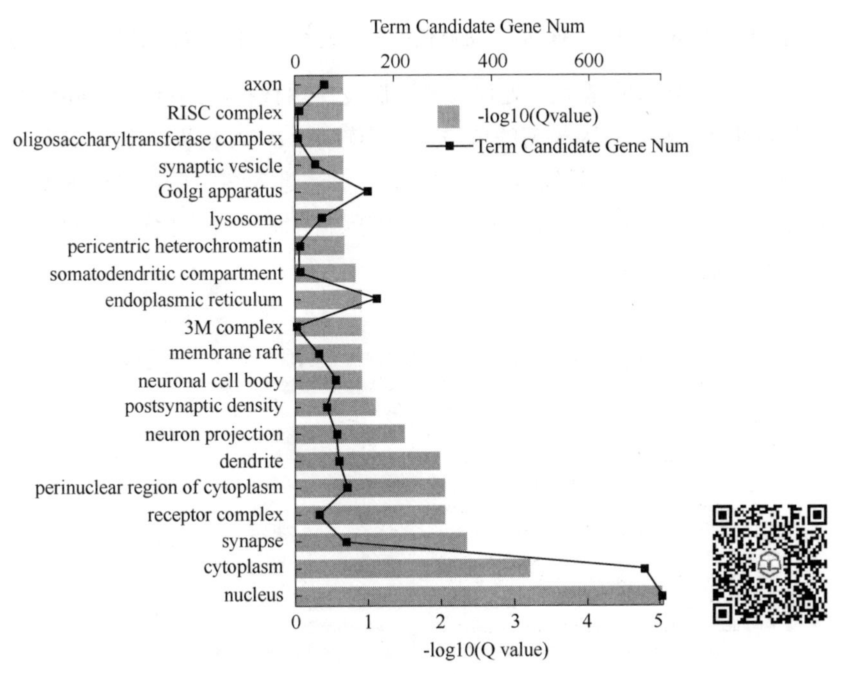

图 4.25　Pb^{2+}处理大鼠胚胎皮层原代神经细胞差异 mRNA GO 富集（细胞成分）分析

Pb^{2+}处理原代细胞差异表达的 mRNA 显著富集的分子功能柱状图如图 4.26 所示，主要的分子功能集中为金属离子结合能力、蛋白质结合、钙离子结合等，基因数目分别为：346、229、110；占比分别为 14.57%、9.65%、4.63%。可能原因是 Pb^{2+}进入细胞内，取代钙离子地位，导致钙离子含量降低，钙调蛋白含量发生变化。

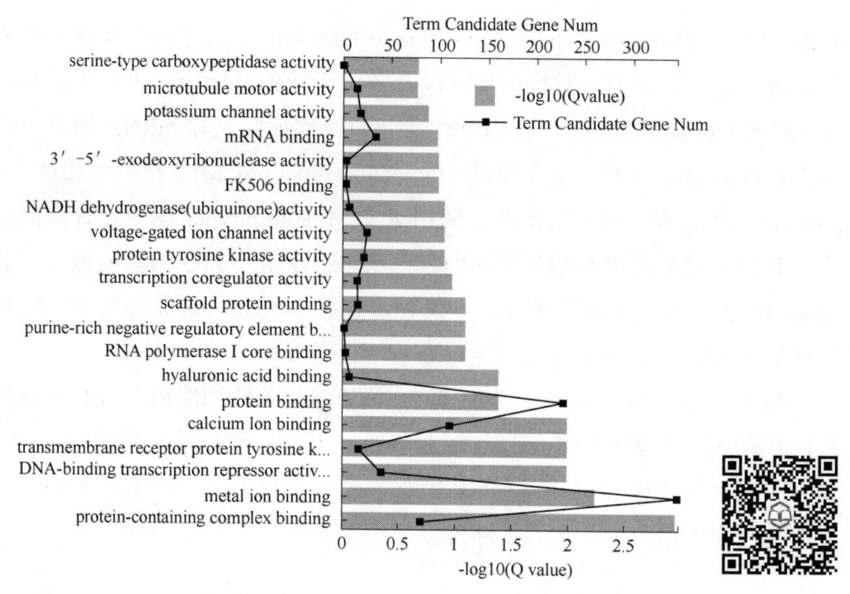

图 4.26　Pb^{2+}处理大鼠胚胎皮层原代神经细胞差异 mRNA GO 富集（分子功能）分析

图 4.27 显示的是 Pb^{2+}处理大鼠胚胎皮层原代神经细胞差异 mRNA 参与的生物过程富集图，差异基因最高的参与过程为转录，DNA 模板，其次为凋亡过程负调控、细胞黏附、衰老及大脑发育。结果显示，Pb^{2+}进入细胞后可导致细胞内转录本发生变化，DNA 生成发生错误，从而导致细胞凋亡的产生，损伤神经细胞的生理活性，致使其功能发生显著变化。

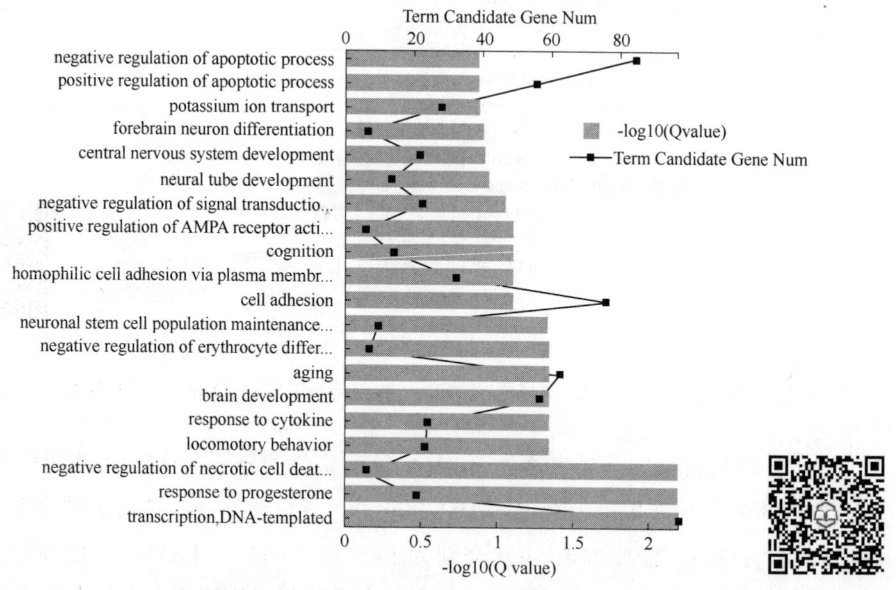

图 4.27　Pb^{2+}处理大鼠胚胎皮层原代神经细胞差异 mRNA GO 富集（生物过程）分析

4.4.2.5　Pb^{2+}诱导的原代细胞差异 mRNA 的 KEGG 通路分析

基于 KEGG 通路的分析有助于更进一步了解基因的生物学功能。KEGG 通路是有关通路（Pathway）的主要公共数据库，Pathway 显著性富集分析以 KEGG Pathway 为单位，应用超几何检验，找出与整个基因组背景相比，在候选基因中显著性富集的 Pathway。Qvalue≤0.05 的 Pathway 定义为在差异表达基因中显著富集的 Pathway。通过 Pathway 显著性富集能确定候选基因参与的最主要生化代谢途径和信号转导途径。

本章对 Pb^{2+}处理大鼠胚胎原代皮层神经细胞表达差异的 mRNA 进行了 KEGG 通路分析，结果如图 4.28 所示。差异基因主要参与的信号通路有 20 个，排在前 6 的分别是细胞代谢通路、MAPK 信号通路、热量产生作用、核糖体相关途径、细胞吞噬通路及氧化磷酸化相关通路。为进一步研究 TSeMMM 与 SeMDPGQQ 对 Pb^{2+}对神经细胞氧化毒性的保护作用，因此对氧化磷酸化相关的 34 条基因进一步分析，拟发现潜在的靶点。

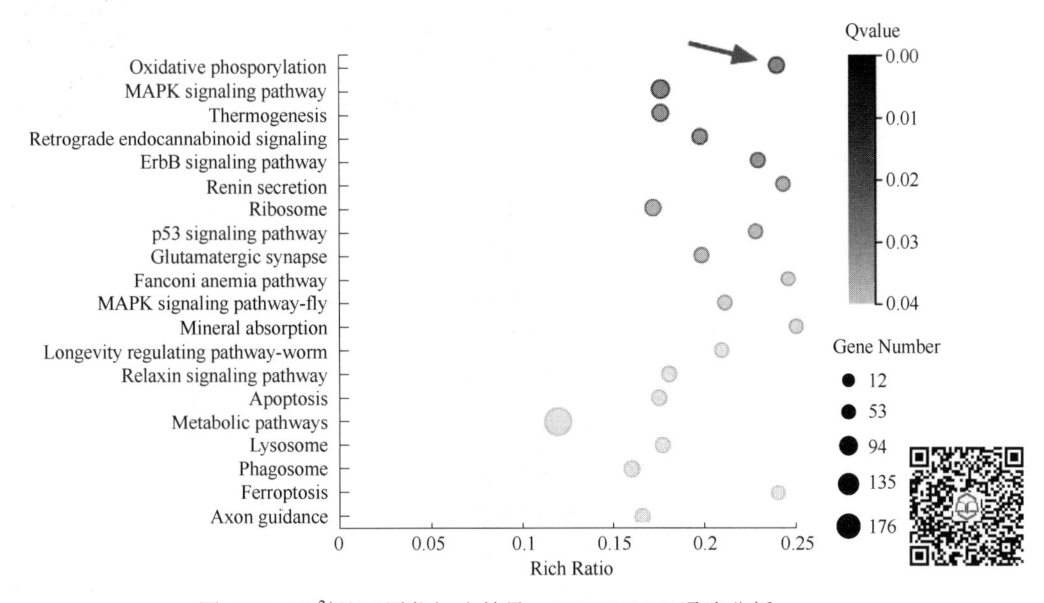

图 4.28　Pb^{2+}处理原代细胞差异 mRNA KEGG 通路分析

4.4.2.6　硒肽对 Pb^{2+}诱导的氧化磷酸化差异 mRNA 的调控研究

为进一步了解 34 条氧化磷酸化相关基因的关系，对其进行了关联性的分析，结果发现有 25 条基因之间有直接或间接的联系，每一条基因都可与其他基因相互作用（图 4.29）。将 34 条基因进行量化，并且探究 TSeMMM 与 SeMDPGQQ 的预处理是否对这些基因产生了作用，结果如图 4.30。Pb^{2+}处理大鼠胚胎原代皮层神经细胞后有 29 条基因出现了上调趋势，5 条基因出现了下调趋势。TSeMMM 与 SeMDPGQQ

预处理能够明显地促进这些基因的上调或下调，使其趋向于正常化。与 Pb^{2+}处理组相比，TSeMMM 可下调 29 条基因，上调 5 条基因。

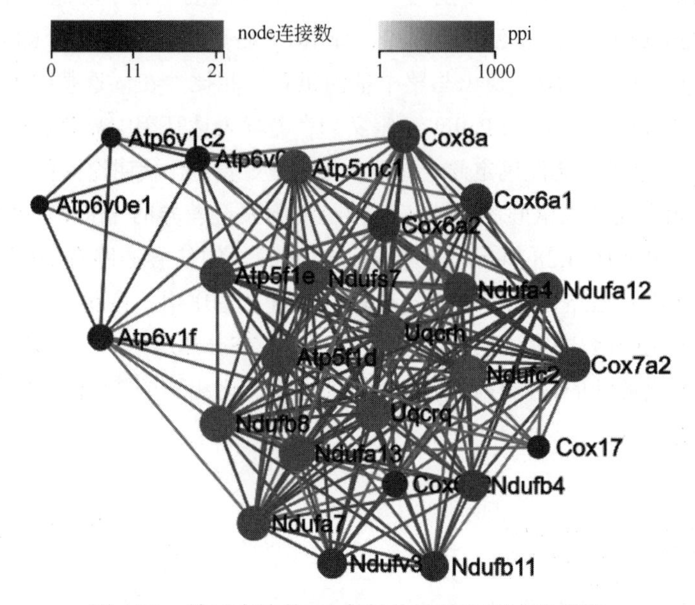

图 4.29　差异表达的 34 条氧化磷酸化基因关联图

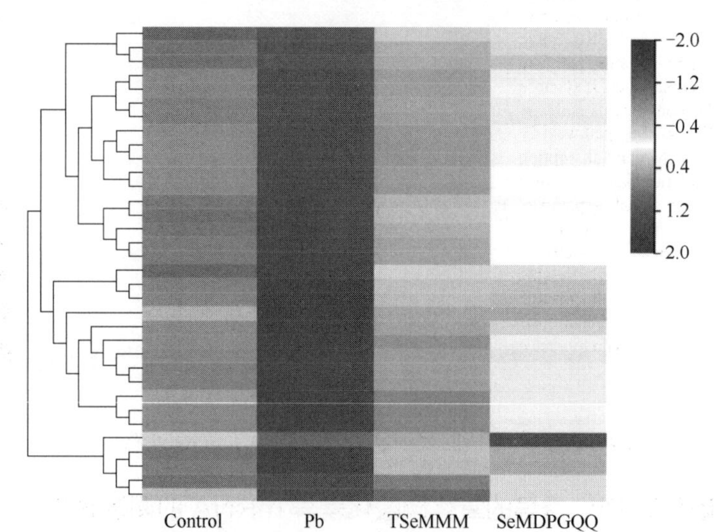

图 4.30　氧化磷酸化相关 mRNA 差异表达热图

4.4.2.7　硒肽对 Pb^{2+}诱导的神经细胞差异 miRNA 表达量的影响

miRNA 检测结果发现，Pb^{2+}处理后共有 142 个 miRNA 表达发生变化，其中 61 个表达上调，81 个下调。对硒肽处理组的 miRNA 表达情况进行分析，发现 TSeMMM

与 SeMDPGQQ 均能逆转铅导致的 miRNA 基因上调或者下调，表明硒肽可从 miRNA 层面对 Pb^{2+}的神经毒性起保护作用（图 4.31）。通过分析 Pb^{2+}对海马组织 miRNA 表达谱的影响可知，铅可诱导 miR-211、miR-204、miR-448、miR-449a、miR-34a 和 miR-34b 表达差异>1.5 倍。在数据库中将 miRNA 潜在的靶基因 mRNA 搜索出来，并构建关联图，在关联 mRNA 发现了上一部分中与 34 个氧化磷酸化相关的一个基因 *Atp6v0e1*，因此可以确认在 TSeMMM 与 SeMDPGQQ 处理组中 miR-107-3p 可通过调控 *Atp6v0e1* 缓解 Pb^{2+}诱导的氧化损伤（图 4.32）。

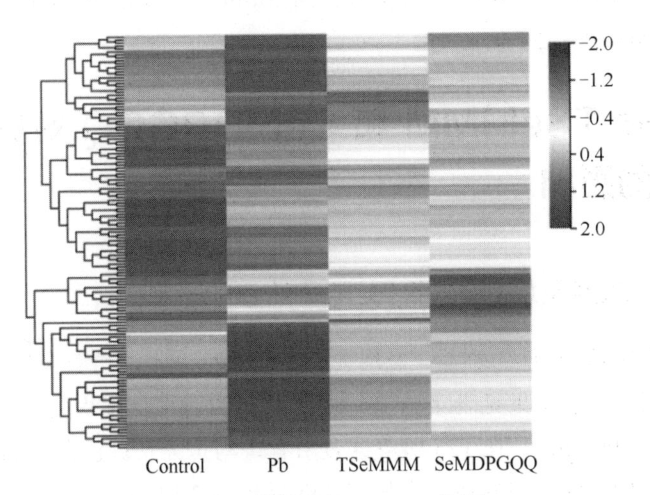

图 4.31　差异表达 miRNA 热图

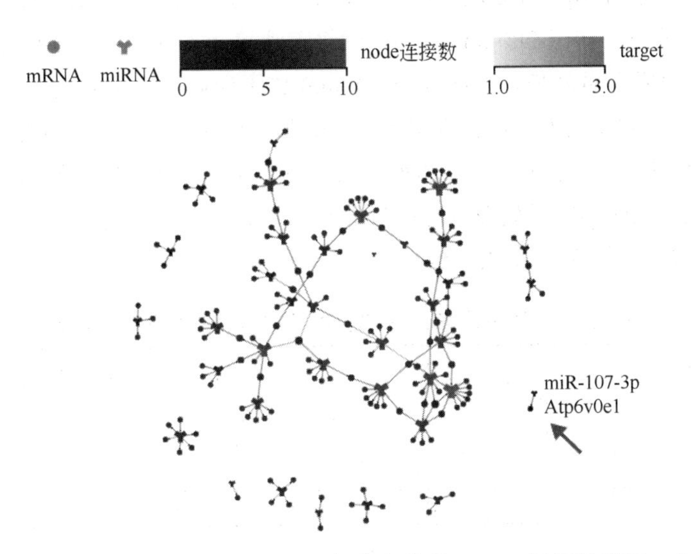

图 4.32　表达差异 miRNA 与潜在关联 mRNA 网络关联图

Atp6v0e1 基因又被称为 dsr-1，在空白对照组、Pb^{2+}模型组、TSeMMM 预保护组及 SeMDPGQQ 预保护组中样本表达量分别为 8.64、34.79、13.32、18.86。结果表明，Pb^{2+}可显著诱导 *Atp6v0e1* 基因过表达，从而导致神经细胞的氧化毒性，TSeMMM 与 SeMDPGQQ 的预处理可使 *Atp6v0e1* 基因表达量下降，从而起到保护细胞的作用。基因注释发现，除参与到氧化磷酸化通路外，*Atp6v0e1* 基因还与神经系统中的突触囊泡通路密切相关。miR-107-3p 在空白对照组、Pb^{2+}模型组、TSeMMM 预保护组及 SeMDPGQQ 预保护组中样本表达量分别为 32、2、17、16。结合 miRNA 与 mRNA 关联图发现，miR-107-3p 可靶向 *Atp6v0e1*，通过翻译水平的抑制或断裂靶标而调节基因的表达。

4.5 硒肽 TSeMMM 和 SeMDPGQQ 对铅致毒斑马鱼的影响

4.5.1 Pb^{2+}浓度及培养时间对斑马鱼幼鱼的影响

斑马鱼胚胎培养至 4dpf❶后，换用含有不同浓度 Pb^{2+}的培养液培养不同的时间，计数幼鱼存活个数，结果见表 4.1。Pb^{2+}对斑马鱼的毒性呈现浓度依赖、时间依赖趋势。最大浓度 800μmol/L 在 12h 即可导致所有斑马鱼死亡。包含 50μmol/L Pb^{2+}的培养液对斑马鱼的影响相对较少，在培养 24h 后出现 2 尾幼鱼死亡，培养 48h 后存活数为 26 尾。包含 100μmol/L Pb^{2+}的培养液在 12h 时就出现 2 尾幼鱼死亡，48h 后剩余 21 尾幼鱼存活。包含 200μmol/L Pb^{2+}的培养液培养 48h 后仅剩 3 尾存活。考虑到环境或食品中铅含量较低，因此选用 50μmol/L 作为后续实验浓度。尽管 50μmol/L 并未造成较大数量的死亡，但也观察到存活的斑马鱼的出现脊柱弯曲现象（图 4.33）。此外，高浓度 Se 并未造成斑马鱼的死亡或畸形。曾晨[22]在探究铅暴露对斑马鱼胚胎毒性时发现，36.5mg/L 铅处理斑马鱼胚胎处理 72h 可诱导斑马鱼胚胎出现尾畸形和心跳缓慢症状，与本研究结果一致。

表 4.1 不同浓度 Pb^{2+}及培养时间对斑马鱼存活数的影响

浓度/(μmol/L)	0	50	100	200	400	800
0h	30	30	30	30	30	30
12h	30	30	28	24	9	0
24h	30	28	28	12	3	0
36h	30	28	24	6	0	0
48h	30	26	21	3	0	0

❶ dpf 为受精后几天的缩写，4dpf 即受精后 4 天。

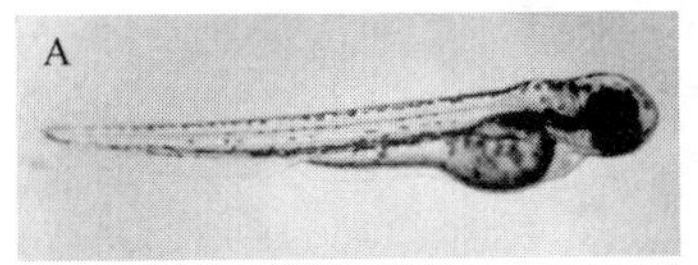

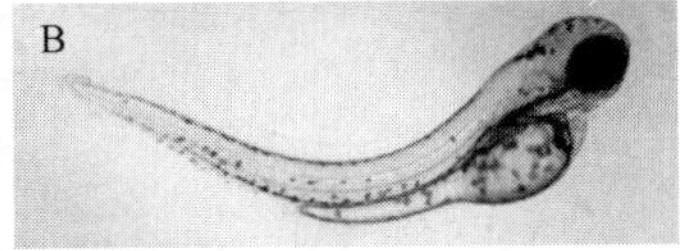

图 4.33　不同浓度 Pb^{2+}对斑马鱼形态的影响（10×，A：0μmol/L；B：50μmol/L）

4.5.2　硒肽浓度对 Pb^{2+}诱导斑马鱼运动轨迹的影响

斑马鱼因可以完整地反映运动轨迹而被当作神经系统疾病的理想模型。通过对斑马鱼幼鱼的运动轨迹拍照可以发现，空白对照组的斑马鱼幼鱼运动频繁，集中于 96 孔板的边缘（图 4.34）。Pb^{2+}模型组的幼鱼在受到 Pb^{2+}损伤后，运动轨迹变得杂乱无章，且运动频率大幅降低。阳性对照单唾液酸四己糖神经节苷脂钠预处理组的斑马鱼运动轨迹趋于正常，运动频率较 Pb^{2+}模型组有明显的提升。TSeMMM 和 SeMDPGQQ 预处理组斑马鱼的运动轨迹好转，运动频率上升，且呈现剂量依赖趋势，TSeMMM 效果优于 SeMDPGQQ。

对不同处理组斑马鱼运动距离分析发现，空白对照组斑马鱼幼鱼 40min 内运动距离为 2.79m，铅损伤斑马鱼可导致运动距离大幅度下降，仅为 0.66m，与空白对照相比具有显著性差异（$P<0.05$）。阳性对照单唾液酸四己糖神经节苷脂钠可有效抑制 Pb^{2+}损伤导致的运动距离下降趋势，40min 内运动距离为 2.10m，与 Pb^{2+}模型组相比具有显著性差异（$P<0.05$）。TSeMMM 和 SeMDPGQQ 预处理组对 Pb^{2+}毒性具有保护作用，呈现剂量依赖性趋势，TSeMMM 低剂量、中剂量、高剂量组斑马鱼运

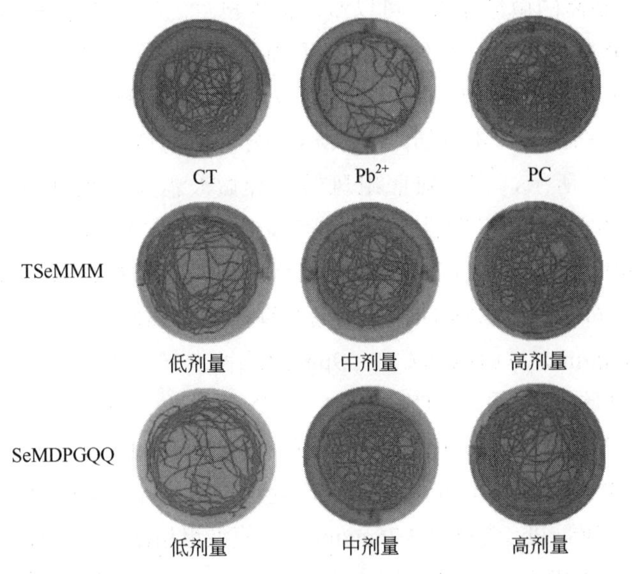

图 4.34

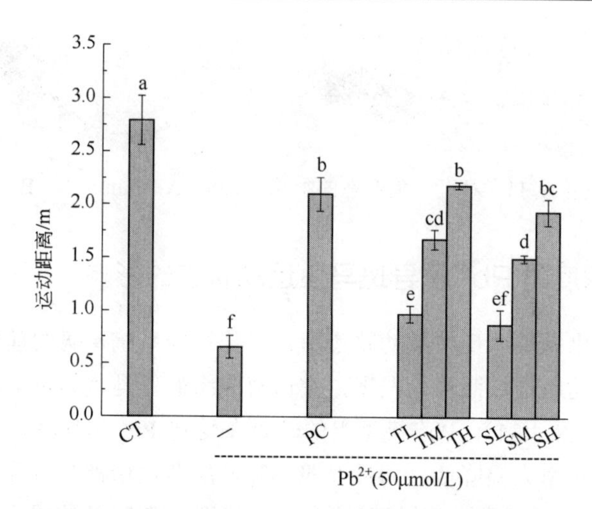

图 4.34　TSeMMM 和 SeMDPGQQ 对 Pb^{2+}诱导斑马鱼运动轨迹的影响

CT：空白对照；一：模型组；PC：神经节苷脂钠；TL：TSeMMM 低剂量；TM：TSeMMM 中剂量；TH：TSeMMM 高剂量；SL：SeMDPGQQ 低剂量；SM：SeMDPGQQ 中剂量；SH：SeMDPGQQ 高剂量；不同字母代表有显著性差异，$P<0.05$

动距离分别为 0.97m、1.68m 和 2.18m，三个剂量组均能显著提升斑马鱼运动距离（$P<0.05$）。SeMDPGQQ 低剂量、中剂量、高剂量组斑马鱼运动距离分别为 0.87m、1.50m 和 1.94m，并且两个样品同一浓度下并无显著性差异。

4.5.3　硒肽对 Pb^{2+}诱导斑马鱼体内 Se、Pb^{2+}含量的影响

Se 是体内必需的微量元素，可以激活体内自身的抗氧化系统，从而达到控制氧化沉降，预防疾病的效果。此外，Se 也具有排出毒害金属离子的作用，因此补 Se 成了抗氧化，预防重金属毒性的良好策略。为了验证 Se 的补充是否可以进入斑马鱼体内，降低 Pb^{2+}的损伤，本章通过 ICPMS 测定了斑马鱼体内的 Se 和 Pb^{2+}的含量。

如图 4.35A 所示，空白对照组斑马鱼经微波消解后处理液中 Se 含量仅为 0.036μg/mL，Pb^{2+}模型组及阳性对照组斑马鱼处理液中 Se 含量未有显著变化（$P>0.05$）。TSeMMM 低剂量、中剂量、高剂量组斑马鱼处理液中 Se 含量为 0.22μg/mL、0.85μg/mL、3.16μg/mL；SeMDPGQQ 低剂量、中剂量、高剂量组斑马鱼处理液中 Se 含量为 0.18μg/mL、0.81μg/mL、3.09μg/mL。两个样品各个剂量组的 Se 含量均显著高于空白对照组，同时 TSeMMM 各个剂量组含量显著高于同等剂量的 SeMDPGQQ（$P<0.05$）。斑马鱼经微波消解后处理液中 Pb^{2+}含量见图 4.35B，空白对照组中处理液中 Pb^{2+}含量 0.16ng/mL。Pb^{2+}处理可明显提高 Pb^{2+}含量至 8.65ng/mL。阳性对照预处理降低 Pb^{2+}含量至 4.75ng/mL，与模型组相比具有显著性差异（$P<0.05$）。TSeMMM 和 SeMDPGQQ 预处理均能不同程度地降低 Pb^{2+}含量，呈现剂量依赖性趋

势。TSeMMM 的中剂量与高剂量的预处理效果明显优于同等浓度的 SeMDPGQQ（$P<0.05$）。数据表明，硒肽和 Pb^{2+}都能进入斑马鱼体内，硒肽预处理能够减少斑马鱼体内 Pb^{2+}含量，原因可能是硒肽可防止 Pb^{2+}吸收或促进 Pb^{2+}排出，从而减少 Pb^{2+}的损伤作用。

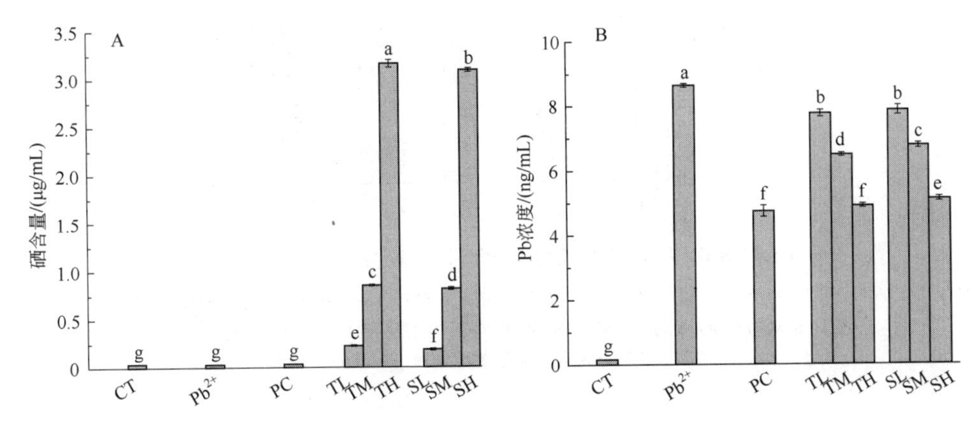

图 4.35　TSeMMM 和 SeMDPGQQ 对 Pb^{2+}诱导斑马鱼提取液中 Se（A）、Pb^{2+}（B）含量的影响

CT：空白对照；PC：神经节苷脂钠；TL：TSeMMM 低剂量；TM：TSeMMM 中剂量；TH：TSeMMM 高剂量；SL：SeMDPGQQ 低剂量；SM：SeMDPGQQ 中剂量；SH：SeMDPGQQ 高剂量；不同字母代表有显著性差异，$P<0.05$

4.5.4　硒肽对 Pb^{2+}诱导斑马鱼 Nrf2-ARE 信号通路的影响

Nrf2-ARE 信号通路是神经抗氧化系统中最重要的信号通路之一，ARE 是一个特异性的 DNA 启动子结合序列，位于多种抗氧化酶基因的碳端，容易受到亲电试剂和氧化剂的影响，启动抗氧化酶基因的转录，提高细胞组织抗氧化能力，从而对机体起到保护作用。前期实验结果已经发现 TSeMMM 和 SeMDPGQQ 可刺激 Nrf2 蛋白的转位入核，从而提高 HT22 细胞的抗氧化能力，为进一步确定 TSeMMM 和 SeMDPGQQ 对 Nrf2-ARE 信号通路的影响，本章通过 qRT-PCR 检测了该信号通路中重要基因的表达。

Nrf2 基因相对表达量如图 4.36 所示，Pb^{2+}作用于斑马鱼后，可导致 Nrf2 的 RNA 产生明显的下调趋势，仅为空白对照组的 55.47%（$P<0.05$）。阳性对照组中斑马鱼 Nrf2 的 RNA 则提升为对照组的 303.14%，与 Pb^{2+}模型组相比具有显著差异（$P<0.05$）。TSeMMM 和 SeMDPGQQ 低剂量组 Nrf2 的 RNA 表达量与 Pb^{2+}模型组相比差异并不显著，中剂量和高剂量组则能明显促进 Nrf2 的 RNA 表达量。

在同一浓度下，TSeMMM 组中 Nrf2 表达量高于 TSeMMM 组，但差异并不显著。

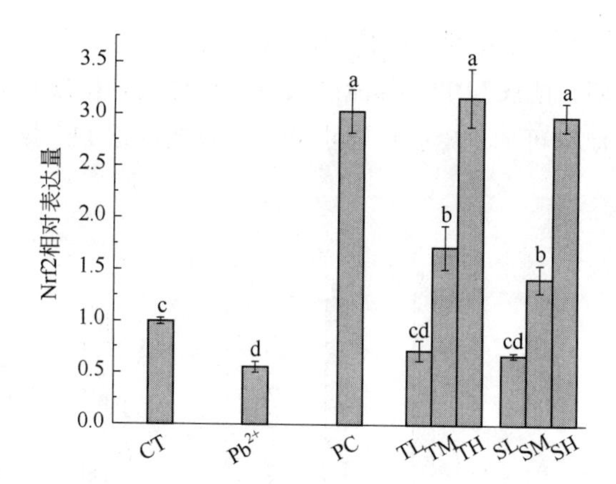

图 4.36　TSeMMM 和 SeMDPGQQ 对 Pb^{2+}诱导斑马鱼中 Nrf2 基因表达的影响

CT：空白对照；PC：神经节苷脂钠；TL：TSeMMM 低剂量；TM：TSeMMM 中剂量；TH：TSeMMM 高剂量；SL：SeMDPGQQ 低剂量；SM：SeMDPGQQ 中剂量；SH：SeMDPGQQ 高剂量；不同字母代表有显著性差异，$P<0.05$

本章主要针对 HO-1、GCLC、GCLM、NQO1 这四个 Nrf2 的下游基因表达量进行了检测，结果如图 4.37 所示。Pb^{2+}能分别降低这四个基因表达量为控制组的 49.67%、63.90%、45.26%、29.89%，且具有显著性差异（$P<0.05$），阳性对照组的相关基因则显著增加。TSeMMM 和 SeMDPGQQ 均能促进 HO-1、GCLC、GCLM、NQO1 的表达，并且呈现剂量依赖性趋势，仅有高剂量组的两条肽在促进 NQO1 的表达水平上有显著差异（$P<0.05$），其他同剂量组的两个样品均无显著差异。结果表明，合成肽可通过 Nrf2-ARE 信号通路保护斑马鱼免受 Pb^{2+}的损伤作用。Nrf2-ARE 信号通路也被证实参与到毛蕊花糖苷对 6-OHDA 诱导的帕金森斑马鱼模型的神经保护作用中。

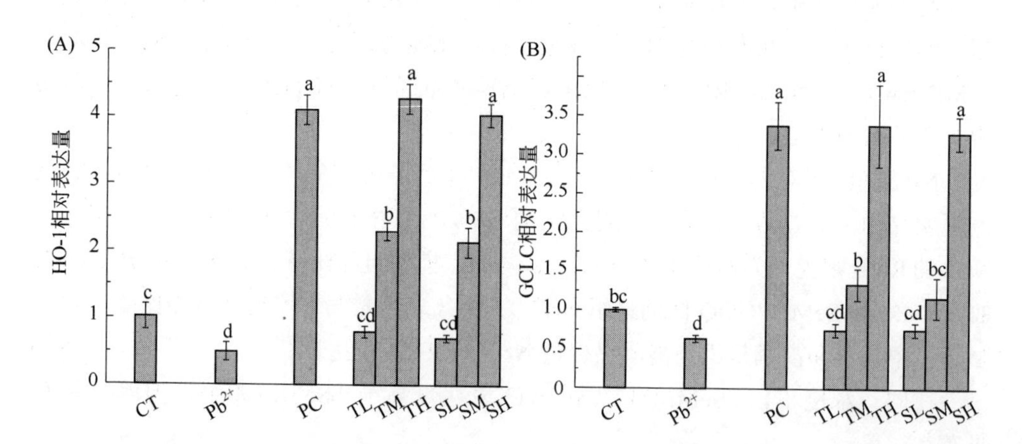

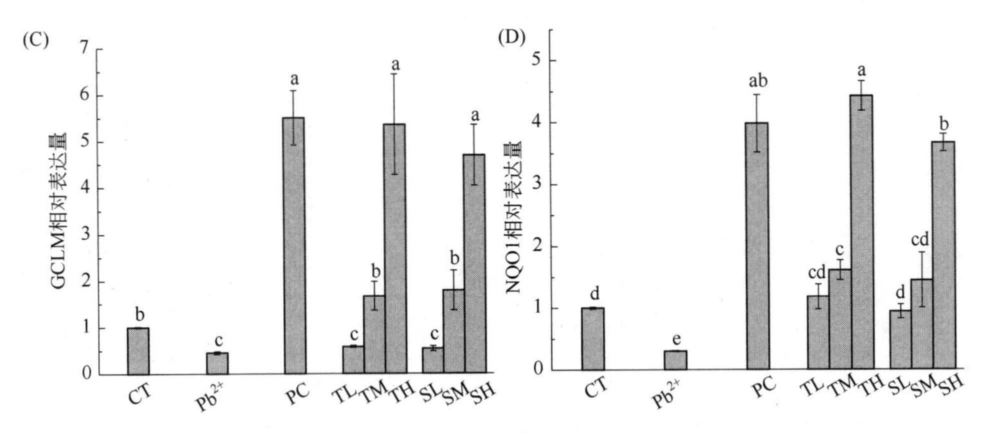

图 4.37 TSeMMM 和 SeMDPGQQ 对 Pb^{2+}诱导斑马鱼中 HO-1 (A), GCLC (B), GCLM (C) 和 NQO1 (D) mRNA 表达的影响

CT：空白对照；PC：神经节苷脂钠；TL：TSeMMM 低剂量；TM：TSeMMM 中剂量；TH：TSeMMM 高剂量；SL：SeMDPGQQ 低剂量；SM：SeMDPGQQ 中剂量；SH：SeMDPGQQ 高剂量；不同字母代表有显著性差异，$P<0.05$

4.5.5 硒肽对斑马鱼幼鱼体内 *Atp6v0e1* 与 *miR-107-3p* 基因表达的影响

前期实验通过对大鼠胚胎原代皮层神经细胞转录组测序分析发现与氧化相关的 *miR-107-3p* 与 *Atp6v0e1* 基因差异表达，为进一步确定该基因在斑马鱼体内的表达情况，利用 qRT-PCR 对其表达水平进行了检测。如图 4.38A 所示，Pb^{2+}模型组的 miR-107-3p 表达量降低至空白对照组的 46.26%，且与空白对照组具有显著性差异（$P<0.05$）。TSeMMM 低剂量、中剂量、高剂量组 miR-107-3p 相对表达量为对照组的 58.28%、165.06%、535.54%。SeMDPGQQ 低、中、高剂量促进 miR-107-3p 表达为对照组的 54.10%、179.08%、469.20%。同剂量的 TSeMMM 和 SeMDPGQQ 并无显著性差异。

Atp6v0e1 mRNA 相对表达量如图 4.38B 所示，受 *miR-107-3p* 调控，*Atp6v0e1* mRNA 相对表达量呈现出相反的趋势。Pb^{2+}模型组的 *Atp6v0e1* 相对表达量上升为对照组的 764.69%（$P<0.05$）。两条硒肽均能降低 *Atp6v0e1* 表达量，并且呈剂量依赖性趋势。低剂量的 TSeMMM 和 SeMDPGQQ 组表达量分别为空白对照的 705.82%和 705.77%；中剂量组为 648.05%和 675.89%；高剂量组为 490.46%和 511.33%。两条肽相比较而言，低剂量组没有显著性差异，中剂量、高剂量组都有显著性差异（$P<0.05$）。数据表明，中剂量、高剂量的 TSeMMM 抑制 Atp6v0e1 过表达的能力优于 SeMDPGQQ。

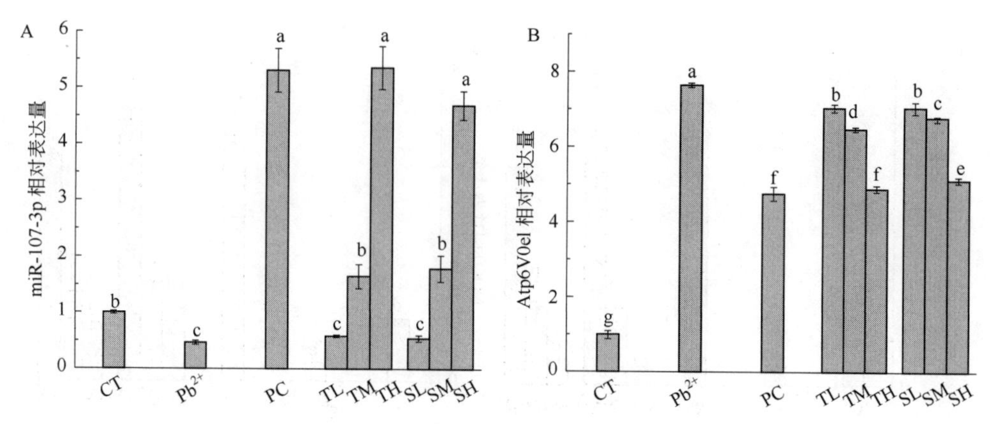

图 4.38　TSeMMM 和 SeMDPGQQ 对 Pb^{2+}诱导斑马鱼 miR-107-3p（A）和 Atp6v0e1（B）基因表达的影响

CT：空白对照；PC：神经节苷脂钠；TL：TSeMMM 低剂量；TM：TSeMMM 中剂量；TH：TSeMMM 高剂量；SL：SeMDPGQQ 低剂量；SM：SeMDPGQQ 中剂量；SH：SeMDPGQQ 高剂量；不同字母代表有显著性差异，$P<0.05$

4.6　小结

许姿[3]前期实验得出结论，与 HepG2 细胞和 MC3T3-E1 细胞相比，RAW264.7 细胞和 PC12 细胞是对铅较敏感细胞。先用硒肽孵育细胞 12h 后再用铅培养 4h 的样品处理方式可以最显著地发挥硒肽的作用，提高受铅损伤细胞活力。与模型组铅损伤 PC12 细胞和 RAW264.7 细胞相比，硒肽可剂量依赖地保护细胞免受铅损伤，主要表现在硒肽能降低铅损伤所导致的细胞氧化应激水平的提高，同时减轻细胞膜受损程度，提高细胞的抗氧化防御能力，保护细胞免受铅毒性损伤。此外，Hoecst 染色结果表明，硒肽具有缓解铅诱导细胞凋亡的作用。分析硒肽缓解铅毒性作用机理发现：硒肽可抑制铅诱导细胞 MMP 的降低；Caspase-3/Caspase-8/Caspase-9 三种酶均参与了硒肽对铅诱导细胞凋亡的保护过程；铅促进了促凋亡因子 Bax 和 Cyt C 的表达，同时减弱了凋亡抑制因子 Bcl-2 的表达，硒肽共同处理可提高 Bax 和 Cyt C 的表达，降低 Bcl-2 的表达。因此，硒肽可抑制铅诱导的细胞凋亡，其机制可能与线粒体通路有关，其中 Caspase 依赖途径和 Bcl-2 家族蛋白均参与了此过程。

吴剑通过实验得出，硒肽预处理通过增加细胞活力和减少细胞凋亡来显著抑制 Pb^{2+}诱导的细胞毒性。Se 浓度为 2μg/mL 的 SPHs、SPHs-2、TSeMMM 和 SeMDPGQQ 预处理的 HT22 细胞活力为空白对照组的 60.10%、86.29%、89.98%和 70.17%。同时降低了 NO 及 LDH 水平，减少了细胞的凋亡。TSeMMM 和 SeMDPGQQ 能提高抗氧化酶 SOD 和 GSH-Px 活性。此外，免疫荧光、qRT-PCR 及 Western 印迹结果表明，TSeMMM 和 SeMDPGQQ 能促进 Nrf2 的转位入核和 HO-1 表达，通过 Nrf2/ HO-1 信号通路抑制 Pb^{2+}引起的氧化损伤。

此外，吴剑分离得到大鼠胚胎原代皮层神经细胞，并通过免疫荧光技术对其进行了鉴定。发现 2×10^6 个/mL 的密度更有利于细胞培养，300μmol/L 的 Pb^{2+}孵育 72h 后细胞活力为空白对照的 64.97%。Se 浓度为 2μg/mL 的 TSeMMM 与 SeMDPGQQ 对 Pb^{2+}损伤的原代细胞具有明显的保护效果。对原代细胞进行转录组测序，发现 Pb^{2+}可使 1015 条基因上调，1359 条基因下调。GO 富集分析发现，差异基因主要与金属离子结合、蛋白结合和钙离子结合能力相关，并且参与到转录、凋亡过程负调控、细胞黏附、衰老及大脑发育等过程中。Pb^{2+}可使原代细胞内 34 条氧化磷酸化相关基因差异表达，29 条基因上调，5 条基因下调。TSeMMM 与 SeMDPGQQ 预处理均能逆转与氧化磷酸化相关基因的差异表达。对 miRNA 检测结果显示，Pb^{2+}可使 142 条 miRNA 差异表达，TSeMMM 与 SeMDPGQQ 预处理组的 142 条 miRNA 的表达趋向于正常化。通过基因互作分析发现 miR-107-3p 可靶向 *Atp6v0e1* 调节基因的表达。

Pb^{2+}模型组斑马鱼运动轨迹混乱，运动距离下降为 0.66m。高剂量 TSeMMM 和 SeMDPGQQ 均能使斑马鱼运动轨迹趋向于正常化，运动距离为 2.18m 和 1.94m。此外，硒肽可被吸收至体内，防止 Pb^{2+}吸收或促进其排出，从而降低斑马鱼体内 Pb^{2+}含量。qRT-PCR 结果显示，Pb^{2+}降低了 Nrf2 及下游基因 HO-1、GCLC、GCLM、NQO1 的表达，TSeMMM 和 SeMDPGQQ 有效逆转了这一现象，表明硒肽 TSeMMM 和 SeMDPGQQ 可通过 Nrf2-ARE 信号通路缓解 Pb^{2+}诱导的斑马鱼毒性。与原代细胞中呈现出相同趋势，TSeMMM 和 SeMDPGQQ 预保护可提高 *miR-107-3p* 的表达水平，并且降低 *Atp6v0e1* 的表达水平。

参考文献

[1] 李金有，刘世杰. 铅致心肌细胞死亡率、自发收缩的改变与硒对其改变影响的研究[J]. 山西医学院学报，1996(3): 4-6.

[2] McKelvey S M, Horgan K A, Murphy R A. Chemical form of selenium differentially influences DNA repair pathways following exposure to lead nitrate[J]. Journal of Trace Elements in Medicine and Biology, 2015, 29: 151-169.

[3] Xu Z, Fang Y, Chen Y, et al. Protective effects of Se-containing protein hydrolysates from Se-enriched rice against Pb2+-induced cytotoxicity in PC12 and RAW264. 7 cells[J]. Food Chemistry, 2016, 202: 396-403.

[4] Milgram S, Carrière M, Malaval L, et al. Cellular accumulation and distribution of uranium and lead in osteoblastic cells as a function of their speciation[J]. Toxicology, 2008, 252(1): 26-32.

[5] Gargouri M, Magné C, Dauvergne X, et al. Cytoprotective and antioxidant effects of the edible halophyte *Sarcocornia perennis* L. (swampfire) against lead-induced toxicity in renal cells[J]. Ecotoxicology and Environmental Safety, 2013, 95: 44-51.

[6] Jadhav A L, Ramesh G T, Gunasekar P G. Contribution of protein kinase C and glutamate in Pb2+-induced cytotoxicity[J]. Toxicology Letters, 2000, 115(2): 89-98.

[7] Sharifi A M, Mousavi S H, Bakhshayesh M, et al. Study of correlation between Lead-induced cytotoxicity and nitric oxide production in PC12 cells[J]. Toxicology Letters, 2005, 160(1): 43-48.

[8] Jurczuk M, Moniuszko-Jakoniuk J, Brzóska M M. Involvement of some Low-molecular thiols in the peroxidative mechanisms of lead and ethanol action on rat liver and kidney[J]. Toxicology, 2006, 219(1): 11-21.

[9] Penugonda S, Mare S, Lutz P, et al. Potentiation of Lead-induced cell death in PC12 cells by glutamate: Protection by N-acetylcysteine amide (NACA), a novel thiol antioxidant[J]. Toxicology and Applied Pharmacology, 2006, 216(2): 197-205.

[10] Engstrom A, Wang H, Xia Z. Lead decreases cell survival, proliferation, and neuronal differentiation of primary cultured adult neural precursor cells through activation of the JNK and p38 MAP kinases[J]. Toxicology in Vitro, 2015, 29(5): 1146-1155.

[11] Zhu K X, Guo X, Guo X N, et al. Protective effects of wheat germ protein isolate hydrolysates (WGPIH) against hydrogen peroxide-induced oxidative stress in PC12 cells[J]. Food Research International, 2013, 53(1): 297-303.

[12] Sharifi Ali M, Eslami H, Larijani B, et al. Involvement of Caspase-8, -9, and -3 in high glucose-induced apoptosis in PC12 cells[J]. Neuroscience Letters, 2009, 459(2): 47-51.

[13] Xu J, Ji L D, Xu L H. Lead-induced apoptosis in PC 12 cells: Involvement of p53, Bcl-2 family and caspase-3[J]. Toxicology Letters, 2006, 166(2): 160-167.

[14] Deng Z, Fu H, Xiao Y, et al. Effects of selenium on Lead-induced alterations in Aβ production and Bcl-2 family proteins[J]. Environmental Toxicology and Pharmacology, 2015, 39(1): 221-228.

[15] Shan H, Yan R, Diao J, et al. Involvement of caspases and their upstream regulators in myocardial apoptosis in a rat model of selenium Deficiency-induced dilated cardiomyopathy[J]. Journal of Trace Elements in Medicine and Biology, 2015, 31: 85-91.

[16] Sanders T, Liu Y M, Tchounwou P B. Cytotoxic, genotoxic, and neurotoxic effects of Mg, Pb, and Fe on pheochromocytoma (PC-12) cells[J]. Environmental Toxicology, 2015, 30(12): 1445-1458.

[17] Fang Y, Pan X, Zhao E, et al. Isolation and identification of immunomodulatory Selenium-containing peptides from selenium-enriched rice protein hydrolysates[J]. Food Chemistry, 2019, 275: 696-702.

[18] Hu Q, Wang D, Yu J, et al. Neuroprotective effects of six components from Flammulina velutipes on H_2O_2-induced oxidative damage in PC12 cells[J]. Journal of Functional Foods, 2017, 37: 586-593.

[19] 任晓慧. 铅致原代培养大鼠皮质神经细胞氧化应激损伤及 JWA mRNA 表达改变[D]. 南昌大学, 2017.

[20] 魏云鹏. 激动素对谷氨酸诱导的 HT22 细胞氧化损伤干预作用及相关机制研究[D]. 西北农林科技大学, 2017.

[21] 李脉泉. Nrf2-ARE 信号通路介导的苯乙醇苷神经保护作用及机理研究[D]. 浙江大学, 2018.

[22] 曾晨. 汞、镉、铅、砷对斑马鱼早期胚胎发育的复合毒性效应及标志基因筛选[D]. 中国环境科学研究院, 2018.

第5章　大米硒肽的活性保护与生物活性功能调控

5.1　纳米颗粒包埋作用研究进展

纳米颗粒泛指粒径大小在200nm以内的一种颗粒状物质。天然的蛋白质和多糖由于其本身的结构和性质，可以结合成紧密的纳米结构。蛋白质/多糖纳米颗粒的制备需要一些外界因素的诱导，如温度处理、离子交联、反溶剂法等。温度处理是制备纳米颗粒的一种简便方法。在加热的条件下，蛋白质内部的疏水性基团暴露，从而使其与多糖的结合更加紧密。钙离子常用于羧酸根离子交联剂。离子交联法不用破坏蛋白质的结构，利用羧酸根离子与带相反电荷的蛋白质和多糖通过静电吸附结合，羧酸根离子作为交联剂促进蛋白质和多糖的结合。反溶剂法常用于醇溶性的蛋白质和多糖分子，向蛋白质和多糖溶液中添加盐离子或醇溶剂使蛋白质变性，通过共价交联得到纳米粒子，最后利用冻干法除去有机溶剂得到纳米颗粒。

一般来说，外界因素诱导对纳米颗粒的结构影响不可逆转，这有利于维持纳米颗粒的稳定。对纳米颗粒的结构进行分析可以看出，除静电相互作用外，疏水相互作用及氢键在纳米颗粒的形成过程中也起到很大作用。与可溶性复合物相比，纳米颗粒具有更好的pH耐受力和环境稳定性。Hong等人[1]利用热处理β-乳球蛋白和壳聚糖混合物来制备稳定的水凝胶纳米颗粒，发现纳米颗粒可以在溶液中形成网状聚集体，从而提高纳米颗粒在不同pH条件下的稳定性。Chen等人[2]利用植物糖原、酪蛋白酸钠和果胶交联制备了三元复合物纳米颗粒，发现该纳米颗粒在模拟胃肠液与消化酶的作用下表现出良好的胶体稳定性。这种稳定的纳米颗粒也可以用来包埋生物活性物质，并提高其对环境的稳定性。Huang等人[3]利用玉米醇溶蛋白和果胶制备了高载姜黄素的纳米颗粒输送系统，发现纳米颗粒在pH 5～7和高离子强度下具有稳定性以及较好的自由基清除活性。Chen等人[4]利用玉米醇溶蛋白和卡拉胶制备了具有核壳结构的纳米颗粒并将其应用于包埋和递送姜黄素和胡椒碱，发现该纳米颗粒对姜黄素和胡椒碱的光降解和热降解具有明显的抑制作用。稳定的纳米颗粒有利于保护生物活性物质在胃肠道中不被破坏，从而提高生物活性物质及药物的营养靶向输送。

5.2 溶菌酶/黄原胶纳米颗粒的制备与表征

近年来，可食用生物聚合物纳米颗粒的设计与开发在食品、化妆品和医药等领域引起了广泛关注。以蛋白质/多糖大分子自组装基础而建立递送系统，由于其生物相容性好、天然无毒、生物可降解等优点，快速成为食品科技领域研究者们关注的焦点。利用蛋白质和多糖复合物制备具有特定结构的纳米颗粒主要是通过两者之间的静电相互作用。一般来说，当溶液的 pH 值在可溶性复合物形成范围内时，蛋白质和多糖可以通过静电相互作用形成不同尺寸的纳米颗粒。然而，这些纳米颗粒不稳定，随着 pH 值的变化往往会形成不溶性复合物。

为了提高纳米颗粒的稳定性，许多方法被开发出来。其中，热处理过程由于操作简单、耗时短，而成为提高纳米颗粒稳定性的较好选择。Jones 等人[5]通过加热处理制备了 β-乳球蛋白/甜菜果胶纳米颗粒，在 pH 3～7 的范围内，纳米颗粒都表现出良好的稳定性。Xiong 等人[6]利用加热的方法制备了卵清蛋白/羧甲基纤维素纳米颗粒，在室温下保存 30 天后，纳米颗粒的平均尺寸不会发生明显变化。加热可以使蛋白质内部的疏水性基团暴露，使得蛋白质与多糖结合成更加紧密的结构。

因此，朱益清[7]以溶菌酶（Lysozyme，Ly）和黄原胶（Xanthan gum，XG）为研究对象，通过加热处理的方法制备稳定的纳米颗粒。在溶菌酶与黄原胶形成的复合溶液体系中，通过调控 pH 值、蛋白多糖比例、热处理温度和时间，测定复合体系的浊度、粒径和电位的变化。研究溶菌酶与黄原胶形成纳米颗粒的形态以及主要驱动力，探讨纳米颗粒形成过程中蛋白质二级结构、三级结构的变化，为利用溶菌酶与黄原胶静电复合物制备纳米递送载体提供一定的理论依据。

5.2.1 pH 对 Ly/XG 复合物溶液浊度的影响

对于蛋白质和多糖复合体系而言，其凝聚行为主要是通过两者之间的静电相互作用。当溶液的 pH 值在蛋白质的等电点附近变化时，蛋白质和多糖可以通过静电相互作用形成不同尺寸的纳米颗粒或凝聚体，这会导致复合体系透明度的变化。因此，通过测定复合物溶液的透光率可以直接监测凝聚物的大小。图 5.1 显示在不同 pH 条件下 Ly/XG 复合物溶液的透光率曲线以及观测图。从图中可以看出，随着 pH 值的降低，Ly/XG 复合物溶液的透光率也在降低。在低 pH 条件下，强烈的静电相互作用会使 Ly/XG 复合物形成较大的凝聚体。为便于制备尺寸较小的纳米颗粒，通常选择溶液的透光率在 85%以上，即 pH 12 进行后续的实验。

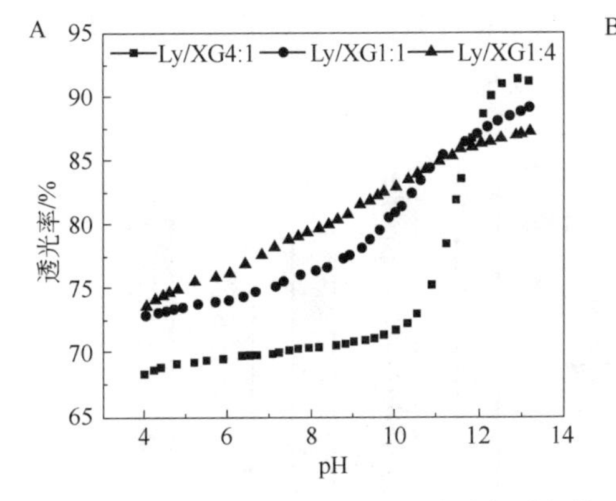

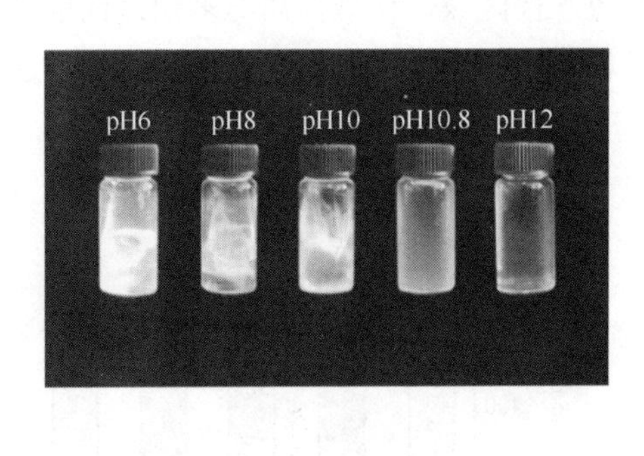

图 5.1　Ly/XG 体系酸化过程的透明度（A）及复合体系外观（B）

Ly：溶菌酶；XG：黄原胶

5.2.2　不同处理方式对纳米颗粒粒径的影响

配制 pH 值为 12，质量比为 1∶1 的 Ly/XG 溶液。采用不同的超声时间（0min、5min、10min、15min、20min）、高速分散（0r/min、3000r/min、5000r/min、10000r/min、15000r/min）、高压均质（0MPa、10MPa、30MPa、50MPa、70MPa）和温度（0℃、30℃、50℃、70℃、90℃）处理后，通过 Malvern ZS-90 仪器对样品的粒径进行测定。

如图 5.2 所示，不同处理方式对纳米颗粒粒径有显著的影响。当超声功率为 400W 时，超声处理 5min 可使纳米颗粒粒径显著降低到 802nm（$P<0.05$）。进一步地，随着超声时间的延长，纳米颗粒粒径没有显著的变化。Wang 等人[8]指出，超声处理会产生空化作用加速粒子间的碰撞，从而降低颗粒尺寸。

当高速分散时间为 5min 时，随着高速分散转速的提高，纳米颗粒的粒径先减小后增大。高速分散转速为 10000r/min 时，纳米颗粒粒径最小为 768nm。李晓旭等[9]人指出，高速分散器通过介质之间的剪切力可以细化纳米颗粒。当高速分散转速达到 15000r/min 时，纳米颗粒的粒径显著增大到 1000nm（$P<0.05$），这是由于较强的剪切力会破坏蛋白质的结构，使纳米颗粒形成不规则的凝聚体。

当高压均质时间为 5min 时，随着均质压力的增加，纳米颗粒的粒径显著下降（$P<0.05$）。均质压力达到 50MPa 时，纳米颗粒粒径最小为 340nm。Shi 等人[10]研究高压均质对肌原纤维蛋白的影响，发现随着均质压力的增大，纳米颗粒的粒径越来越小，与本研究结果一致。

当加热时间为 5min 时，纳米颗粒粒径随着加热温度的增加而降低。加热温度为 70℃时，纳米颗粒粒径显著降低到 214nm（$P<0.05$）。热处理会暴露蛋白质更多

的疏水性区域，使蛋白质与多糖之间的结合更加紧密。综上，加热处理对降低纳米颗粒粒径效果最好，因此选择加热处理进行后续实验。

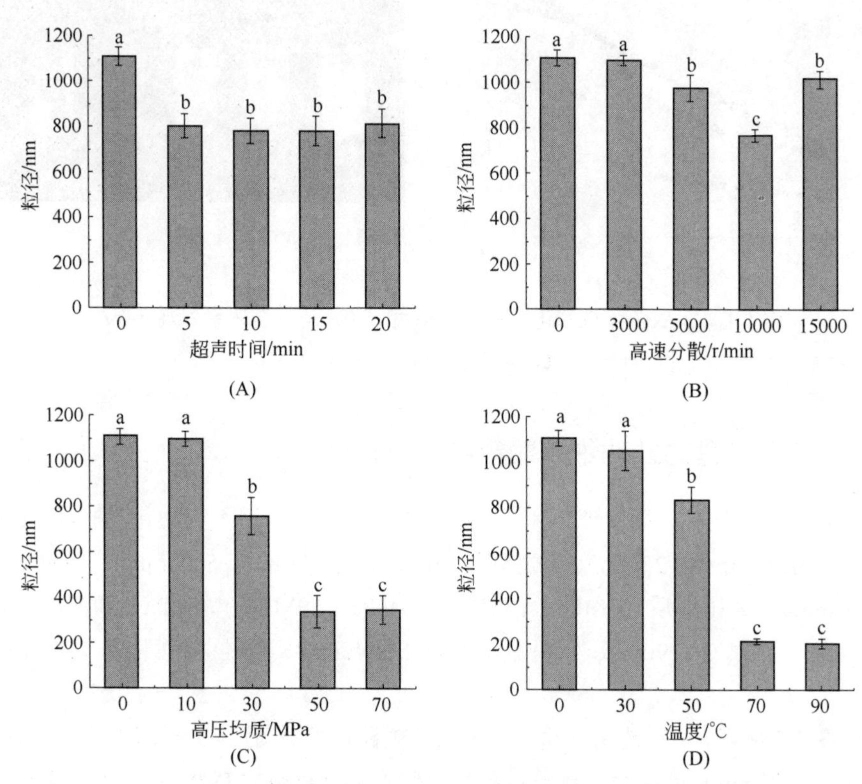

图 5.2　不同处理方式对 Ly/XG 复合物粒径的影响

Ly：溶菌酶；XG：黄原胶；不同字母代表有显著性差异：$P<0.05$

5.2.3　纳米颗粒制备条件的优化结果

设计单因素实验，从 Ly/XG 质量比、加热温度和加热时间这三个因素出发，研究纳米颗粒的最佳制备方法。配制 pH 值为 12 的上述 Ly/XG 溶液，通过动态光散射技术探究质量比（4∶1、2∶1、1∶1、1∶2、1∶4）、加热温度（60℃、70℃、80℃、90℃、100℃）和加热时间（5min、15min、30min、45min、60min）对纳米颗粒粒径、电位和 PDI 的影响。

如图 5.3A 所示，固定加热温度为 80 °C，加热时间为 10min，当 Ly/XG 的质量比从 4∶1 变化到 1∶4 时，纳米颗粒的粒径先从 90nm 降低到 60nm，随后又增加到 190nm。与粒径的变化不同，随着 XG 质量比的增加，纳米颗粒的电位绝对值从 34mV 增加到 40mV。这是由于 XG 是阴离子多糖，多糖质量比的增加提高了纳米颗粒的比表面电荷。同时，过多的 XG 加入会进一步增大纳米颗粒的粒径和多分散性指数（PDI）。

固定 Ly/XG 的质量比为 1∶1，加热时间为 10min 制备纳米颗粒。如图 5.3B 所示，当加热温度从 60℃增加到 100℃时，纳米颗粒的粒径从 158nm 降低到 90nm，随后又增加到 110nm。加热会暴露蛋白质内部的疏水性区域，使蛋白质与多糖之间的结合更加紧密。然而，过度的加热会使蛋白质的结构被破坏，蛋白质与蛋白质分子间会形成凝聚体，从而使形成的纳米颗粒粒径和 PDI 变大。与粒径和 PDI 的变化不同，随着加热温度的增加，纳米颗粒的电位绝对值从 54mV 降低到 32mV。这是由于加热处理会使蛋白质的结构发生变化，带电荷的氨基酸分子发生重排，从而降低了纳米颗粒的表面电荷。

进一步地，固定 Ly/XG 的质量比为 1∶1，加热温度为 90 °C 制备纳米颗粒。如图 5.3C 所示，当加热时间从 5min 增加到 60min 时，纳米颗粒的粒径大小先从 130nm 降低到 70nm，随后又增加到 100nm。纳米颗粒的电位变化与粒径的变化相同。随着加热时间的增加，纳米颗粒的电位绝对值从 45mV 降低到 24mV，最终稳定在 32mV。加热会改变蛋白质的空间结构，从而影响纳米颗粒的表面电荷。较高的表面电荷有助于维持体系的稳定，使得乳状液均匀分布（图 5.3D）。

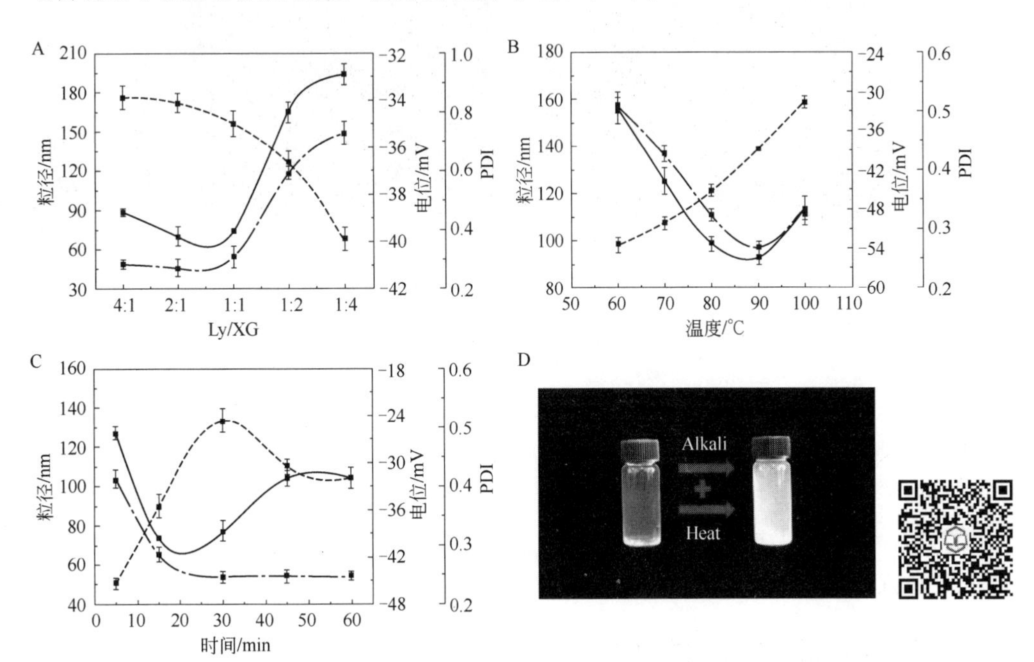

图 5.3　不同 Ly/XG 比例（A）、加热温度（B）、加热时间（C）对 H-NPs 粒径、电位及粒径分布指数的影响，制备前后的外观图（D）

Ly：溶菌酶；XG：黄原胶；H-NPs：溶菌酶/黄原胶纳米颗粒

由此可知，为了制备颗粒尺寸小、表面电荷大、分散性良好的纳米颗粒。后期实验中，会选择 Ly/XG 质量比为 1∶1、加热温度为 90℃、加热时间为 15min 的条件制备纳米颗粒。

5.2.4 微观形貌表征

利用原子力显微镜来观察样品的微观形貌。如图 5.4 所示，单独的 Ly 尺寸较小为 8nm，加热后的 Ly 尺寸增大到 56nm。

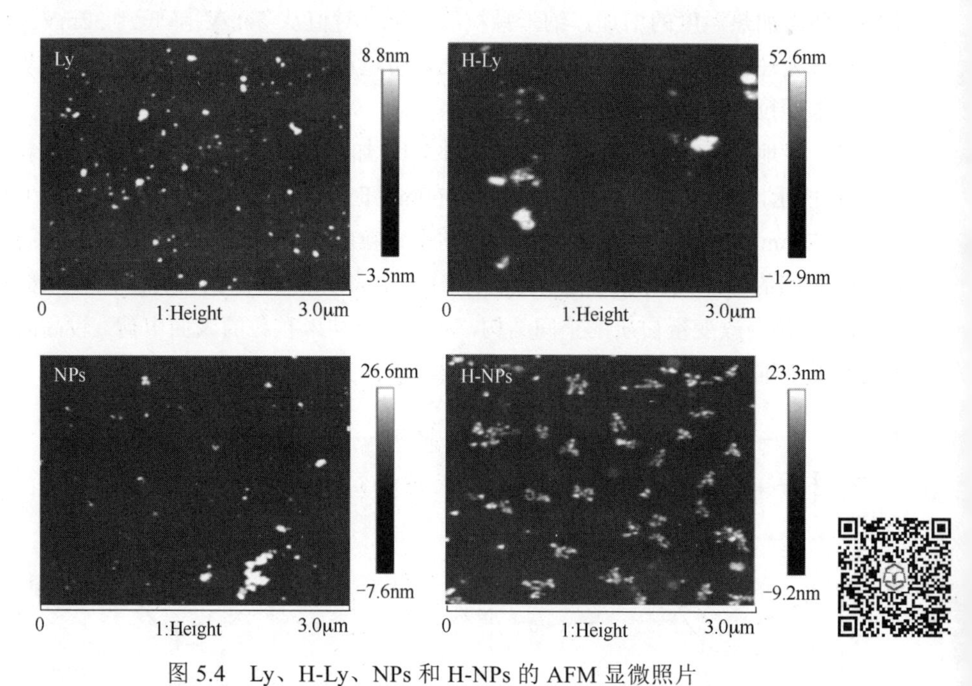

图 5.4 Ly、H-Ly、NPs 和 H-NPs 的 AFM 显微照片

Ly：溶菌酶；H-Ly：加热的溶菌酶；NPs：溶菌酶/黄原胶复合物；H-NPs：溶菌酶/黄原胶纳米颗粒

加热会引起蛋白质结构的变性和展开，使得 Ly 形成了分子聚集体。XG 加入后，NPs 的尺寸增加到 26nm，这是由于 XG 分子通过静电相互作用缠绕在 Ly 分子表面。H-NPs 经过加热后，其尺寸比 NPs 更小，且粒径更加均一。这表明加热使蛋白质结构舒展，从而与多糖的结合更加紧密。值得注意的是，原子力显微镜所测得的粒径尺寸比水合粒径小，这是由于样品在制备过程中经过干燥，失水皱缩。

5.2.5 纳米颗粒的元素组成

利用 X 射线光电子能谱对样品的元素组成进行分析。如图 5.5 所示，XG 在 288eV 和 535eV 处有特征峰，这代表了多糖的 C、O 元素峰。Ly 在 198eV、285eV、

400eV 和 531eV 处有特征峰，这代表了蛋白质中的 S、C、N、O 元素峰。其中 S 元素的含量较其他元素低，这是由于 Ly 中只含有 4 对二硫键，维持着蛋白质的空间构型。与 XG 结合后，H-NPs 纳米颗粒在 199eV、286eV、400eV 和 532eV 处有 S、C、N、O 元素峰，表明 XG 与 Ly 相互结合组成了纳米颗粒的基本骨架。同时，H-NPs 中 C、N 元素的峰强度远低于 Ly 中 C、N 元素的峰强度，说明 Ly 可能在纳米颗粒的内部，XG 通过多糖链缠绕在 Ly 的表面，构成了纳米颗粒的骨架。

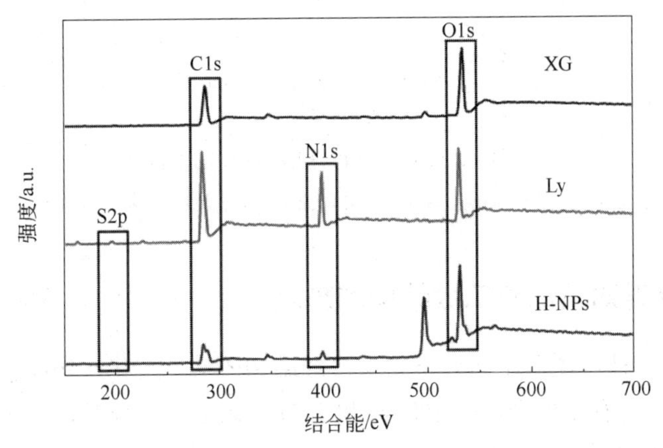

图 5.5　Ly、XG 和 H-NPs 的 X 射线光电子能谱分析

Ly：溶菌酶；XG：黄原胶；H-NPs：溶菌酶/黄原胶纳米颗粒

5.2.6　热处理对纳米颗粒特征官能团的影响

傅里叶红外光谱可反映 Ly 与 XG 制备 H-NPs 过程中可能的相互作用。如图 5.6 所示，Ly 在 1650～1540cm^{-1} 区域观察到一个强而宽的波段，这归因于酰胺 Ⅰ 和 Ⅱ 的伸缩振动。Ly 在 3365cm^{-1} 处的主要吸收峰与游离氨基的 N—H 伸缩振动有关。与 Ly 相比，H-Ly 的 N—H 伸缩振动吸收峰向更高的波长 3457cm^{-1} 移动，表明加热处理形成了氢键。在 NPs 中显示了 XG 的傅里叶红外光谱。在 1062cm^{-1} 处的吸收峰与 C—O 和 C—C 以及 C—H 的伸缩振动有关。1656cm^{-1} 和 1456cm^{-1} 处的吸收峰与 XG 侧链三糖中的羧酸阴离子的不对称和对称伸缩振动有关。在 1656～1456cm^{-1} 的波长范围内也发现了 Ly 和 XG 的相互作用，表明复合物形成了对称拉伸模式。波长从 1656cm^{-1} 到 1456cm^{-1} 和酰胺 Ⅱ 键在 1542cm^{-1} 处的位移表明 Ly 和 XG 之间的静电相互作用发生在 Ly 的胺基（—NH_3^+）和 XG 的羧基（—COO）上。H-NPs 中—OH 拉伸的振动峰出现在 3453cm^{-1} 处。—OH 键已经被广泛报道参与氢键的形成，因此氢键在 H-NPs 的形成中也起着重要的作用。

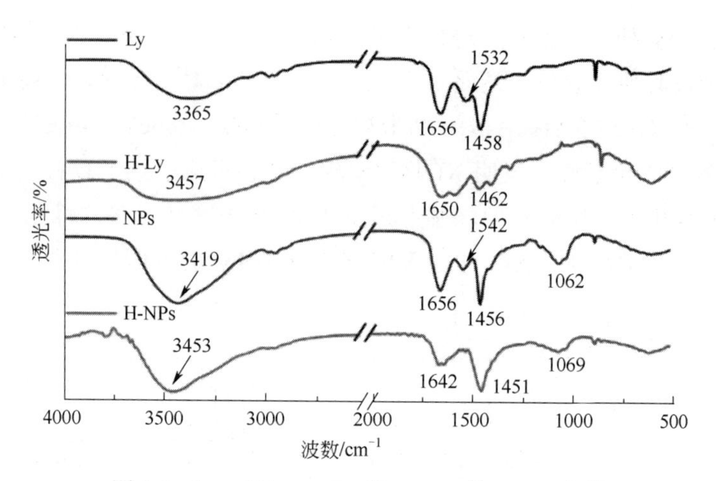

图 5.6　Ly、H-Ly、NPs 和 H-NPs 的 FT-IR 光谱

Ly：溶菌酶；H-Ly：加热的溶菌酶；NPs：溶菌酶/黄原胶复合物；H-NPs：溶菌酶/黄原胶纳米颗粒

5.2.7　热处理对蛋白质二级结构的影响

圆二色谱已被广泛用于研究蛋白质二级结构的构象变化。如图 5.7 所示，天然 Ly 在 192nm 附近有正电带，在 208nm 和 222nm 附近有负电带，这表明了 α-螺旋结构的存在。热处理后，Ly 的 CD 光谱发生了变化。与 Ly 相比，H-Ly 和 H-NPs 的阴性信号明显减弱。说明热处理对蛋白质二级结构有显著影响。Ly 的二级结构信息通过软件自带的杨氏方程计算。

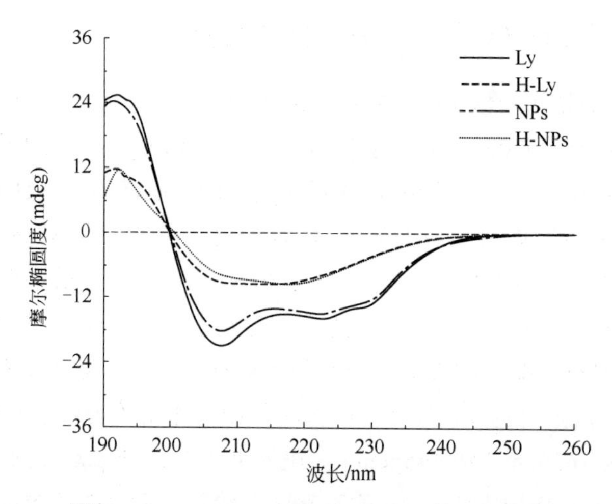

图 5.7　Ly、H-Ly、NPs 和 H-NPs 的 CD 光谱

Ly：溶菌酶；H-Ly：加热的溶菌酶；NPs：溶菌酶/黄原胶复合物；
H-NPs：溶菌酶/黄原胶纳米颗粒

如表 5.1 所示，与 Ly 相比，H-Ly 和 H-NPs 的 α-螺旋含量显著下降（$P<0.05$）。同时，H-Ly 和 H-NPs 的 β-折叠和无规则卷曲的含量显著增加（$P<0.05$）。Ly 的 α-螺旋结构主要由分子间的氢键稳定。热处理能够破坏氢键，导致 Ly 二级结构的变化。与 H-Ly 相比，H-NPs 具有较高的 α-螺旋和 β-转角含量。这是蛋白质和多糖之间相互作用的结果，加入 XG 有利于减缓二级结构转变的趋势。热处理使 Ly 二级结构打开，从 α-螺旋转变为 β-折叠。因此纳米颗粒中 Ly 与 XG 的相互作用发生改变。

表 5.1　Ly、H-Ly、NPs 和 H-NPs 的二级结构含量

样品	二级结构（%）			
	α-螺旋	β-折叠	β-转角	无规则卷曲
Ly	17.3±0.3 [a]	34.8±0.5 [c]	22.4±0.8 [a]	29.4±0.2 [c]
H-Ly	6.2±0.5 [c]	39.3±0.3 [a]	20.3±0.5 [b]	34.4±0.3 [a]
NPs	13.4±1.0 [b]	39.1±0.9 [a]	22.0±0.2 [a]	30.4±0.6 [b]
H-NPs	6.3±0.6 [c]	36.7±0.4 [b]	21.1±1.0 [ab]	34.9±0.7 [a]

注：Ly：溶菌酶；H-Ly：加热的溶菌酶；NPs：溶菌酶/黄原胶复合物；H-NPs：溶菌酶/黄原胶纳米颗粒；不同字母表示同一列数据具有显著性差异：$P<0.05$。

5.2.8　热处理对蛋白质内源荧光和表面疏水性的影响

色氨酸残基的荧光光谱被认为是研究蛋白质三级结构构象变化的良好指标。Ly 中含有 6 个色氨酸，因此可以通过荧光强度的变化来判断热处理过程中 Ly 三级结构的改变。在图 5.8A 中，当激发波长为 280nm 时，Ly 在 347nm 处有较强的荧光强度。与 Ly 相比，H-Ly 的荧光强度略有增加，说明热处理导致了 Ly 分子的结构变化，即从紧密结构变为拉伸状态。因此，Ly 的三级结构发生改变，导致内部疏水性的色氨酸残基暴露在蛋白质表面。与 Ly 相比，NPs 的荧光强度有所下降且有较小的蓝移。这一发现归因于静电相互作用形成的蛋白质/多糖复合物。研究表明静电斥力可以将 Ly 中的色氨酸残基转移到一个更疏水的环境中。与 NPs 相比，H-NPs 的荧光强度也略有增加，这表明热处理引起色氨酸残基微环境的显著变化。

表面疏水性是蛋白质结构转化的一个重要指标，其特征是考察暴露在蛋白质分子表面的疏水基团数量。在图 5.8B 中，H-Ly 的表面疏水性显著增加到 4360（$P<0.05$）。一般来说，非极性氨基酸被观察为蛋白质的疏水核心，而极性氨基酸被认为分布在蛋白质表面。热处理能够展开蛋白质的二级结构，导致最初位于 Ly 内部的疏水基团暴露。与 XG 结合后，H-NPs 和 NPs 的表面疏水性分别提高到 5227 和 8582（$P<0.05$）。这一现象可能是由于带相反电荷的生物聚合物通过静电引力相互作用。XG 能够筛选出 Ly 的亲水性带电碎片，导致新形成的水合物颗粒疏水性增加。同时，

H-NPs 的表面疏水性低于 NPs。这是由于热处理引起的静电复合物的空间位阻效应，降低了 Ly 的内源荧光。

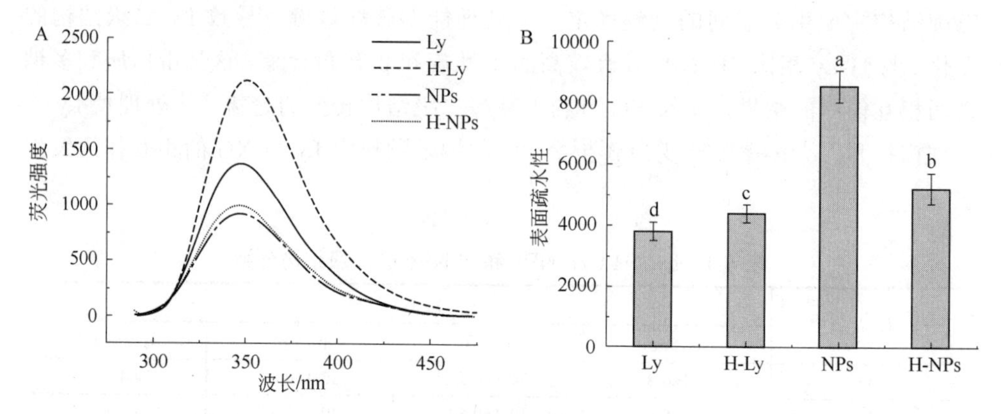

图 5.8　Ly、H-Ly、NPs 和 H-NPs 的荧光光谱及疏水性分析

Ly：溶菌酶；H-Ly：加热的溶菌酶；NPs：溶菌酶/黄原胶复合物；H-NPs：溶菌酶/黄原胶纳米颗粒；不同字母代表有显著性差异：$P<0.05$

5.3　玉米醇溶蛋白/阿拉伯胶纳米颗粒的制备与表征

为了进一步研究蛋白质/多糖体系对活性肽的包埋研究，罗谢琪[11]选择前期实验中包埋效率较低的大米硒肽 TSeMMM 为研究对象，利用具有自组装特性的玉米醇溶蛋白和阴离子多糖制备尺寸可控的纳米颗粒，在超声条件辅助下，以包埋效率为评价指标，对大米硒肽包埋的条件进行优化。再通过傅里叶红外、粒径、原子力显微镜等，对纳米颗粒的形成及相互作用机制进行表征。

5.3.1　样品溶液的制备

玉米醇溶蛋白（zein）中 α-玉米醇溶蛋白占 75%～85%，是纳米颗粒自组装的主要材料。参考 Paraman 的方法，并稍作修改，对商用玉米醇溶蛋白进行处理，以获得纯化的 α-玉米醇溶蛋白。将 25g 的玉米醇溶蛋白悬浮在 100mL 的乙醇水溶液（90%无水乙醇）中，并在室温下剧烈搅拌 1h。在 10000r/min 下离心 20min，除去不溶解的部分。将得到的上清液在 4℃下保存过夜，并在 10000r/min 下再次离心 20min，以去除不溶性部分。加入冷蒸馏水（15℃）以沉淀蛋白质，蒸馏水与玉米醇溶蛋白水溶液的体积比为 1∶1。将沉淀物冷冻干燥后，研磨成粉末，即为纯化后的 α-玉米醇溶蛋白，为了简化描述，在下面的文字中用玉米醇溶蛋白来表示 α-玉米醇溶蛋白。取 0.1g 玉米醇溶蛋白冻干粉末溶于 10mL 70%乙醇水溶液中，磁力搅拌至完全溶解，即为 10mg/mL zein 原液。将商用阿拉伯胶（GA）粉末（10.0g）溶于

100mL 去离子水，获得 100mg/mL 的 GA 溶液。离心除去不溶性物质，将上清液冷冻干燥后研磨，得到纯化的 GA 粉末。分别取 GA 粉末 0.01g、0.02g、0.05g、0.10g、0.20g 溶于 10mL 去离子水中，磁力搅拌至完全溶解，得到不同浓度 GA 原液。称取大米硒肽 TSeMMM（T），溶解于 10mL 的超纯水中，得到硒浓度为 1g/mL 的 T 的储备液。

5.3.2　纳米颗粒制备条件的优化

利用反溶剂沉淀法制备玉米醇溶蛋白/阿拉伯胶纳米颗粒（zein/GA）。取浓度为 10mg/mL 的玉米醇溶蛋白 500μL 加入 39mL 去离子水中，再分别加入 500μL 的不同浓度的 GA 原液，得到溶液总体积为 40mL，磁力搅拌 2h 后，4000r/min 离心取上清液，得到纳米颗粒。用 Malvern Nano ZS 纳米粒度仪对溶液中粒径、PDI、电位进行测定。

5.3.3　不同浓度下 zein/GA 的粒径和分散指数

图 5.9A 显示了玉米醇溶蛋白和不同质量比 zein/GA 纳米复合物的粒径大小分布。当 GA 与 zein 的质量比分别为 10∶1、5∶1 和 2∶1 时，zein/GA 的粒径分布向双肩峰转移。随着 GA 浓度的增加，在质量比为 1∶1 和 1∶2 时，zein/GA 纳米颗粒的单峰分别位于 187nm 和 210nm 处。值得注意的是，在质量比为 1∶1 时观察到最尖锐和最窄的峰。结果与以前的研究一致。图 5.9B 显示了不同质量比的 zein/GA 纳米颗粒的 PDI 结果。玉米醇溶蛋白溶液中 GA 的存在引起了 PDI 值的下降。在 zein/GA 质量比为 1∶1 时，PDI 达到了最低值，为 0.156±0.006。体系的 PDI 值越小，说明体系就越稳定。根据这些结果，在 zein/GA 质量比为 1∶1 时形成了二元纳米复合材料。这被有效地用于进一步的实验。

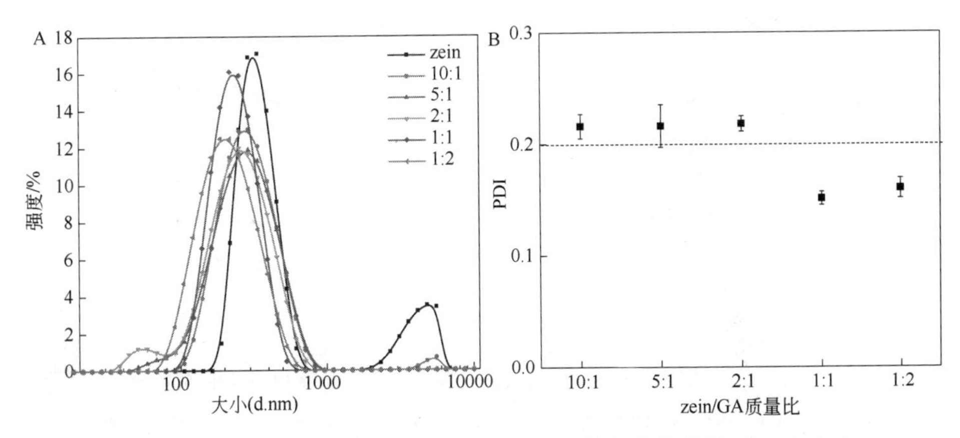

图 5.9　zein/GA 纳米颗粒的粒径分布（A）和粒径分散指数（PDI）（B）

5.4 不同纳米颗粒对大米硒肽 TSeMMM 和 SeMDPGQQ 的包埋作用

5.4.1 溶菌酶/黄原胶纳米颗粒对大米硒肽 TSeMMM 和 SeMDPGQQ 的包埋作用

5.4.1.1 纳米颗粒对大米硒肽的包封率、负载率

通过 HPLC-ICPMS 测定硒元素的标准曲线，根据标准曲线计算大米硒肽的含量，得出包埋不同浓度大米硒肽（50 μg/mL、100 μg/mL、200 μg/mL、400 μg/mL、800 μg/mL）的纳米颗粒的包封率和负载率。从图 5.10A 可以看出，当包埋大米硒肽浓度为 200 μg/mL 时，纳米颗粒的包封效果较好。H-NPs 对 STP（TSeMMM）的包封率为 32.94%，负载率为 3.92%；对 SHP（SeMDPGQQ）的包封率为 40.62%，负载率为 3.55%。Du 等人[12]利用壳聚糖-三聚磷酸酯纳米颗粒包埋蛋清肽，发现纳米颗粒对小于 1kDa 的蛋清肽包埋效果最好。小分子的肽更容易进入纳米颗粒的内部，从而提高了 H-NPs 的包封率和负载率。

进一步地，我们研究了包埋时间对包埋大米硒肽的纳米颗粒的包封率和负载率的影响。从图 5.10B 可以看出，当包埋时间达到 30min 时，H-NPs 对大米硒肽的包埋效果最好，H-NPs 对 STP 的包封率为 34.35%，负载率为 3.74%；对 SHP 的包封率为 37.35%，负载率为 3.06%。从纳米颗粒对大米硒肽的负载率可以看出，H-NPs 对 SHP 的负载率较好。这可能是由于 SHP 是亲水性的肽，纳米颗粒的表面由亲水性的多糖组成，多糖可以通过分子链的弯曲折叠对 SHP 进行有效的包埋。

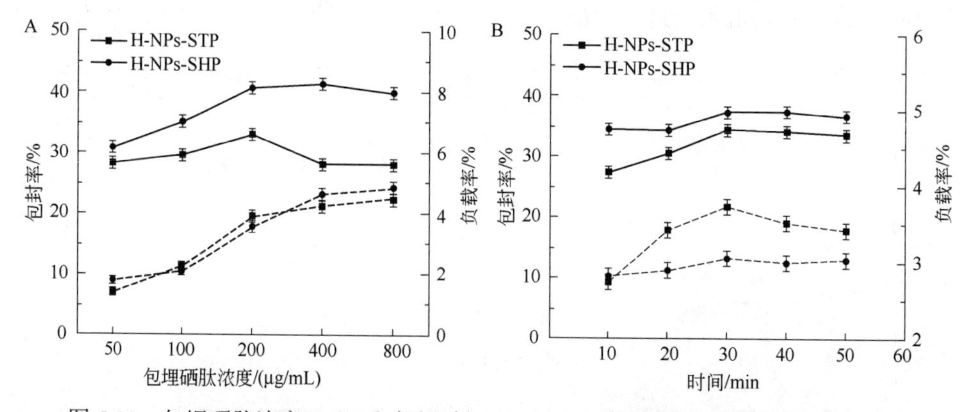

图 5.10 包埋硒肽浓度（A）和包埋时间（B）对大米硒肽包封率和负载率的影响

STP：TSeMMM；SHP：SeMDPGQQ；H-NPs-STP：包埋 TSeMMM 的溶菌酶/黄原胶纳米颗粒；H-NPs-SHP：包埋 SeMDPGQQ 的溶菌酶/黄原胶纳米颗粒

5.4.1.2　包埋大米硒肽对纳米颗粒的粒径、电位变化影响

利用动态光散射仪对包埋大米硒肽的纳米颗粒进行粒径的测定。从图 5.11A 和图 5.11C 可以看出，两条大米硒肽 STP 和 SHP 的粒径都非常小，低于 10nm。纳米颗粒 H-NPs 的初始粒径为 153nm，包埋了大米硒肽后，其粒径显著降低（$P<0.05$），H-NPs-STP 的粒径降低到 145nm，H-NPs-SHP 的粒径降低到 148nm。小分子的肽可以与纳米颗粒内部的空间位点相结合，从而使纳米颗粒的结构更加紧密。

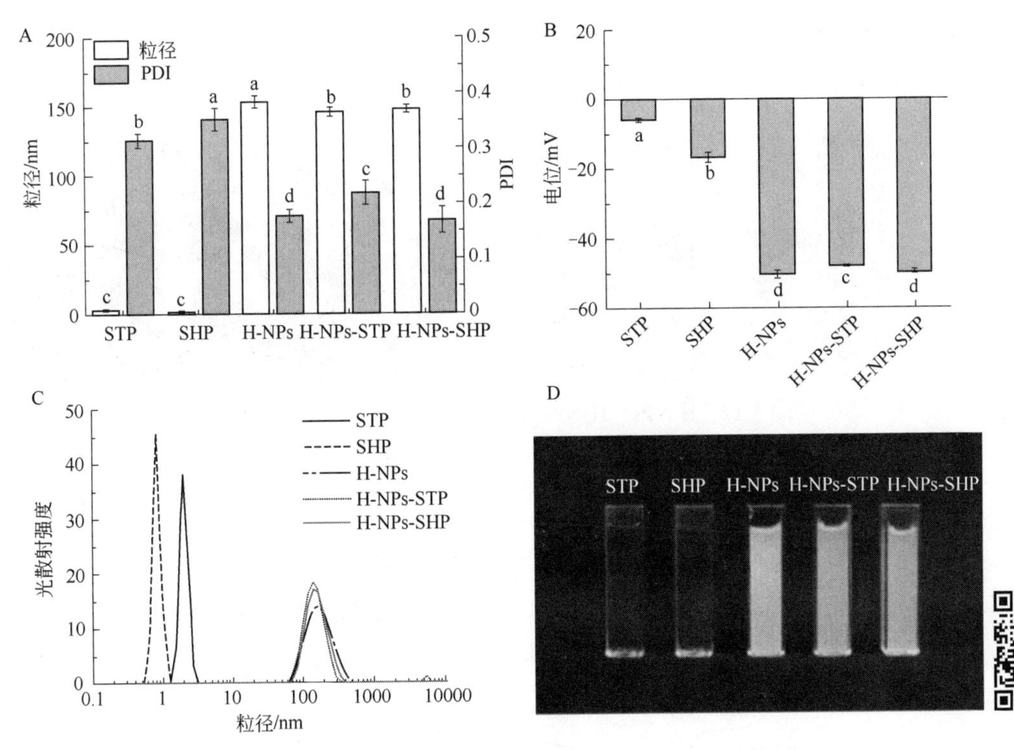

图 5.11　STP、SHP、H-NPs、H-NPs-STP 和 H-NPs-SHP 的粒径（A）、电位（B）、强度分布（C）和直观图（D）

STP：TSeMMM；SHP：SeMDPGQQ；H-NPs：溶菌酶/黄原胶纳米颗粒；H-NPs-STP：包埋 TSeMMM 的溶菌酶/黄原胶纳米颗粒；H-NPs-SHP：包埋 SeMDPGQQ 的溶菌酶/黄原胶纳米颗粒；不同字母代表有显著性差异：$P<0.05$

进一步地，对包埋大米硒肽的纳米颗粒进行电位的测定。从图 5.11B 可以看出，两条大米硒肽均带负电荷，STP 的电位绝对值为 5mV，SHP 的电位绝对值为 16mV。同时，与未包埋大米硒肽的纳米颗粒相比，包埋大米硒肽的纳米颗粒的电位绝对值略有降低。H-NPs 的初始电位绝对值为 50mV，而 H-NPs-STP 和 H-NPs-SHP 的电位绝对值分别为 47mV 和 49mV。结果表明，大米硒肽主要是通过静电相互作用与纳米颗粒内部带正电荷的溶菌酶相结合，从而被较好地包埋进纳米颗粒。带负电荷的

大米硒肽与同样带负电荷的黄原胶分子之间产生静电排斥，使得包埋大米硒肽的纳米颗粒电位绝对值降低。此外，强大的静电力使得包埋硒肽的纳米颗粒在乳状液中均匀分布（图 5.11D）。

5.4.1.3　微观形貌表征

透射电镜的结果进一步证实了 H-NPs 具有良好的粒径分布及椭圆形外观，这与先前的实验结果相一致。从图 5.12 中可以看出，H-NPs、H-NPs-STP 和 H-NPs-SHP 的粒径均为 200nm 左右，包埋大米硒肽前后纳米颗粒的外观形貌没有较大变化，表明大米硒肽被成功包埋进纳米颗粒。

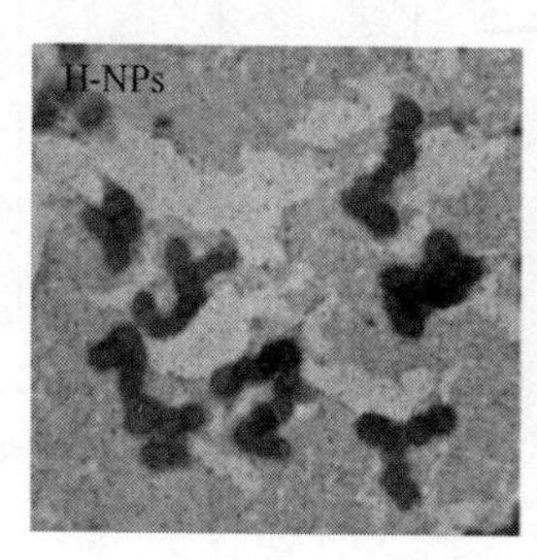

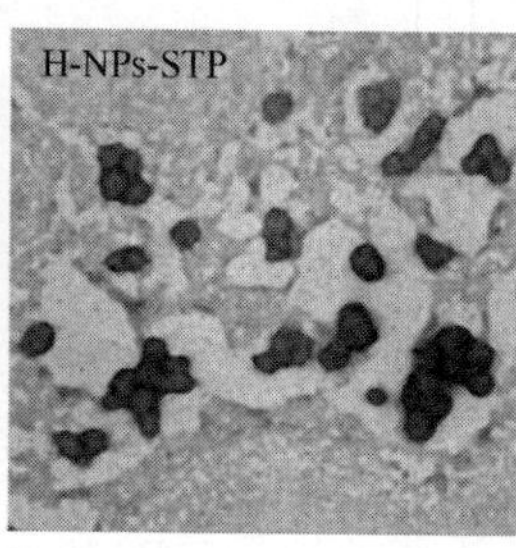

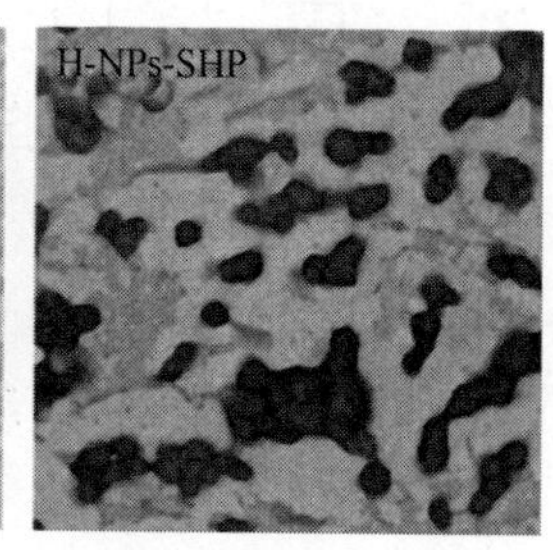

图 5.12　H-NPs、H-NPs-STP 和 H-NPs-SHP 的 TEM 照片

H-NPs：溶菌酶/黄原胶纳米颗粒；H-NPs-STP：包埋 TSeMMM 的溶菌酶/黄原胶纳米颗粒；H-NPs-SHP：包埋 SeMDPGQQ 的溶菌酶/黄原胶纳米颗粒

5.4.1.4　包埋大米硒肽对纳米颗粒特征官能团的影响

傅里叶红外光谱可以反映大米硒肽在包埋过程中与纳米颗粒的相互作用。如图 5.13 所示，在 1600～1400cm^{-1} 为蛋白质的酰胺Ⅰ带、酰胺Ⅱ带的振动峰。与 H-NPs

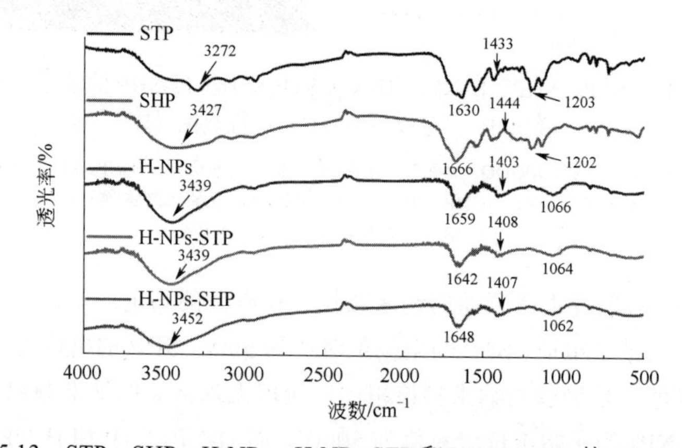

图 5.13　STP、SHP、H-NPs、H-NPs-STP 和 H-NPs-SHP 的 FT-IR 光谱

STP，TSeMMM；SHP，SeMDPGQQ；H-NPs，溶菌酶/黄原胶纳米颗粒；H-NPs-STP，包埋 TSeMMM 的溶菌酶/黄原胶纳米颗粒；H-NPs-SHP，包埋 SeMDPGQQ 的溶菌酶/黄原胶纳米颗粒

结合后，STP 的酰胺Ⅱ带出现了红移，表明 STP 与 H-NPs 通过静电相互作用结合。SHP 与 H-NPs 的结合过程中其酰胺Ⅰ带、酰胺Ⅱ带也发生了明显的伸缩振动。同时，在 $3453cm^{-1}$ 处有明显的 O—H 的伸缩振动，表明 SHP 与 H-NPs 的结合除了静电相互作用外还有氢键相互作用。之前的研究结果表明 STP 为疏水性肽，而 SHP 为亲水性肽，因此 SHP 可以与多糖的亲水性侧链反应[13]。

5.4.1.5　包埋大米硒肽对纳米颗粒晶型结构的影响

X 射线衍射可以用来分析物质的晶型结构。如图 5.14 所示，STP 在 2θ 值为 20.0°左右出现了较宽泛的衍射峰，表明 STP 是一种无定型的非晶体结构肽。SHP 在 2θ 值为 24.0°、30.3°和 46.9°处出现了较强的衍射峰，表明 SHP 具有高度的晶体结构。王俊强等[14]人利用 X 射线衍射技术对大豆肽的晶型结构进行分析，发现大豆肽仅在 2θ 值为 20.0°时有一个较宽的衍射峰。吴迪等[15]人利用 X 射线衍射技术对醋蛋液中活性多肽的晶型结构进行分析，发现活性多肽在 21.4°、31.6°和 45.3°处有较强的衍射峰。生物活性肽存在无定型或晶体型两种结构，这可能是由氨基酸的排列顺序决定的。H-NPs 在 2θ 值为 31.9°和 45.6°处有较强的衍射峰，表明纳米颗粒具有晶体结构。而包埋了大米硒肽后，H-NPs-STP 和 H-NPs-SHP 并没有出现其他的特征峰，表明 H-NPs 可以很好地将两条大米硒肽包埋进纳米颗粒的内部。

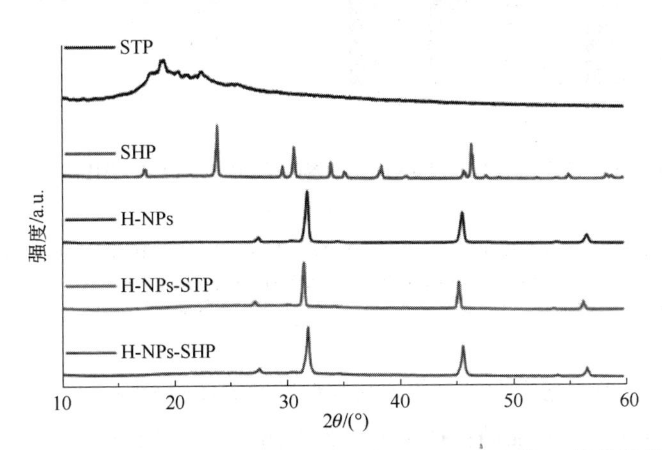

图 5.14　STP、SHP、H-NPs、H-NPs-STP 和 H-NPs-SHP 的 X 射线衍射光谱图

STP：TSeMMM；SHP：SeMDPGQQ；H-NPs：溶菌酶/黄原胶纳米颗粒；H-NPs-STP：包埋 TSeMMM 的溶菌酶/黄原胶纳米颗粒；H-NPs-SHP：包埋 SeMDPGQQ 的溶菌酶/黄原胶纳米颗粒

5.4.1.6　包埋大米硒肽对纳米颗粒稳定性的影响因素

（1）pH 对包埋大米硒肽的纳米颗粒稳定性的影响

不同 pH 条件下样品的粒径电位如图 5.15 所示。从图中可以看出，pH 对大米硒

肽的粒径影响较大，随着 pH 值的降低，大米硒肽的粒径逐渐增加。在 pH 值为 3 时，STP 和 SHP 的粒径达到峰值，分别为 820nm 和 921nm。这可能是由于 pH 3 接近大米硒肽的等电点，使得大米硒肽发生聚集。同时，大米硒肽在 pH 3～7 的范围内电位值都比较低，说明大米硒肽在溶液中不稳定。经过纳米颗粒的包埋后，H-NPs-STP 和 H-NPs-SHP 在 pH 3～7 的范围内电位值增加。这是由于 H-NPs 纳米颗粒本身带有较强的负电荷，强烈的静电斥力有利于维持 H-NPs-STP 和 H-NPs-SHP 在不同 pH 条件下的稳定性。从粒径的分析结果可以看出，H-NPs-STP 和 H-NPs-SHP 在 pH 3 时粒径只增加到 407nm 和 391nm，与 STP 和 SHP 相比具有显著性差异（P<0.05）。该结果表明纳米颗粒包埋可以有效提高大米硒肽在不同 pH 条件下的稳定性。

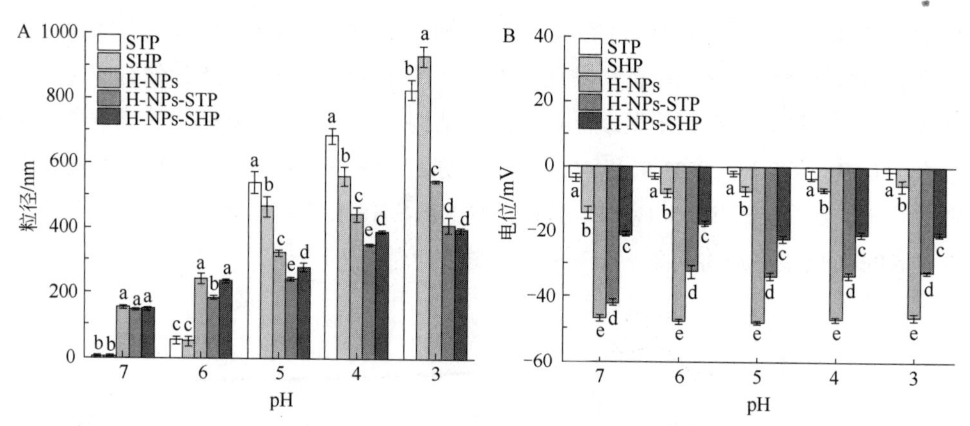

图 5.15　pH 对 STP、SHP、H-NPs、H-NPs-STP 和 H-NPs-SHP 粒径（A）和电位（B）的影响

STP：TSeMMM；SHP：SeMDPGQQ；H-NPs：溶菌酶/黄原胶纳米颗粒；H-NPs-STP：包埋 TSeMMM 的溶菌酶/黄原胶纳米颗粒；H-NPs-SHP：包埋 SeMDPGQQ 的溶菌酶/黄原胶纳米颗粒；不同字母代表有显著性差异：P<0.05

（2）NaCl 浓度对包埋大米硒肽的纳米颗粒稳定性的影响

不同 NaCl 浓度下样品的粒径电位如图 5.16 所示。从图中可以看出，初始浓度下 STP、SHP、H-NPs、H-NPs-STP 和 H-NPs-SHP 的粒径较小，分别为 15nm、10nm、150nm、129nm 和 128nm。当 NaCl 浓度达到 100mmol/L 时，STP、SHP、H-NPs、H-NPs-STP 和 H-NPs-SHP 都发生了较大的聚集，粒径分别增加到 1227nm、896nm、739nm、748nm 和 709nm。静电斥力是维持粒径大小的主要因素，一定浓度的 NaCl 可以屏蔽静电斥力。Pan 等人[16]研究了 NaCl 浓度对大米蛋白乳液稳定性的影响，发现高浓度的 NaCl 具有静电屏蔽效应，从而破坏大米蛋白乳液的稳定性。从电位的

分析结果可以看出，当 NaCl 浓度达到 100mmol/L 时，STP、SHP、H-NPs、H-NPs-STP 和 H-NPs-SHP 的电位绝对值分别降低到 2mV、8mV、31mV、25mV 和 30mV。降低的电位值表明样品间的静电斥力减弱，从而出现较大的聚集。同时，与 STP 和 SHP 相比，H-NPs-STP 和 H-NPs-SHP 在不同 NaCl 浓度下拥有更小的粒径和更大的表面电荷，表明纳米颗粒包埋可以有效提高大米硒肽在不同 NaCl 浓度下的稳定性。

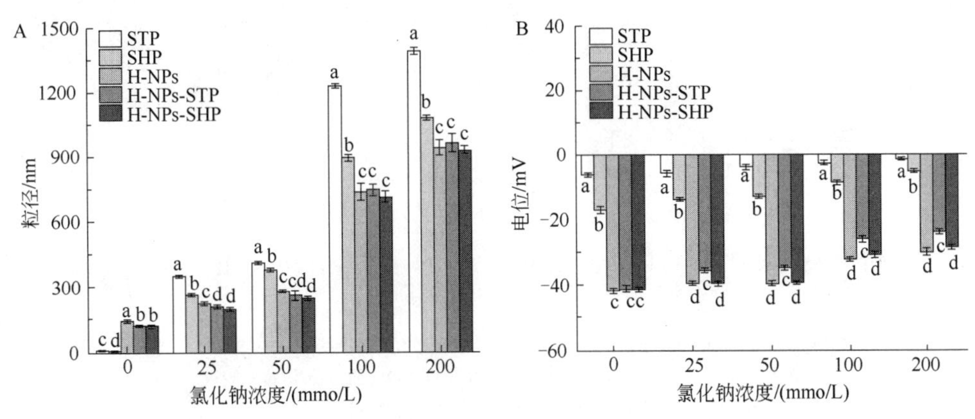

图 5.16　NaCl 离子浓度对 STP、SHP、H-NPs、H-NPs-STP 和 H-NPs-SHP 粒径（A）和电位（B）的影响

STP：TSeMMM；SHP：SeMDPGQQ；H-NPs：溶菌酶/黄原胶纳米颗粒；H-NPs-STP：包埋 TSeMMM 的溶菌酶/黄原胶纳米颗粒；H-NPs-SHP：包埋 SeMDPGQQ 的溶菌酶/黄原胶纳米颗粒；不同字母代表有显著性差异：$P<0.05$

（3）储藏时间对包埋大米硒肽的纳米颗粒稳定性的影响

不同储藏天数下样品的粒径电位如图 5.17 所示。随着储藏时间的延长，大米硒肽 STP 和 SHP 的粒径逐渐增加。储藏时间到第 28 天时，STP 和 SHP 的粒径增加到 907nm 和 881nm，表明大米硒肽的储藏稳定性较差。包埋大米硒肽的 H-NPs-STP 和 H-NPs-SHP 纳米颗粒在初始阶段的粒径为 145nm 和 148nm，经过 7 天的储藏后，粒径只增加到 178nm 和 193nm，表明 H-NPs-STP 和 H-NPs-SHP 在 7 天内具有良好的储藏稳定性。进一步地，随着储藏时间的延长，H-NPs-STP 和 H-NPs-SHP 的粒径逐渐增加，并在第 28 天达到最大值为 536nm 和 655nm。H-NPs-STP 和 H-NPs-SHP 在第 28 天的粒径与 STP 和 SHP 相比具有显著性差异（$P<0.05$），表明纳米颗粒包埋可以有效提高大米硒肽的储藏稳定性。从电位值的变化可以看出，经过 28 天的储藏，STP、SHP、H-NPs-STP 和 H-NPs-SHP 的电位绝对值分别为 3mV、6mV、34mV 和 31mV。较高的电位值说明纳米颗粒带有较强的静电斥力，这有利于维持 H-NPs-STP 和 H-NPs-SHP 在 28 天储藏条件下的稳定性。值得注意的是，未包埋大米硒肽的 H-NPs

纳米颗粒经过 28 天的储藏，始终具有较小的粒径（261nm）和较大的表面电荷（>−40mV），说明 H-NPs 结构稳定。

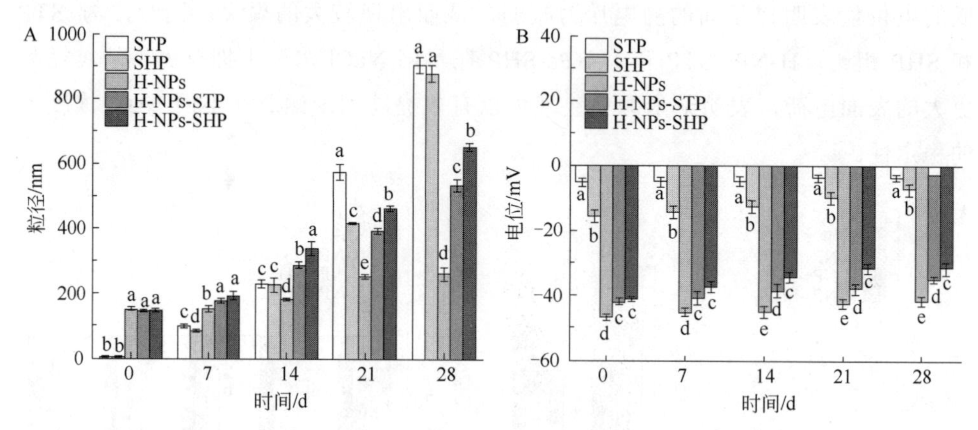

图 5.17 储藏时间对 STP、SHP、H-NPs、H-NPs-STP 和 H-NPs-SHP 粒径（A）和电位（B）的影响

STP：TSeMMM；SHP：SeMDPGQQ；H-NPs：溶菌酶/黄原胶纳米颗粒；H-NPs-STP：包埋 TSeMMM 的溶菌酶/黄原胶纳米颗粒；H-NPs-SHP：包埋 SeMDPGQQ 的溶菌酶/黄原胶纳米颗粒；不同字母代表有显著性差异：$P<0.05$

5.4.1.7 包埋大米硒肽对纳米颗粒体外抗氧化活性的影响

以两条大米硒肽 STP 和 SHP、未包埋大米硒肽的 H-NPs 纳米颗粒为对照，评估包埋大米硒肽的 H-NPs-STP 和 H-NPs-SHP 纳米颗粒的体外抗氧化能力。如图 5.18 所示，随着包埋大米硒肽浓度的提高，STP、SHP、H-NPs-STP 和 H-NPs-SHP 的体外自由基清除能力也随之增强。当包埋大米硒肽的浓度为 800 μg/mL 时，STP、SHP、H-NPs-STP 和 H-NPs-SHP 的自由基清除能力达到最强。此时，STP、SHP、H-NPs、H-NPs-STP 和 H-NPs-SHP 对 DPPH•自由基清除率为 19.73%、16.15%、40.70%、62.13%和 55.89%；对 ABTS•$^+$自由基清除率为 27.69%、12.27%、43.85%、60.14%和 48.87%；对•O^{2-}自由基清除率为 15.72%、12.54%、46.28%、65.87%和 61.79%；对•OH^-自由基清除率为 26.54%、23.48%、40.61%、70.44%和 68.81%。STP 的抗氧化活性高于 SHP，这可能是由于 STP 中含有更多的疏水性氨基酸。相关研究表明，氨基酸的组成和排列顺序对小肽的抗氧化活性起决定性作用。与 STP 和 SHP 相比，H-NPs 的抗氧化活性更显著（$P<0.05$），这是因为纳米颗粒由蛋白质和多糖两种生物大分子组成，具有更强的提供 H 质子的能力。同时，与 H-NPs 相比，H-NPs-STP 和 H-NPs-SHP 的抗氧化活性更高，这是大米硒肽与纳米颗粒协同作用的结果。H-NPs 是一种良好的小分子肽包埋载体，在包埋后不会影响大米硒肽的抗氧化活性。

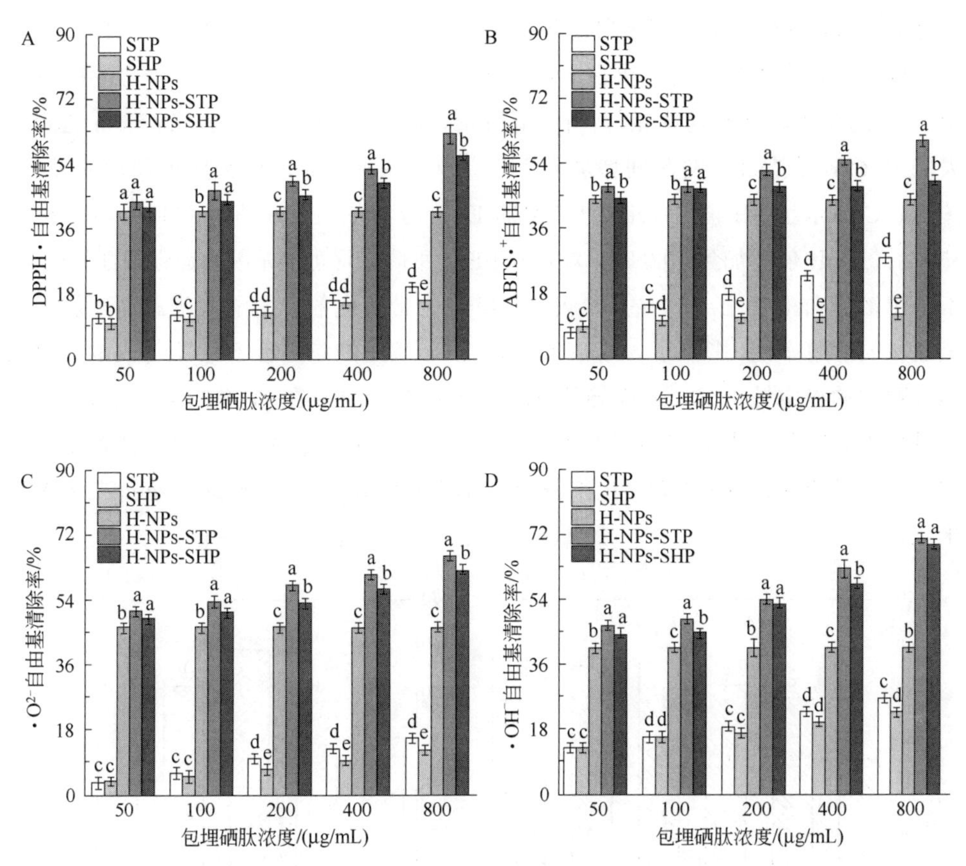

图 5.18　STP、SHP、H-NPs、H-NPs-STP 和 H-NPs-SHP 的 DPPH 自由基清除率（A）、ABTS•$^{+}$自由基清除率（B）、•O^{2-}自由基清除率（C）和•OH^{-}自由基清除率（D）

STP：TSeMMM；SHP：SeMDPGQQ；H-NPs：溶菌酶/黄原胶纳米颗粒；H-NPs-STP：包埋 TSeMMM 的溶菌酶/黄原胶纳米颗粒；H-NPs-SHP：包埋 SeMDPGQQ 的溶菌酶/黄原胶纳米颗粒；不同字母代表有显著性差异：$P<0.05$

5.4.2 玉米醇溶蛋白/阿拉伯胶纳米颗粒对大米硒肽 TSeMMM 的包埋作用

5.4.2.1 超声处理对 zein@T/GA 包埋效率的影响

图 5.19 显示了超声功率（图 5.19A）、超声时间（图 5.19B）和 pH 值（图 5.19C）对 zein@T/GA 纳米颗粒的包埋效率（EE）的影响。超声功率对 zein@T/GA 的 EE 的影响显示在图 5.19A，当超声功率为 0～120W 时，纳米颗粒的 EE 随功率变化而增加，在 360W 时，EE 达到了 59.9%，当功率从 360～600W 时，EE 随功率变化增加而下降。这可能是因为超声处理可能会打开蛋白质的结构，更多的酰胺键可以

与氢键结合，使得玉米醇溶蛋白与 TSeMMM 之间的结合更加紧密，所以 EE 增加，然而过度的超声处理会诱发蛋白质的解折叠和聚集，导致 EE 的降低。在图 5.19B 中，EE 的变化趋势与功率相似，在 5min 前，随时间增加而增加，到 5min 达到最大值 59.6%，虽然 EE 随时间增加而下降。产生这种现象的原因应该和功率类似。图 5.19C 显示了 pH 值对 zein@T/GA 的 EE 的影响，在 pH 值为 8.0 时，EE 达到 57.8%。当 pH 值增加到 10.0 时，观察到 EE 的下降。这可能是因为在强碱性条件下，玉米醇溶蛋白上带正电的谷氨酰胺会脱酰胺为带负电的谷氨酸残基。这削弱了谷氨酰胺的静电平衡，影响了 α-螺旋的稳定性，α-螺旋的稳定性下降导致 zein@T/GA 纳米颗粒的稳定性下降，从而导致 EE 下降。最后，EE 在 pH 8.0 时达到最大，制备过程中观察到纳米颗粒溶液无絮状沉淀。因此，这种体系在一定的 pH 值下是稳定的。所以选择在 pH 值为 8.0 和 360W 超声处理 5min 条件下制备 zein@T/GA 纳米颗粒。

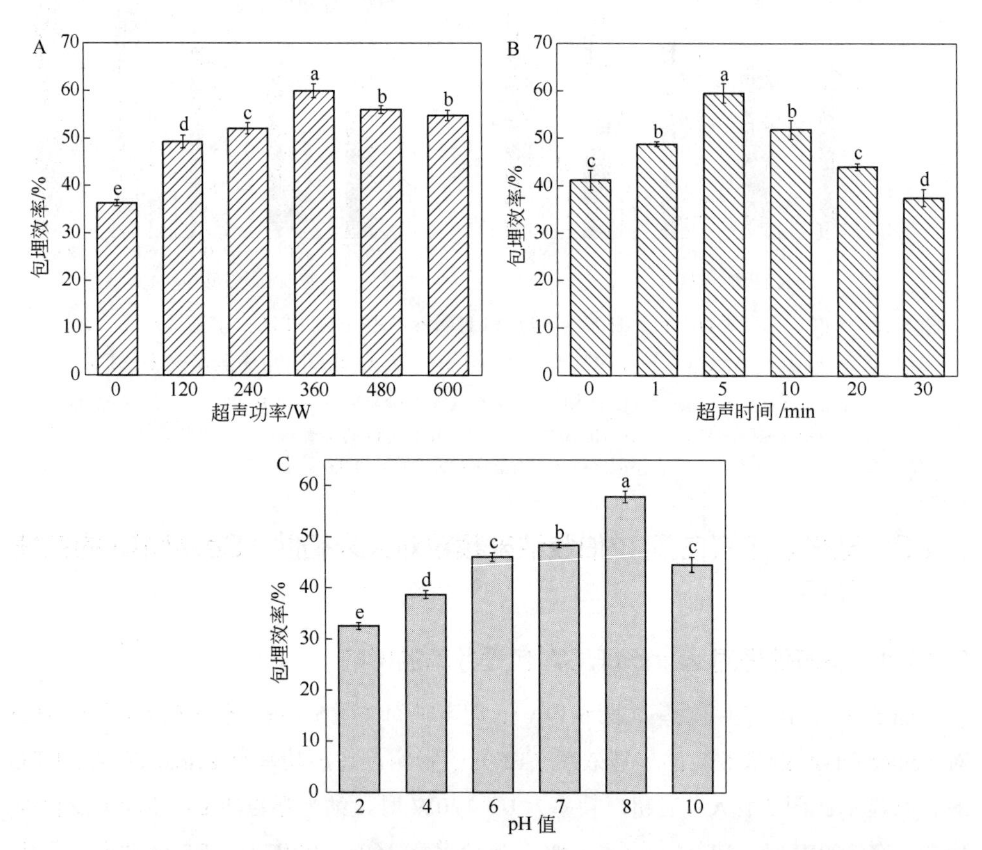

图 5.19　超声功率（A）和超声时间（B）以及 pH 值（C）对包埋效率的影响

不同字母代表具有显著性差异，P<0.05

5.4.2.2　超声处理对 zein@T/GA 稳定性的影响

表 5.2 显示了 zein、zein/GA 和 zein@T/GA 的平均粒径、PDI 和 Zeta 电位。超声处理后，zein/GA 和 zein@T/GA 纳米颗粒的平均粒径分别为(129.43±2.21) nm 和(98.73±2.66) nm，PDI 分别为 0.173±0.023 和 0.089±0.014。这是因为超声波处理减轻了极性变化对玉米醇溶蛋白溶液的影响，增加了玉米醇溶蛋白的溶解度，还能有效地降低纳米颗粒的平均粒径，使胶体系统的稳定性增加。本研究的结果与 Ren 等[17]的研究结果一致。

胶体粒子溶液的稳定性主要取决于粒子的大小和粒子表面的电荷。因此，较小的颗粒尺寸和颗粒表面以及较高的电荷，可以使得溶液体系具有较高的稳定性。玉米醇溶蛋白溶液的电位为−32.27mV，而 zein/GA 和 zein@T/GA 纳米颗粒的 zeta 电位为−54.93mV 和−52.27mV。这表明超声处理会导致蛋白质结构发生变化，带电荷的氨基酸分子发生重排，导致纳米粒子的电位增加。当电位的绝对值大于−30mV 时，由于静电排斥作用，胶体粒子可以稳定在乳剂中。因此，超声处理在改善受颗粒间静电排斥影响的溶液体系的稳定性方面有很好的应用。

表 5.2　zein、zein/GA 和 zein@T/GA 纳米颗粒的粒径、PDI 和 Zeta 电位

样品	粒径/(d.nm)	PDI	Zeta 电位/mV
zein	276.13±5.89^{a}	0.291±0.015^{a}	−32.27±0.72^{a}
zein/GA	129.43±2.21^{b}	0.173±0.023^{b}	−54.93±1.20^{b}
zein@T/GA	98.73±2.66^{c}	0.089±0.014^{c}	−52.27±0.59^{b}

注：同一列中不同字母表示具有显著差异（P<0.05）。

5.4.2.3　超声处理对纳米颗粒特征官能团的影响

傅里叶红外光谱（FTIR）可以反映 zein 与 GA 经过超声处理后，包埋大米硒肽 TSeMMM 过程中可能存在的相互作用，结果如图 5.20 所示。可以观察到 zein 的特征峰在 3356.75cm^{-1}，而 zein/GA 和 zein@T/GA 的峰值分别红移到 3344.25cm^{-1} 和 3338.05cm^{-1}。这表明，zein 中的谷氨酰胺基和 GA 中的羟基之间形成了氢键，促进了 zein/GA 和 zein@T/GA 纳米颗粒的形成。这与 zein-aseinate 纳米复合物的形成机制一致。zein 的酰胺Ⅰ和酰胺Ⅱ分别在 1658.34cm^{-1} 和 1540.97cm^{-1} 处显示了频段。与单独的 zein 相比，zein/GA 的酰胺Ⅰ带从 1658.34cm^{-1} 红移至 1654.40cm^{-1}，而 zein@T/GA 则红移至 1654.86cm^{-1}。zein/GA 和 zein@T/GA 的酰胺Ⅱ带分别红移到 1537.48cm^{-1} 和 1536.49cm^{-1}。这些结果表明，zein、T 和 GA 之间存在疏水作用。GA 和 T 的加入，改变了溶剂的极性。这些发现表明，形成 zein、T 和 GA 纳米复合材料的驱动机制包括疏水相互作用和氢键。

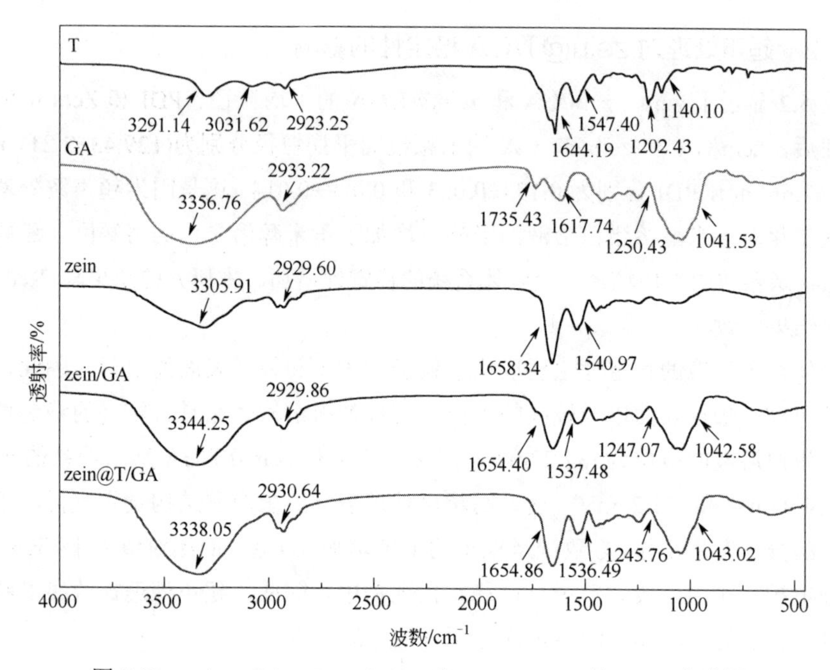

图 5.20　zein、GA、T、zein/GA 和 zein@T/GA 的 FTIR 光谱图

zein：玉米醇溶蛋白；GA：阿拉伯胶；T：大米硒肽 TSeMMM；zein/GA：玉米醇溶蛋白/阿拉伯胶纳米颗粒；zein@T/GA：包埋大米硒肽的玉米醇溶蛋白/阿拉伯胶纳米颗粒

5.4.2.4　超声处理对蛋白质内源荧光的影响

色氨酸残基的荧光光谱被认为是研究蛋白质三级结构构象变化的良好指标，纳米颗粒的荧光光谱分析结果如图 5.21 所示。在 280nm 的激发后，在 309nm 处显示了一个典型的荧光发射峰，与前人的研究结果类似。而由于 GA 的存在，zein/GA 的荧光发射峰下降。可能的原因是，GA 与 zein 的疏水基团结合，改变了色氨酸周围环境的极性。这引起了荧光猝灭，然后降低了 zein 的荧光强度。而 zein@T/GA 纳米颗粒的荧光强度增强，可能的原因是超声处理后，蛋白质和其他生物聚合物之间的相互作用，蛋白质的构象发生了改变，所以玉米醇溶蛋白的蛋白质结构发生改变，暴露出更多的色氨酸，表现出比 zein/GA 更强的荧光强度。也有学者探究不同超声预处理条件对玉米醇溶蛋白的内源荧光的影响时发现类似的现象。

5.4.2.5　包埋作用对纳米颗粒微观形貌的影响

利用原子力显微镜和扫描电子显微镜观察样本的微观形貌，结构如图 5.22 所示。图 5.22A 是样品的扫描电镜图，可以观察到玉米醇溶蛋白纳米颗粒是表面光滑的球形。但是纳米颗粒聚集黏附在一起，这可能是因为没有使用高压均质等高能量的方法制备玉米醇溶蛋白纳米颗粒，体系不够分散。加入 GA 后，纳米颗粒之间仍然大片粘连，这可能是 GA 的高亲水性引起玉米醇溶蛋白和 GA 之间的黏度增加，从而相互粘连。而加入大米硒肽 TSeMMM 后，单个纳米颗粒的分布更加清晰。这可能是因为经过超声处理，高能量的作用下，增强了物质之间的相互作用，使较小的颗粒形成了更均匀和稳定的系统。

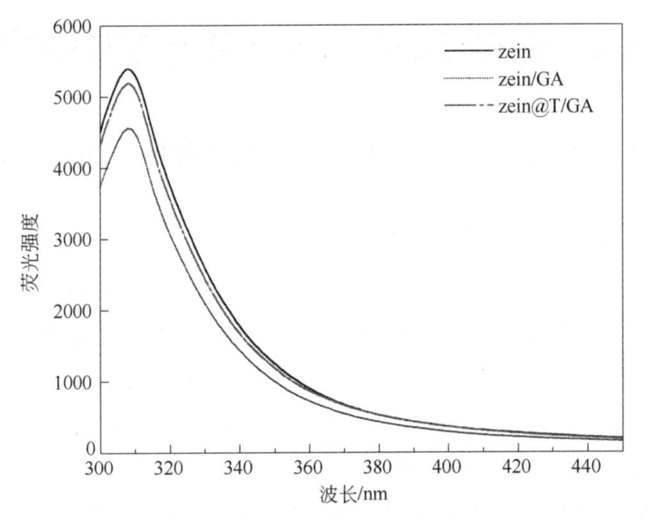

图 5.21　zein、zein/GA 和 zein@T/GA 的荧光光谱图

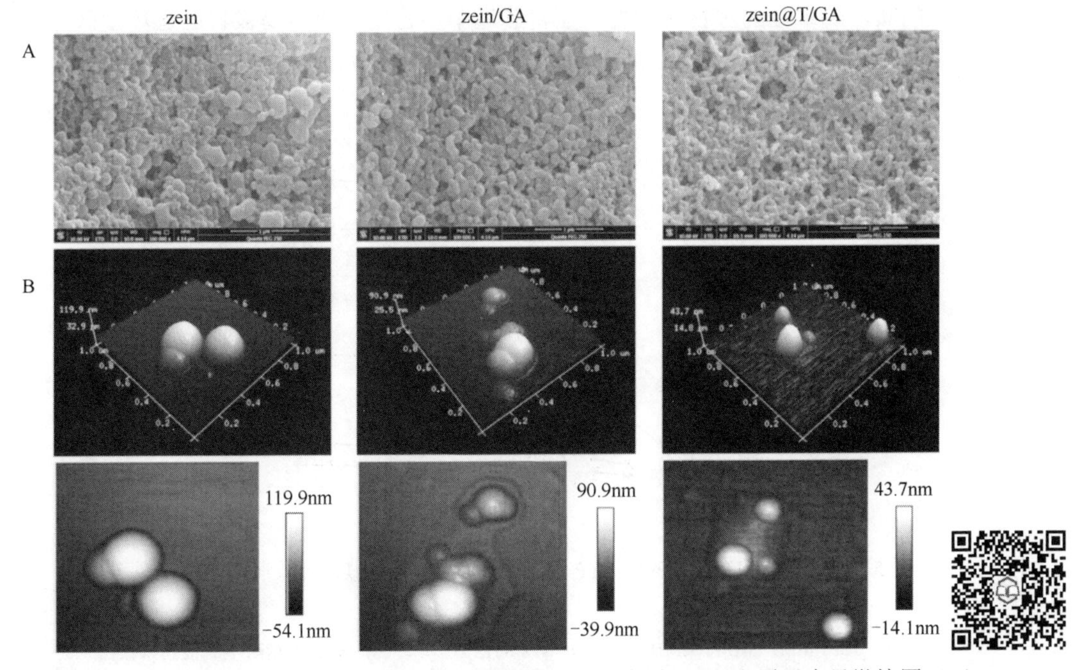

图 5.22　zein、zein/GA 和 zein@T/GA 纳米颗粒的扫描电镜图（A）和原子力显微镜图（B）

而原子力显微镜下观察到样品的3D图像（图5.22B）进一步表明，zein@T/GA纳米颗粒的颗粒尺寸更小，聚集程度更低。可以证实超声处理引起了玉米醇溶蛋白的结构变化，使得纳米颗粒粒径减小，增强了体系的稳定性。这与GA通过静电相互作用与玉米醇溶蛋白结合形成具有更高稳定性的纳米颗粒的能力是一致的。

5.5 包埋作用对硒肽吸收特性及其免疫调节作用的影响

5.5.1 溶菌酶/黄原胶纳米颗粒对硒肽的体外释放和细胞转运研究

5.5.1.1 纳米颗粒对大米硒肽体外释放的影响

如图5.23所示，H-NPs-STP和H-NPs-SHP纳米颗粒在模拟胃液消化2h后，对STP和SHP的累计释放率为9.22%±1.32%、4.21%±1.27%，而游离的STP和SHP在模拟胃液消化2h后释放率达到60.58%±3.41%、29.71%±2.85%，表明纳米颗粒可以有效延缓大米硒肽在胃液中的释放。蛋白质与多糖为食品中的大分子，两者的结合物具有空间位阻效应，可以有效保护生物活性物质不在胃液中被破坏。在模拟4h肠液消化后，STP的释放率达到91.05%±4.45%，而SHP的释放率为38.95%±2.37%。结果表明STP比SHP在胃肠道中的释放速率更快。STP为疏水性的肽，SHP为亲水性的肽，疏水性的生物活性物质在胃肠道中不稳定，更容易被胃肠道环境破坏。与未包埋的大米硒肽相比，包埋大米硒肽的纳米颗粒在肠液中呈现较低的释放，

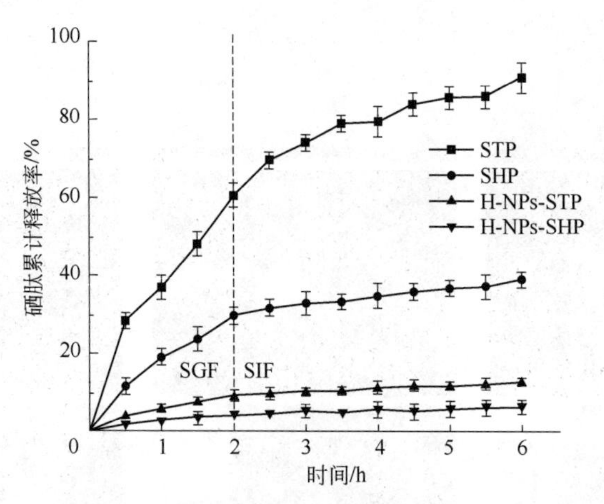

图5.23　STP、SHP、H-NPs-STP和H-NPs-SHP在模拟体外胃肠道消化条件下的累计释放曲线

STP：TSeMMM；SHP：SeMDPGQQ；H-NPs-STP：包埋TSeMMM的溶菌酶/黄原胶纳米颗粒；H-NPs-SHP：包埋SeMDPGQQ的溶菌酶/黄原胶纳米颗粒

H-NPs-STP 在模拟肠液消化 4h 后 STP 的累计释放率为 12.81%±1.62%，H-NPs-SHP 在模拟肠液消化 4h 后 SHP 的累计释放率为 6.27%±2.36%。结果表明 H-NPs 对 STP 和 SHP 都具有较好的包埋效果，可以保护大米硒肽不在胃肠道中被破坏，从而提高了大米硒肽的生物可利用率。

5.5.1.2　体外胃肠道消化对包埋大米硒肽的纳米颗粒粒径、电位的影响

如图 5.24A 所示，在模拟胃液消化 2h 后，包埋大米硒肽的纳米颗粒和未包埋大米硒肽的纳米颗粒的粒径均达到了峰值。H-NPs、H-NPs-STP 和 H-NPs-SHP 的粒径分别达到了 967nm、972nm 和 805nm。纳米颗粒在胃液中发生了聚集，这主要是由于模拟胃液中的胃蛋白酶可以对纳米颗粒中的溶菌酶蛋白进行水解。胃蛋白酶的水解作用降低了纳米颗粒表面的静电斥力，从而使得纳米颗粒在胃液中发生了聚集。值得关注的是，纳米颗粒的聚集可以更好地保护大米硒肽不在胃液中被破坏。电位绝对值的降低也证明了纳米颗粒表面静电斥力的减弱（图 5.24B）。同时，STP 和 SHP 在 pH 值为 2 的胃液中带正电荷。而先前的结果表明 STP 和 SHP 在 pH 值为 3～7 的条件下带负电荷。两者的结果表明大米硒肽的等电点在 2～3 左右。

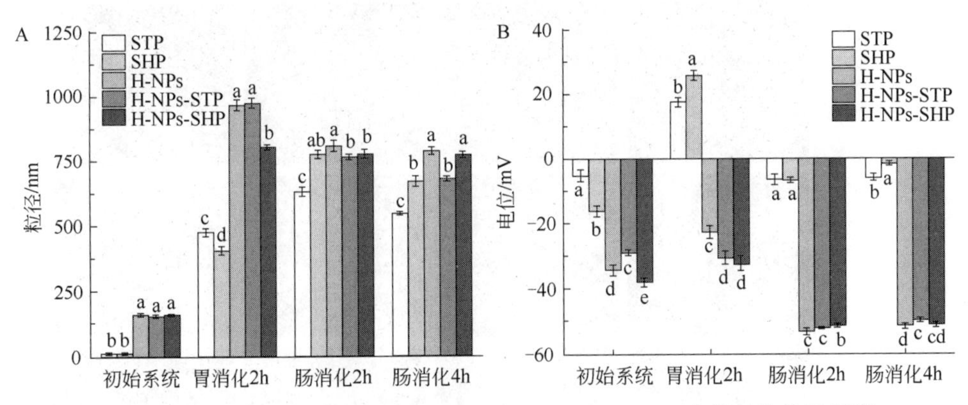

图 5.24　STP、SHP、H-NPs、H-NPs-STP 和 H-NPs-SHP 在模拟体外胃肠道消化条件下的粒径（A）和电位（B）

STP：TSeMMM；SHP：SeMDPGQQ；H-NPs：溶菌酶/黄原胶纳米颗粒；H-NPs-STP：包埋 TSeMMM 的溶菌酶/黄原胶纳米颗粒；H-NPs-SHP：包埋 SeMDPGQQ 的溶菌酶/黄原胶纳米颗粒；不同字母代表有显著性差异，$P<0.05$

在模拟小肠消化 2h 后，纳米颗粒的粒径达到了稳定。H-NPs、H-NPs-STP 和 H-NPs-SHP 的粒径分别为 808nm、764nm 和 774nm。这可能是由于胰酶的水解，产生了不同特性的胶体结构。Visentini 等人[18]利用卵清蛋白纳米颗粒制备了包埋共轭亚油酸的包合物，发现该包合物可以在胃肠液中形成胶束结构，从而保护共轭亚油酸的生物活性。在模拟小肠消化 4h 后，纳米颗粒的粒径出现轻微降低。H-NPs、

H-NPs-STP 和 H-NPs-SHP 的粒径降低为 789nm、679nm 和 769nm。纳米颗粒在小肠消化过程中粒径基本维持稳定，这有利于保护大米硒肽不在胃肠道中大量释放。同时，小肠消化过程中纳米颗粒具有较高的表面负电荷（>−50mV），这有利于维持纳米颗粒在小肠消化过程中的稳定性。

5.5.1.3　微观形貌表征

为了解包埋大米硒肽的纳米颗粒在胃肠道消化过程中微观结构的变化，利用荧光显微镜对不同消化阶段的样品溶液进行观察。纳米颗粒 H-NPs 用 Rho 染成红色，两条大米硒肽 STP 和 SHP 用 FITC 染成绿色，H-NPs-STP 和 H-NPs-SHP 为纳米颗粒包埋大米硒肽后的双染色。如图 5.25 所示，H-NPs 在模拟胃肠道消化条件下虽然

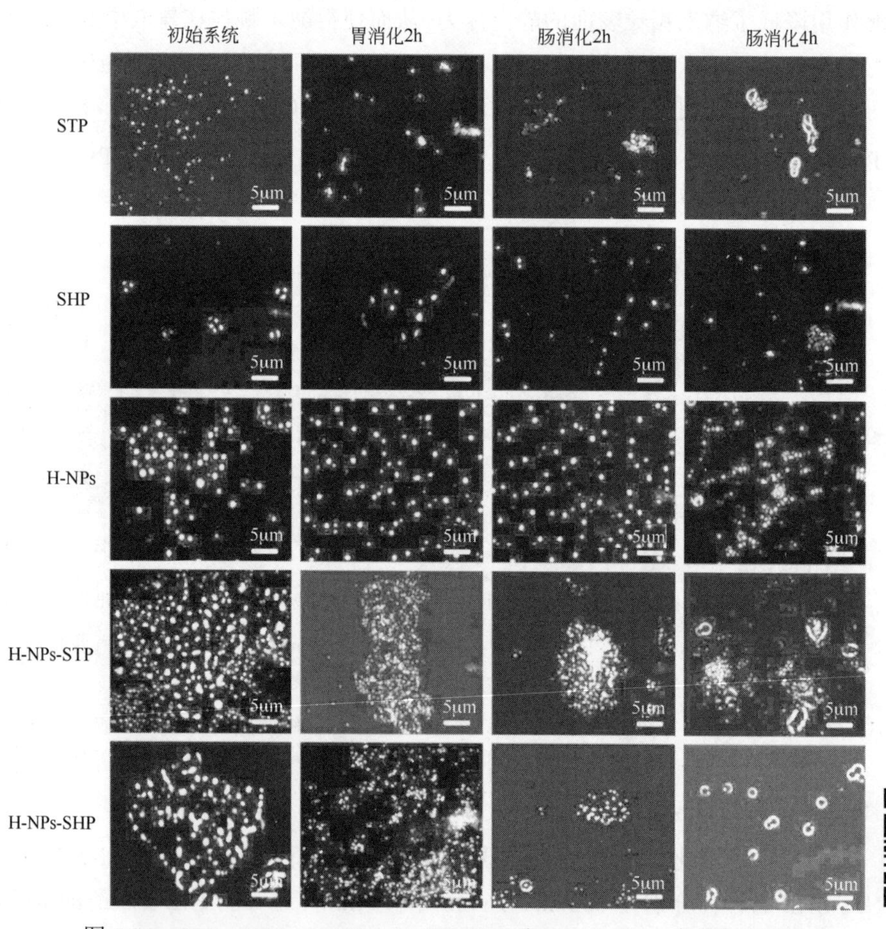

图 5.25　STP、SHP、H-NPs、H-NPs-STP 和 H-NPs-SHP 在模拟体外胃肠道消化条件下的荧光显微图片

STP：TSeMMM；SHP：SeMDPGQQ；H-NPs：溶菌酶/黄原胶纳米颗粒；H-NPs-STP：包埋 TSeMMM 的溶菌酶/黄原胶纳米颗粒；H-NPs-SHP：包埋 SeMDPGQQ 的溶菌酶/黄原胶纳米颗粒

发生了聚集，但颗粒形貌仍基本呈球形。而 H-NPs-SHP 在胃液中的聚集没有 H-NPs-STP 明显，这是由于 SHP 为亲水性硒肽，没有被包埋进溶菌酶的疏水性空腔中，结合在溶菌酶表面的 SHP 提高了纳米颗粒在胃肠道消化条件下的溶解性。纳米颗粒从模拟胃液进入模拟肠液后，其微观结构发生了明显的变化。随着消化时间的延长，纳米颗粒逐渐从小分子团聚态变为大分子分散态，这与粒径的结果相一致。在小肠消化 4h 后，H-NPs-STP 和 H-NPs-SHP 表面观察到更多的大米硒肽暴露，表明 STP 和 SHP 在肠液中被释放。

5.5.1.4　包埋大米硒肽的纳米颗粒的作用浓度选择

通过 MTT 法检测包埋不同浓度大米硒肽的纳米颗粒对 Caco-2 细胞的细胞毒性。如图 5.26 所示，H-NPs 纳米颗粒对 Caco-2 细胞的细胞活力始终为 100%左右，表明 H-NPs 无细胞毒性，是良好的纳米递送载体。当大米硒肽的浓度为 100μg/mL 时，STP、SHP、H-NPs-STP 和 H-NPs-SHP 的细胞活力分别为 99.71%、93.85%、93.46% 和 87.49%。H-NPs-STP 和 H-NPs-SHP 的细胞活力低于 STP 和 SHP，这是由于 H-NPs-STP 和 H-NPs-SHP 中高浓度的蛋白肽含量对 Caco-2 细胞的活力有抑制作用。当大米硒肽的浓度为 200μg/mL 时，STP、SHP、H-NPs-STP 和 H-NPs-SHP 的细胞活力分别为 93.71%、88.95%、79.66%和 72.59%。200μg/mL 的 STP 和 SHP 对 Caco-2 细胞无细胞毒性。然而，H-NPs-STP 和 H-NPs-SHP 对 Caco-2 细胞的细胞活力只有 79.66%和 72.59%，对细胞具有毒性作用。因此，选择包埋大米硒肽的浓度为 100μg/mL，来进行后续的研究。

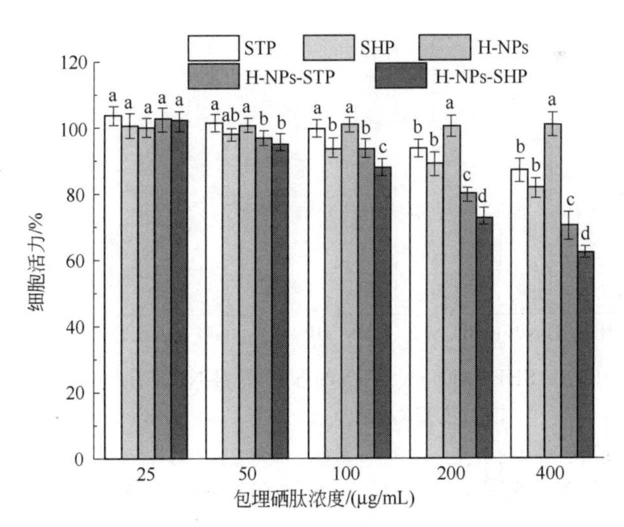

图 5.26　MTT 法评价 STP、SHP、H-NPs、H-NPs-STP 和 H-NPs-SHP 的细胞毒性

STP：TSeMMM；SHP：SeMDPGQQ；H-NPs：溶菌酶/黄原胶纳米颗粒；H-NPs-STP：包埋 TSeMMM 的溶菌酶/黄原胶纳米颗粒；H-NPs-SHP：包埋 SeMDPGQQ 的溶菌酶/黄原胶纳米颗粒

5.5.1.5　包埋大米硒肽的纳米颗粒的细胞抗氧化能力

先前实验结果表明，包埋大米硒肽的纳米颗粒在体外有较好的自由基清除能力。本章采用 CAA（cellular antioxidant activity）法，进一步验证包埋大米硒肽的纳米颗粒在 Caco-2 细胞内的抗氧化能力。如图 5.27A 所示，STP、SHP、H-NPs、H-NPs-STP 和 H-NPs-SHP 对 Caco-2 细胞的抗氧化 CAA 值分别为(15.05±1.76) μmol/g、(21.75±1.14) μmol/g、(33.34±1.35) μmol/g、(42.76±1.56) μmol/g、(43.32±1.46) μmol/g。与单独的大米硒肽相比，纳米颗粒处理后 Caco-2 细胞的 CAA 值更高。表明纳米颗粒可以有效抑制过氧自由基诱导的 DCFH 氧化，从而表现出更强的细胞抗氧化能力。与未包埋大米硒肽的 H-NPs 相比，包埋大米硒肽的 H-NPs-STP 和 H-NPs-SHP 具有更高的 CAA 值。这是由于大米硒肽与纳米颗粒的协同作用，使得 H-NPs-STP 和 H-NPs-SHP 的细胞抗氧化能力提高。

进一步地，利用 EC_{50} 值评价包埋大米硒肽的纳米颗粒对 Caco-2 细胞的半最大效应浓度。如图 5.27B 所示，STP、SHP、H-NPs、H-NPs-STP 和 H-NPs-SHP 对 Caco-2 细胞的 EC_{50} 值分别为(88.65±2.96) μg/mL、(102.37±2.39) μg/mL、(61.78±3.04) μg/mL、(50.55±2.90) μg/mL、(58.27±2.55) μg/mL。单独的大米硒肽 EC_{50} 值较高，而纳米颗粒的 EC_{50} 值较低。表明 H-NPs 纳米颗粒是一种很好的包埋递送体系，可以提高大米硒肽的生物利用度。纳米颗粒表面带有较强的负电荷，可以增加纳米颗粒与细胞膜表面的接触，从而提高了 Caco-2 细胞对大米硒肽的吸收。

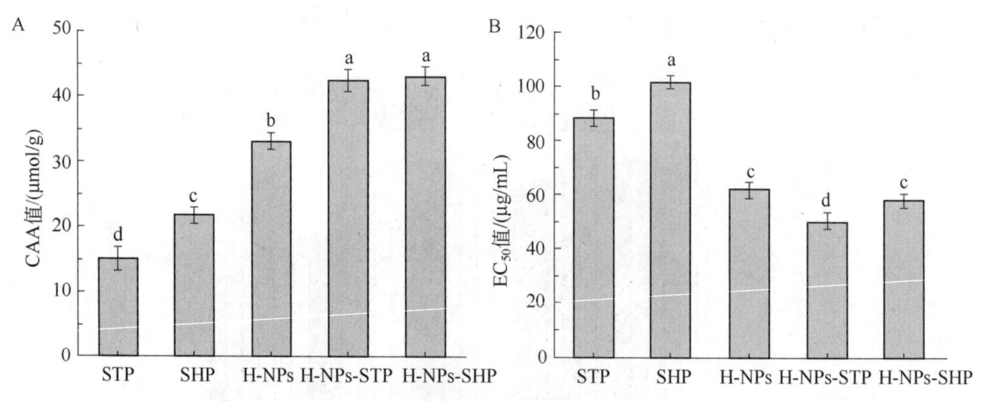

图 5.27　STP、SHP、H-NPs、H-NPs-STP 和 H-NPs-SHP 对 Caco-2 细胞的抗氧化 CAA 值（A）和 EC_{50} 值（B）

STP：TSeMMM；SHP：SeMDPGQQ；H-NPs：溶菌酶/黄原胶纳米颗粒；H-NPs-STP：包埋 TSeMMM 的溶菌酶/黄原胶纳米颗粒；H-NPs-SHP：包埋 SeMDPGQQ 的溶菌酶/黄原胶纳米颗粒

5.5.1.6　Caco-2 细胞模型完整性评价

通过测量 Caco-2 细胞在 21 天培养过程中 TEER 值和 AKP 值的变化，对 Caco-2

细胞模型的完整性进行评价。TEER 值可以反映细胞膜的通透性。一般来说，当 TEER 值大于 200Ω×cm^2 时，Caco-2 细胞才可以用于物质的转运。如图 5.28A 所示，Caco-2 细胞经过 12 天的生长后，TEER 值达到(272.33±28.06) Ω×cm^2，表明 Caco-2 细胞单层膜已基本形成。随着培养时间的延长，Caco-2 细胞的 TEER 值逐渐增大，并在 21 天基本维持稳定，达到(344.63±27.35) Ω×cm^2。稳定的 TEER 值表明 Caco-2 细胞之间已经形成了紧密的单层膜结构，可以用于后续的实验。

碱性磷酸酶是肠道上皮细胞的标志性酶。当肠道上皮细胞开始分化时，细胞膜两侧碱性磷酸酶活力会出现变化。因此，可以通过 AKP 值的变化，确定 Caco-2 细胞的分化程度。如图 5.28B 所示，Caco-2 细胞的 AKP 值随着培养时间的增加而显著增大（$P<0.05$），在 21 天达到最大值 8.14%。方勇等[19]建立 Caco-2 细胞模型测定大米中铅的生物有效性，发现 Caco-2 细胞的 AKP 值在第 21 天达到最大，与本研究结果相一致。AKP 值的明显增加表明 Caco-2 细胞分化程度较大，Caco-2 细胞单层膜基本形成。

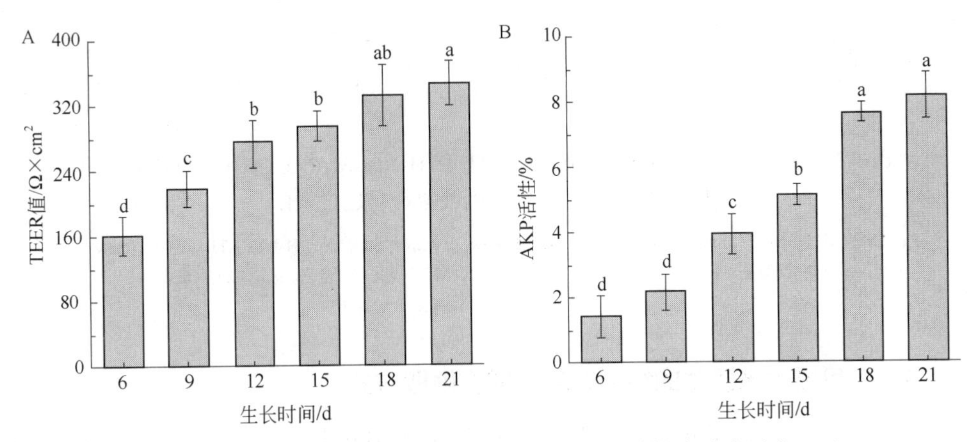

图 5.28　Caco-2 细胞单层的跨膜电阻值（A）和碱性磷酸酶活力（B）

不同字母代表有显著性差异，$P<0.05$

5.5.1.7　包埋大米硒肽的纳米颗粒的表观渗透系数和累计释放量

Caco-2 细胞因其生理结构与人体肠道上皮细胞相似，而被广泛用于研究营养物质经肠道上皮细胞屏障的吸收效率。如图 5.29 所示，在 Caco-2 细胞单层转运 4h 后，STP 的表观渗透系数为(0.58±0.02)×10^{-6}cm/s，累计转运量为(8.34±0.01)μg。STP 的表观渗透系数小于 1×10^{-6}cm/s，表明疏水性的 STP 在肠道上皮细胞的吸收转运较差。SHP 的表观渗透系数为(1.06±0.07)×10^{-6}cm/s，累计转运量为(14.34±0.02)μg。SHP 在肠道上皮细胞的吸收转运要好于 STP，这可能是由于 SHP 为亲水性的大分子肽，可以通过胞吞作用途径进入肠道上皮细胞。与 STP 和 SHP 相比，H-NPs-

STP 和 H-NPs-SHP 在 Caco-2 细胞单层转运 4h 后表观渗透系数分别提高了 2.7 倍和 1.2 倍，达到$(2.19\pm0.19)\times10^{-6}$cm/s 和$(2.21\pm0.12)\times10^{-6}$cm/s，硒肽累计转运量分别提高了 2.1 倍和 0.9 倍，达到了(26.04 ± 0.52) μg 和(27.63 ± 0.43) μg。Du 等人[12]利用 β-乳球蛋白/壳聚糖纳米颗粒包埋蛋清肽和姜黄素，发现纳米颗粒可以改善 Caco-2 细胞单层的通透性，从而增加蛋清肽和姜黄素的生物利用度，与本研究结果相一致。

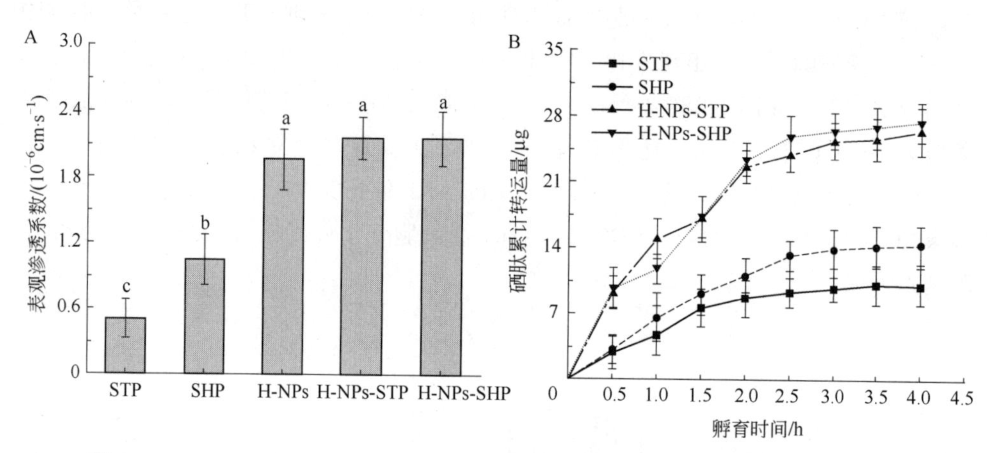

图 5.29 STP、SHP、H-NPs、H-NPs-STP 和 H-NPs-SHP 在 Caco-2 细胞单层的表观渗透系数（A）和硒肽累计转运量（B）

STP：TSeMMM；SHP：SeMDPGQQ；H-NPs：溶菌酶/黄原胶纳米颗粒；H-NPs-STP：包埋 TSeMMM 的溶菌酶/黄原胶纳米颗粒；H-NPs-SHP：包埋 SeMDPGQQ 的溶菌酶/黄原胶纳米颗粒；不同字母代表有显著性差异：$P<0.05$

5.5.1.8 包埋大米硒肽的纳米颗粒的细胞摄取方式

为了研究包埋大米硒肽的纳米颗粒在 Caco-2 细胞中的摄取方式，用 Rho 染色 H-NPs，FITC 标记大米硒肽，DAPI 染色细胞核。采用 3.3.2 的方法制备 Rho 和 FITC 双染的 H-NPs-STP 和 H-NPs-SHP 纳米颗粒，通过激光共聚焦荧光显微镜观察细胞摄取情况。如图 5.30 所示，STP 与 Caco-2 细胞共同孵育 2h 后未观察到细胞内存在绿色荧光点，表明 Caco-2 细胞对 STP 的吸收效果较差。而 SHP 与 Caco-2 细胞共同孵育 2h 后细胞内能观察到绿色荧光点，表明与疏水性的 STP 相比，Caco-2 细胞对亲水性的 SHP 吸收效果更好。同时，未包埋大米硒肽的 H-NPs 经过 2h 共同孵育后，在细胞周围观察到许多红色荧光点。这可能是由于纳米颗粒表面带强烈的负电荷，可以通过静电相互作用吸附在细胞膜表面。在 H-NPs-STP 和 H-NPs-SHP 中也观察到了类似的现象，纳米颗粒吸附在细胞膜表面，改变了细胞膜的通透性，从而提高了 Caco-2 细胞对大米硒肽的摄取。

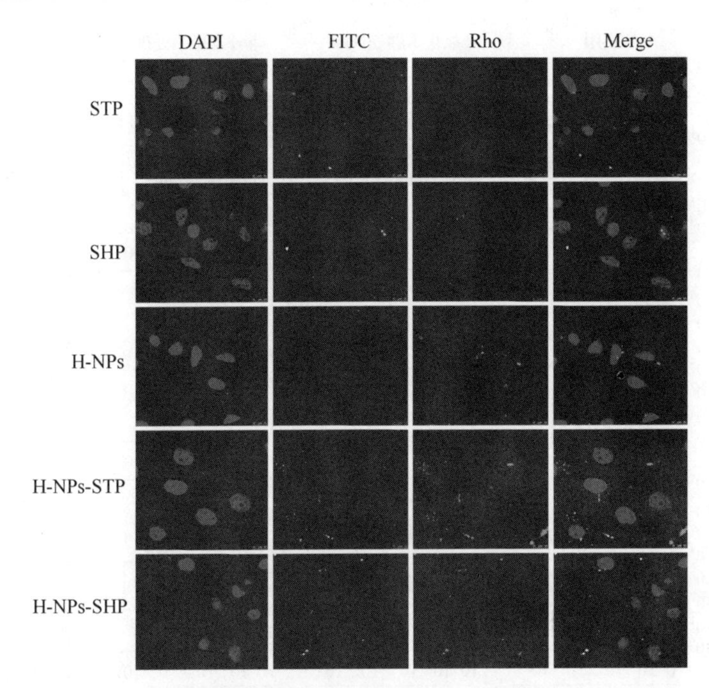

图 5.30　Caco-2 细胞孵育 2h 后 STP、SHP、H-NPs、H-NPs-STP 和 H-NPs-SHP 的激光共聚焦图片

STP：TSeMMM；SHP：SeMDPGQQ；H-NPs：溶菌酶/黄原胶纳米颗粒；H-NPs-STP：包埋 TSeMMM 的溶菌酶/黄原胶纳米颗粒；H-NPs-SHP：包埋 SeMDPGQQ 的溶菌酶/黄原胶纳米颗粒

进一步地，通过流式细胞仪技术检测包埋大米硒肽的纳米颗粒进入 Caco-2 细胞后的 FITC 荧光强度，从而量化 Caco-2 细胞对包埋大米硒肽的纳米颗粒的细胞摄取率。同时，为了证实纳米颗粒的内吞作用，研究三种不同的内吞抑制剂对 Caco-2 细胞摄取的影响。氧化苯胂、菲律宾菌素和细胞松弛素 D 分别是网格蛋白、细胞膜穴样凹陷和巨胞饮介导的内吞作用抑制剂。如图 5.31 所示，在氧化苯胂处理后的 Caco-2 细胞中，与空白组相比，H-NPs-STP 和 H-NPs-SHP 的细胞摄取率分别降低了 20.08%和 24.44%；在菲律宾菌素处理后的 Caco-2 细胞中，与空白组相比，H-NPs-STP 和 H-NPs-SHP 的细胞摄取率分别降低了 10.46%和 11.32%；在细胞松弛素 D 处理后的 Caco-2 细胞中，与空白组相比，H-NPs-STP 和 H-NPs-SHP 的细胞摄取率分别降低了 6.27%和 5.52%。以上发现表明 Caco-2 细胞依靠网格蛋白和细胞膜穴样凹陷介导的内吞作用摄取 H-NPs-STP 和 H-NPs-SHP 纳米颗粒，而网格蛋白介导的内吞作用在纳米颗粒的摄取中占主导地位，这与前人的研究报道相似[20]。值得注意的是，作为小分子活性肽，STP 在三组内吞作用抑制剂处理组中荧光强度没有太大变化，而 SHP 在氧化苯胂处理组中荧光强度降低了 20.33%。该结果表明 SHP 可以通过网格蛋白介导的内吞作用进入 Caco-2 细胞，与此前的研究结果相一致。

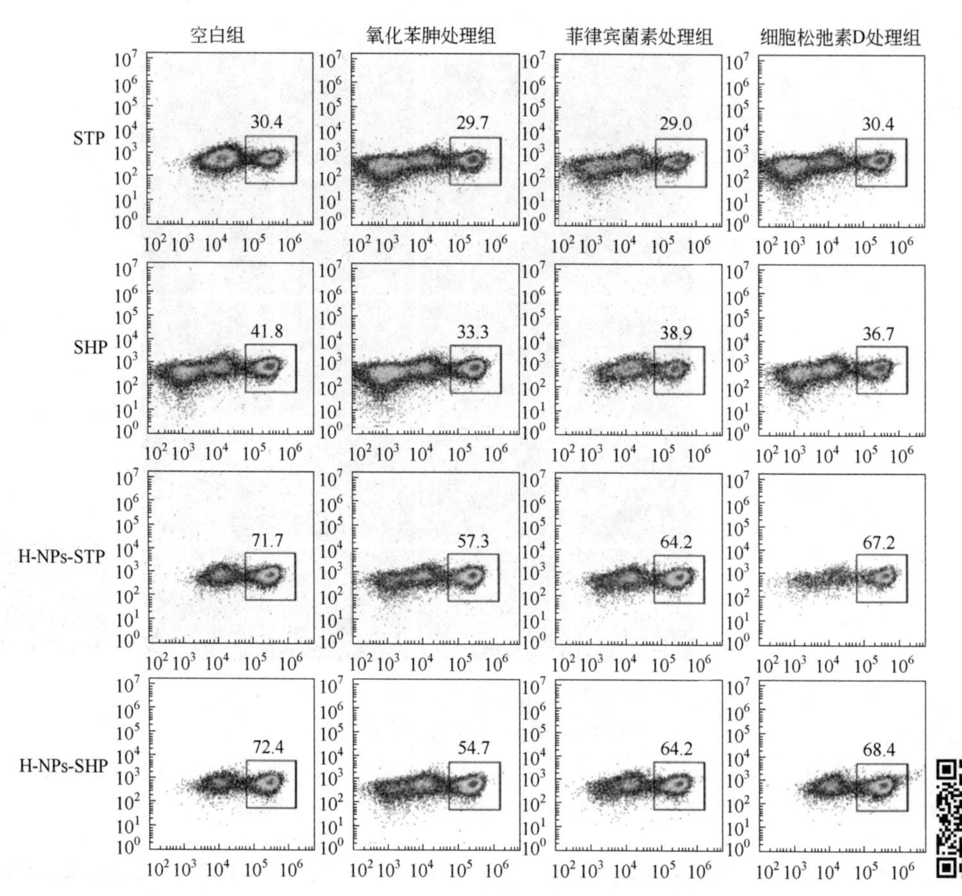

图 5.31　Caco-2 细胞孵育 2h 后 STP、SHP、H-NPs-STP 和 H-NPs-SHP 的荧光强度

STP：TSeMMM；SHP：SeMDPGQQ；H-NPs-STP：包埋 TSeMMM 的溶菌酶/黄原胶纳米颗粒；H-NPs-SHP：包埋 SeMDPGQQ 的溶菌酶/黄原胶纳米颗粒

5.5.2　zein@T/GA 纳米颗粒的体内体外释放效果及体内生物利用度研究

5.5.2.1　zein@T/GA 体外释放效率

图 5.32 显示了纳米颗粒的释放曲线。在前 120min 内，zein@T/GA 纳米颗粒的累计释放率为 28.49%，在 120～240min 内，释放率增加，达到 76.43%，240～360min 趋于平缓，在 360min 时累计释放率达到 80.69%。这可能是因为存在于纳米颗粒表面的少量硒肽先被释放，所以可以检测到少量的 Se，而亲水外壳（GA）阻止了蛋白质（zein）在胃肠环境中的酶促降解，所以纳米颗粒在小肠环境中开始释放硒肽。由此可见，zein/GA 纳米颗粒可以对 TSeMMM 提供保护，还能达到缓释的效果，该结果与之前的研究一致，即 zein/GA 颗粒可以成为疏水性活性化合物的有效递送载体。

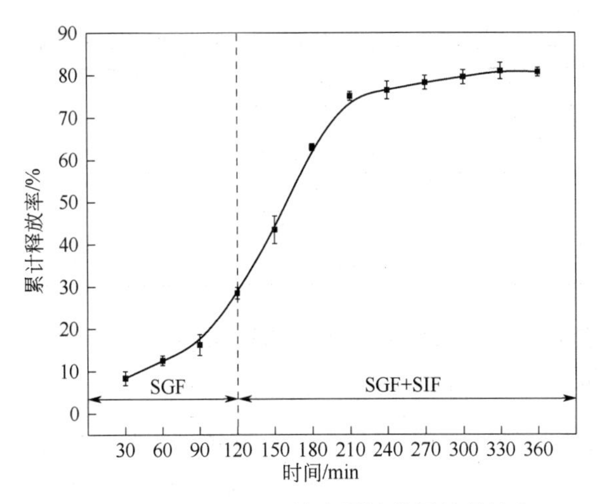

图 5.32　zein@T/GA 纳米颗粒的累计释放率

SGF：Simulated gastric fluid，模拟胃液；SIF：Simulated intestinal fluid，模拟肠液

5.5.2.2　Se 标准品色谱图

本实验采用的是强阴离子交换色谱柱，流动相为柠檬酸铵，HPLC-ICPMS 联用可以较好地分离出常见的五种硒形态。$SeCys_2$、MeSeCys、Se^{IV}、SeMet 和 Se^{VI}五种 Se 标准品 HPLC-ICPMS 色谱图如图 5.33 所示。五种 Se 形态标准品的保留时间、线性方程和检出限如表 5.3 所示。研究结果发现可以较好地分离五种 Se 形态，对于 $SeCys_2$ 的最低检出量为 0.18μg/kg，MeSeCys 的最低检出量为 0.51μg/kg，Se^{IV}的最低检出量为 0.15μg/kg，SeMet 的最低检出量为 0.68μg/kg，Se^{VI}的最低检出量为 0.17μg/kg。

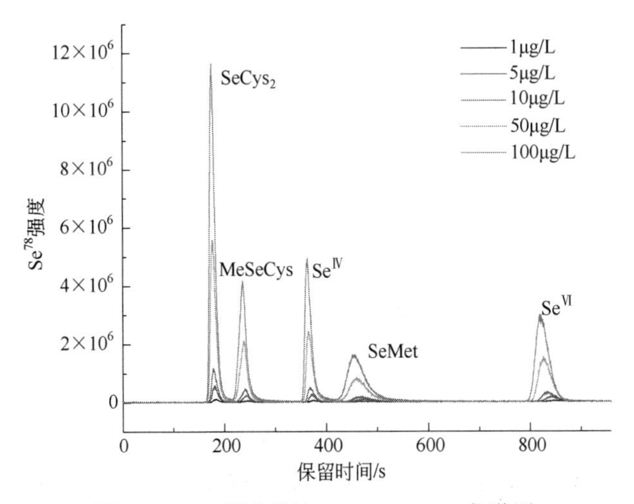

图 5.33　Se 标准品的 HPLC-ICPMS 色谱图

表 5.3 Se 标准品的保留时间、线性方程和检出限

硒形态	保留时间/s	线性方程	R^2 值	检出限 LOD/(μg/kg)
$SeCys_2$	176.04	y=1435.7x−249.72	0.9999	0.18
MeSeCys	236.28	y=686.11x+279.66	0.9999	0.51
Se^{IV}	363.84	y=720.41x+104.88	0.9919	0.15
SeMet	444.72	y=619.17x−965.75	0.9977	0.68
Se^{VI}	794.46	y=894.62x−29.964	0.9998	0.17

5.5.2.3 zein@T/GA 在模拟消化液中的硒形态

模拟消化液中硒含量直接采用直接稀释法测定，zein@T/GA 纳米颗粒在模拟体外消化过程中硒形态变化测定结果如图 5.34 所示，其中标样浓度为 50μg/L。从图 5.34 可看出，空白对照中没有明显的峰形出现，即模拟消化液中没有含硒物质的出现，排除消化液本身对实验的干扰。对消化 2h 的消化液进行检测，未发现明显峰形出现，判断此时消化液中无含硒物质出现。说明在胃液中，zein@T/GA 纳米颗粒可以保护 TSeMMM。而对 3h 的消化液进行检测，有 $SeCyS_2$ 和少量 MeSeCys 出现，说明从进入肠液后，zein@T/GA 纳米颗粒中的大米硒肽开始释放出来。在 6h 时，发现 $SeCyS_2$ 和 MeSeCys 的峰值增加，说明溶液中这两种物质的量随着消化进程，在消化液中具有累积效应。同时还发现，溶液中在 SeMet 和 Se^{VI} 的中间存在两种未知的物质，可能是消化过程产生的未知的其他的形态的含硒物质，或是小分子杂质干扰，有待后续研究。溶液中没有检测到 SeMet，可能是因为 SeMet 在消化过程中被分解。可能的原因是 SeMet 进入机体内，首先被代谢成 SeCys，进而代谢成为可被利用的硒化物，然后合成含硒蛋白质再在体内被甲基化后排出体外[21]。

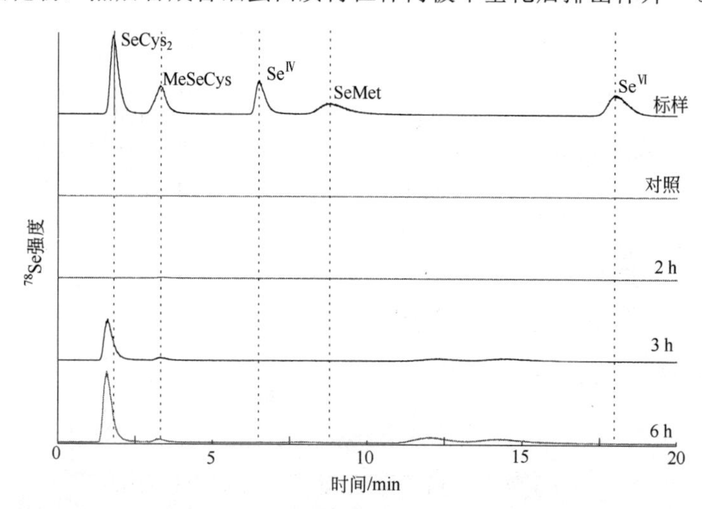

图 5.34 zein@T/GA 纳米颗粒在模拟体外消化过程中硒形态变化

标样：浓度为 50μg/L 的混合标准品；对照：未经消化的样品；2h、3h 和 6h，不同消化时间的样品

5.5.2.4　zein@T/GA 在小鼠的体内分布

将与模拟消化同样剂量的纳米颗粒对小鼠灌胃，4h 后检测小鼠组织中 Se 含量。小鼠组织中 Se 含量结果如图 5.35 所示。这表明，zein@T/GA 纳米颗粒在小鼠体内被消化降解，释放出的 TSeMMM 被递送到体内各组织。各主要组织的 Se 含量从高到低的顺序是：肝脏>肾脏>盲肠>脾脏>胃>结肠>小肠。研究表明，zein@T/GA 可能会提高大米硒肽 TSeMMM 在小鼠体内的生物利用率。然而，还需要进一步研究 Se 进入组织后发挥作用的具体形式。

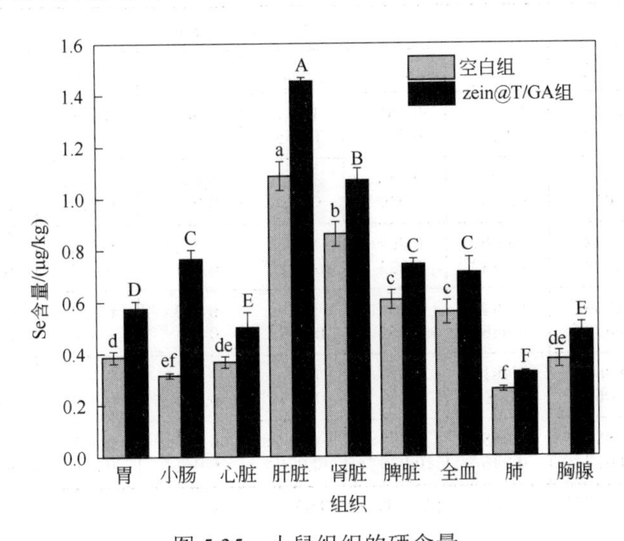

图 5.35　小鼠组织的硒含量

同一组中不同字母表示差异具有显著性（$P<0.05$）

5.5.2.5　zein@T/GA 浓度对小鼠组织中 Se 含量的影响

不同质量 zein@T/GA 对小鼠血清和组织中 Se 含量的影响见表 5.4。检测结果如表 5.4 显示，对小鼠灌胃 zein@T/GA 后，在 0.01g 组发现，各组织中 Se 含量均有所上升。其中随着 zein@T/GA 质量的增加，血清和组织中 Se 含量呈现出不同程度的增加。当纳米颗粒质量为 0.50g 时，血清中 Se 含量增加最多，增加了 0.744μg/kg，而脾脏组织中 Se 含量变化最小，增加了 0.105μg/kg。导致这种现象出现的原因可能是不同组织中酶的不同，导致对 Se 的利用产生差异。

5.5.2.6　zein@T/GA 浓度对小鼠组织中 GSH 含量的影响

zein@T/GA 纳米粒子质量对小鼠血清和组织中 GSH 含量的影响见表 5.5。结果显示，随 zein@T/GA 纳米颗粒质量的增加，组织中的 GSH 含量都有不同程度的变化，组织中的 GSH 含量的变化随纳米颗粒的增加而上升。这是因为 Se 主要通过

GSH-Px 发挥其抗氧化功能，并催化还原谷胱甘肽转化为氧化谷胱甘肽。Se 具有抗氧化活性，硒化物可以作为体内自由基的清除剂，并且防止体内、细胞内的氧化损伤，对 GSH-Px 催化还原型的 GSH 还原体内过氧化物，进而发挥 Se 在体内的抗氧化性。因此，随着 Se 水平的增加，GSH 水平也会增加。而由于纳米粒子质量增加，心脏、肺和小肠组织的 GSH 含量没有明显变化，这是由于不同组织中 GSH-Px 的含量不同。

表 5.4　不同质量的 zein@T/GA 纳米颗粒对小鼠组织中 Se 含量的影响

zein@T/GA 质量/g	Se 含量/(μg/kg)							
	小肠	血清	心脏	肝脏	脾脏	肺	肾脏	胸腺
0	0.314±0.010^{d}	0.321±0.013^{e}	0.366±0.023^{c}	1.087±0.055^{e}	0.606±0.037^{c}	0.258±0.010^{e}	0.911±0.049^{d}	0.374±0.033^{d}
0.01	0.550±0.011^{c}	0.528±0.036^{d}	0.456±0.029^{b}	1.322±0.120^{d}	0.691±0.017^{b}	0.299±0.017^{d}	1.052±0.198^{c}	0.403±0.017^{c}
0.05	0.728±0.018^{b}	0.660±0.044^{c}	0.507±0.023^{a}	1.398±0.094^{cd}	0.710±0.021^{b}	0.296±0.012^{d}	1.361±0.008^{b}	0.453±0.034^{b}
0.10	0.766±0.035^{b}	0.894±0.066^{b}	0.501±0.059^{a}	1.454±0.015^{bc}	0.743±0.021^{b}	0.324±0.006^{c}	1.370±0.046^{b}	0.486±0.033^{ab}
0.20	0.862±0.068^{a}	0.981±0.008^{ab}	0.527±0.039^{a}	1.536±0.019^{ab}	0.741±0.044^{b}	0.341±0.040^{b}	1.407±0.090^{ab}	0.484±0.038^{ab}
0.50	0.882±0.017^{a}	1.055±0.036^{a}	0.538±0.020^{a}	1.584±0.026^{a}	0.761±0.041^{a}	0.363±0.010^{a}	1.461±0.062^{a}	0.499±0.039^{a}

注：同一列中不同字母表示差异具有显著性（$P<0.05$）。

表 5.5　不同质量的 zein@T/GA 纳米颗粒对小鼠组织中 GSH 含量的影响

zein@T/GA 质量/g	GSH 含量/(μmol/L)							
	小肠	血清	心脏	肝脏	脾脏	肺	肾脏	胸腺
0	6.45±0.82^{b}	51.26±2.82^{d}	14.98±1.05^{b}	50.52±1.40^{d}	34.81±1.27^{c}	5.34±0.55^{b}	26.32±1.37^{b}	27.75±1.91^{c}
0.01	9.95±0.37^{a}	61.99±2.16^{c}	16.88±2.31^{a}	58.82±2.01^{c}	43.70±0.99^{b}	4.32±0.57^{c}	36.26±1.48^{a}	31.40±1.23^{c}
0.05	8.92±0.90^{a}	67.20±1.14^{b}	16.68±0.79^{a}	64.66±0.96^{b}	45.36±1.73^{b}	5.38±1.90^{b}	36.29±1.48^{a}	33.94±0.65^{b}
0.10	9.09±0.33^{a}	73.93±1.66^{a}	16.62±1.15^{a}	67.50±1.31^{ab}	48.65±0.96^{a}	4.38±0.48^{c}	34.85±0.04^{a}	33.97±0.69^{b}
0.20	9.25±0.73^{a}	74.64±2.24^{a}	15.42±0.75^{a}	68.52±1.52^{a}	49.41±1.03^{a}	5.69±0.09^{b}	35.94±1.02^{a}	36.43±0.96a^{b}
0.50	8.95±0.79^{a}	70.38±1.87^{a}	15.50±1.22^{a}	70.38±1.87^{a}	49.81±0.47^{a}	6.34±0.95^{a}	35.74±1.26^{a}	35.28±0.42^{a}

注：同一列中不同字母表示差异具有显著性（$P<0.05$）。

5.5.2.7　组织中 GSH 与 Se 含量的相关性分析

zein@T/GA 纳米颗粒质量对小鼠血清和组织中 Se 含量和 GSH 含量变化的相关性分析结果如图 5.36 所示。我们发现，除心脏外，所有组织的 GSH 和 Se 含量都呈正相关。zein@T/GA 纳米颗粒被消化并被小鼠吸收到血液中，然后 Se 被血液输送到其余组织中，以提高 Se 的生物利用率。在本研究中，随着小鼠组织中 Se 含量的增加，小鼠组织中 GSH 的含量也有不同程度的增加。因此，小鼠组织中 Se 含量的变化有可能影响小鼠的生物体免疫力。有研究表明，GSH 可以保护细胞膜上的含巯基的蛋白质和酶，清除氧自由基，从而提高身体的免疫力。

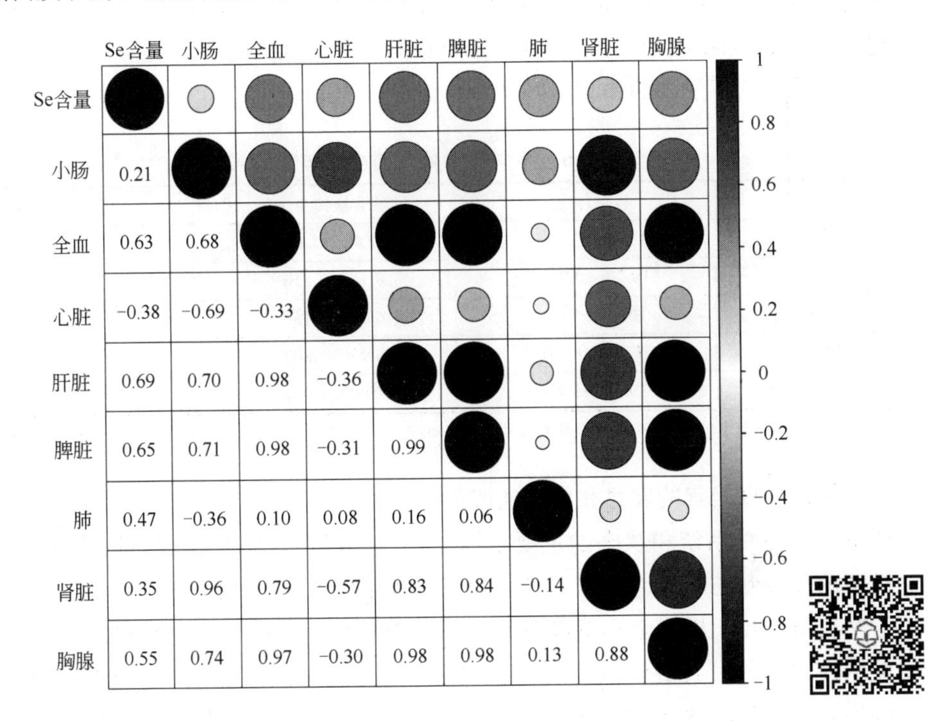

图 5.36　小鼠体内组织中 Se 含量与 GSH 含量的相关性热图

右上角的气泡大小表示相关性的程度。颜色从蓝到红表示相关性由正到负。左下角显示相关系数的值，范围是 [−1,+1]，负值表示负相关，而正值表示正相关，绝对值大小表示相关性强度

5.5.3　zein@T/GA 纳米颗粒对免疫低下小鼠的免疫调节作用

5.5.3.1　zein@T/GA 对小鼠体重及免疫脏器的影响

根据居民膳食营养素参考摄入量，我国成年人（60kg）推荐每天补充 50μg 的硒元素，最高每天可摄入 400μg 的 Se 元素。分别取三个剂量，即低剂量（50μg）、

中剂量（200μg）、高剂量（400μg），以 zein@T/GA 纳米颗粒中 Se 含量计，换算得到三个剂量用于灌胃小鼠，分别为低剂量 zein@T/GA 纳米颗粒（15.1mg/kg）、中剂量 zein@T/GA 纳米颗粒（60.7mg/kg）、高剂量 zein@T/GA 纳米颗粒（121.4mg/kg）。小鼠体重变化情况如表 5.6 所示。体重变化情况能反映机体健康状况，所以小鼠体重的下降也是免疫低下模型造模成功的标志。由表 5.6 可知，与空白组相比，CTX 处理的小鼠体重均有不同程度的下降，而这个时期的小鼠体型消瘦、精神不振、反应迟钝、毛发黯淡易脱落，这表明免疫低下小鼠模型构建成功。连续灌胃 21d 后，发现小鼠精神好转、反应变灵敏、活动量和摄食量增大，小鼠体重较造模后的体重均上升，并且趋于正常水平，而不同剂量 zein@T/GA 纳米颗粒组的体重上升高于模型组。说明 zein@T/GA 纳米颗粒对 CTX 所导致的体重下降具有一定的恢复作用，可以改善免疫能力低下引起的体重下降。

表 5.6　不同实验处理对小鼠体重的影响

组别	初始体重/g	造模体重/g	最终体重/g
空白组	19.487±1.338 ^{b}	20.725±1.696 ^{c}	21.798±1.626 ^{a}
模型组	19.706±0.755 ^{ab}	15.778±0.816 ^{**b}	18.582±1.306 ^{a}
低剂量组	20.051±1.672 ^{a}	16.059±1.166 ^{**c}	19.636±0.993 ^{b}
中剂量组	20.342±1.901 ^{ab}	16.958±1.803 ^{**c}	20.795±1.348 ^{a}
高剂量组	19.256±1.410 ^{a}	15.802±1.039 ^{**c}	20.447±1.039 ^{a}

注：同一行中不同字母表示差异具有显著性（$P<0.05$），**表示与空白组差异具有极显著性，$P<0.01$。

机体免疫器官的发育和状态能够决定免疫系统的应答能力，免疫脏器指数则是评价机体免疫系统和状态的重要指标之一，可以根据胸腺和脾脏指数变化，判断机体的免疫状态。纳米颗粒对免疫低下小鼠免疫脏器指数的影响如图 5.37 所示。与空白组相比，模型组小鼠脾脏系数和胸腺指数明显降低，说明 CTX 能够抑制小鼠免疫器官的发育并诱发免疫器官发生萎缩。与模型组比较，纳米颗粒组两种指数均升高，说明纳米颗粒可以改善小鼠的免疫器官状态，且具有剂量依赖性，以高剂量（121.4mg/kg）效果最佳。研究结果表明，zein@T/GA 纳米颗粒能够明显缓解 CTX 构建的免疫低下小鼠免疫脏器的萎缩，促进其发育，从而提高小鼠免疫器官脏器指数发挥免疫调节作用，结果与前人一致[8]，Se 的摄入影响着脾脏的生长和脾脏细胞数量的降低，也就导致了免疫脏器指数的降低。

5.5.3.2　zein@T/GA 对小鼠外周血液 T 淋巴细胞亚群的影响

不同剂量组 zein@T/GA 纳米颗粒对小鼠外周血液 T 淋巴细胞亚群的影响结果如表 5.7 所示。结果表明，与空白组相比，模型组小鼠血清中的 $CD3^+$、$CD4^+$、$CD8^+$ 和 $CD4^+/CD8^+$数值均下降，与对照组存在显著差异。与模型组相比，不同剂量的

zein@T/GA 纳米颗粒处理后，小鼠血清中的 $CD3^+$、$CD4^+$、$CD8^+$和 $CD4^+/CD8^+$的数值均有所上调，其中，中剂量 zein@T/GA（60.7mg/kg）纳米颗粒组上调程度最大。T 淋巴细胞作为一种重要的免疫细胞，其增殖和分化是机体免疫应答过程的重要阶段。T 淋巴细胞增殖分化成多种细胞亚群，其 $CD4^+T$ 和 $CD8^+T$ 亚群是通过相互拮抗从而实现对机体的免疫应答，而 $CD4^+/CD8^+T$ 的比值可以反映机体的免疫功能状态，模型组中小鼠 $CD4^+/CD8^+T$ 的比值下降，说明小鼠处于免疫低下状态。而细胞亚群开始上调，意味着 zein@T/GA 纳米颗粒可以改善 CTX 所致小鼠的细胞免疫低下状态。多数研究结果显示 $CD4^+T$ 淋巴细胞含量升高时，$CD8^+T$ 淋巴细胞含量会下降，本实验结果显示两者均有升高，又通过两者比值在各组间进行比较分析观察到中剂量 zein@T/GA 纳米颗粒组与正常组相比两者比值最接近，而模型对照组与正常组差异较大，故推测，$CD4^+/CD8^+$细胞比率失衡是机体免疫功能紊乱的重要原因。而 zein@T/GA 纳米颗粒溶液可以提高 $CD4^+/CD8^+T$ 细胞比例，最高可以上调 47%，说明纳米颗粒的正向调节占优势，可以维持机体免疫内环境的稳定，促进机体免疫功能恢复。

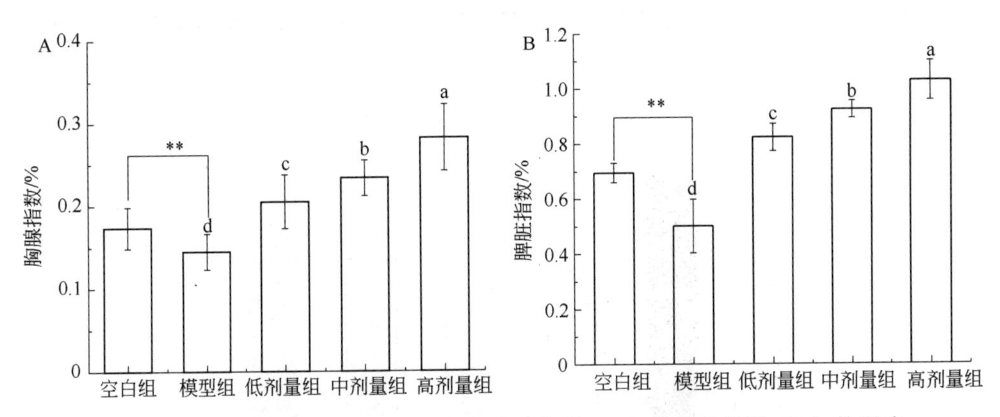

图 5.37　zein@T/GA 纳米颗粒对小鼠胸腺指数（A）和脾脏指数（B）的影响

**表示与空白组差异具有极显著性，$P<0.01$；不同字母代表差异具有显著性，$P<0.05$

表 5.7　T 淋巴细胞亚群指标对比

组别	$CD3^+$/%	$CD4^+$/%	$CD8^+$/%	$CD4^+/CD8^+$/%
空白组	60.30±2.25 a	28.99±2.39 a	18.35±1.05 a	2.27±0.21 a
模型组	39.22±1.50 d	21.78±1.28 c	12.82±0.71 c	1.19±0.21 c
低剂量组	44.21±0.58 c	23.68±0.83 bc	14.83±0.63 b	1.52±0.31 bc
中剂量组	47.97±1.08 b	26.19±0.78 ab	15.58±1.01 b	1.76±0.12 b
高剂量组	42.53±2.10 c	23.82±2.19 bc	14.22±1.24 bc	1.74±0.28 b

注：同一列中不同字母表示差异具有显著性（$P<0.05$）。

5.5.3.3 zein@T/GA 对小鼠肝脏中 GSH 含量的影响

谷胱甘肽（GSH）由三个氨基酸组成，分别是谷氨酸、半胱氨酸和甘氨酸，具有重要的生理功能，几乎存在于人体的每个细胞。GSH 被称为抗氧化剂之王，主要以还原型和氧化型两种形式存在，其中还原型谷胱甘肽在生物体内起主要作用，对维持细胞生物功能、保护细胞等具有重要意义。zein@T/GA 纳米颗粒对免疫低下小鼠肝脏中 GSH 含量的影响如图 5.38 所示。如图所示，与空白组相比，模型组小鼠肝脏中 GSH 含量明显下降。而 zein@T/GA 纳米颗粒处理后，小鼠肝脏组织中 GSH 含量随纳米颗粒剂量而增加，与模型组对比，差异具有显著性。其中，高剂量组（121.4mg/kg）纳米颗粒组中，小鼠肝脏组织中 GSH 含量与模型组相比，提高了 158.99%。可能的原因是，Se 调节了组织中谷胱甘肽过氧化物酶、超氧化物歧化酶和过氧化氢酶的活性，从而改变了组织中 GSH 含量。GSH 作为一种机体内源性的强抗氧化剂，还具有广谱的解毒作用，可保护细胞膜中含巯基的蛋白质和含巯基酶，能够激活和保护免疫细胞，增强人体免疫功能，防病抗衰、保护机体健康。zein@T/GA 纳米颗粒通过提高机体内 GSH 的含量，从而有效地增强机体清除自由基的能力，可以缓解 CTX 导致的免疫低下状态，对维持机体正常免疫力有积极作用。

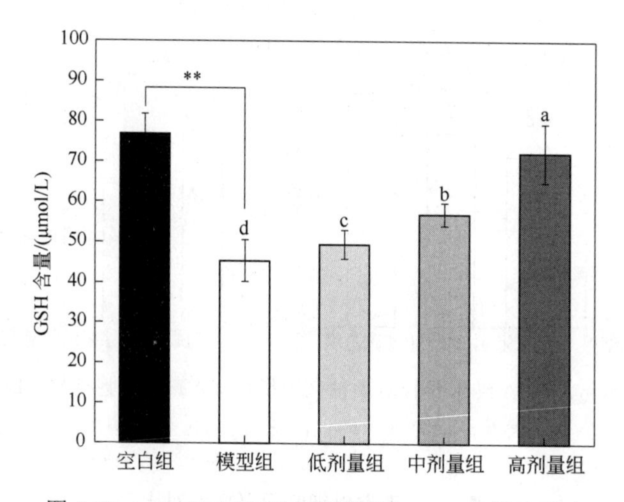

图 5.38 zein@T/GA 对小鼠肝脏中 GSH 含量的影响

**表示与空白组相比，差异具有极显著性，P<0.01；不同字母代表差异具有显著性，P<0.05

5.5.3.4 zein@T/GA 对小鼠肝脏形态的影响

小鼠肝脏石蜡切片结果显示如图 5.39 所示，空白组小鼠肝脏组织在高倍镜下显示，肝索结构、小叶结构清晰完整，肝细胞形态完整，排列整齐，中央静脉与汇管区结构正常，未见肝细胞病变。模型组中，小鼠肝脏组织高倍镜下显示，肝小叶中央静脉周围细胞体积增大，肝索结构解离，排列混乱无规则，肝细胞肿胀、溶解，部分区域细胞胞浆疏松变淡，隐约可见空泡，可见炎性细胞浸润。与模型组相比，zein@T/GA 纳米颗粒中、高剂量组较 CTX 模型组肝细胞组织结构得到很大程度的改善，肝细胞肿胀的情况明显好转，肝细胞索的结构也相对清晰。肝脏组织是机体固有免疫的主要执行部位，是一道重要的屏障，可以调节机体固有免疫与适应性免疫之间的平衡关系。有研究证实 CTX 处理会对肝脏组织造成影响，毒性作用较大，这与实验中发现 CTX 模型组中小鼠肝脏组织出现的结果一致，说明 CTX 导致小鼠肝脏肿大，肝细胞出现坏死、凋亡的现象。从肝脏组织切片结果看来，不同剂量的 zein@T/GA 纳米颗粒给药组能明显缓解 CTX 导致的肝损伤症状，但是不同剂量组间的组织切片差异小。可能的原因是，小鼠肝脏组织再生能力强，而 zein@T/GA 纳米颗粒可能从一定程度上改善肝脏细胞的炎症现象，促进细胞再生。zein@T/GA 纳米颗粒对肝脏的这种缓解现象与多糖的缓解效果相似。

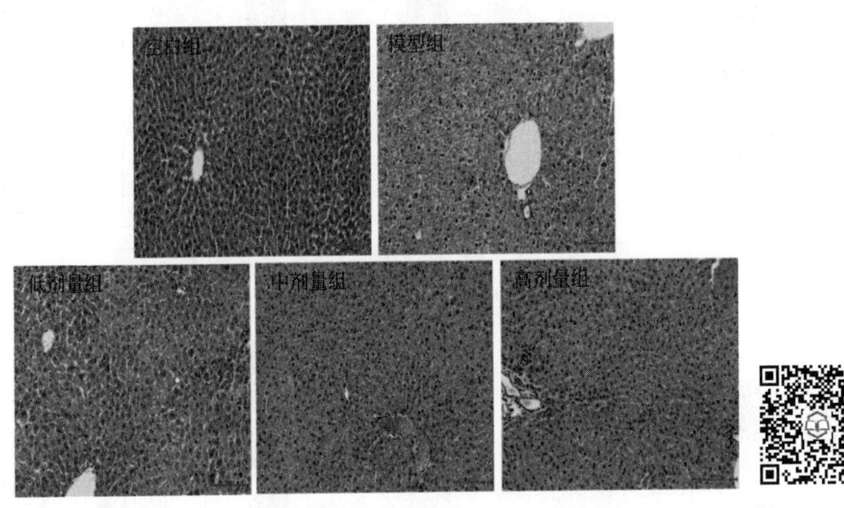

图 5.39　小鼠肝脏组织病理学检测（H.E. 染色，200×）

5.5.3.5　zein@T/GA 对小鼠血清中免疫因子含量的影响

通过 ELISA 法检测小鼠血清中免疫因子含量的变化，结果如图 5.40 所示。如图所示，与空白组相比，模型组小鼠的 IL-6、IL-10、IFN-γ 及 TNF-α 的水平均明显下降，说明免疫低下小鼠模型造模成功。与模型组相比较，zein@T/GA 纳米颗粒低、中和高剂量组均能明显恢复 CTX 所致的 IL-6、IL-10、IFN-γ 及 TNF-α 的水平，程度随剂量发生改变，且差异具有统计学意义。细胞因子大多为小分子可溶性蛋白质，通过刺激免疫细胞或非免疫细胞合成释放。其中 IFN-γ 和 TNF-α 是由 Th1 细胞分泌，主要通过激活效应细胞介导细胞免疫产生应答反应；IL-6 和 IL-10 则是由 Th2 细胞分泌，主要通过辅助 B 细胞分化成为抗体分泌细胞，进而参与体液免疫应答。这四种细胞因子各有不同，其中 IL-10 是免疫和炎症抑制因子；IL-6 由巨噬细胞、T 细胞等多种细胞产生，还能诱导淋巴细胞增殖进而分泌出 TNF-α 和 IL-2，参与调节机体免疫应答。IFN-γ 可以介导 Th1 型细胞进行免疫应答，发挥免疫调节作用；TNF-α 主要由单核细胞和巨噬细胞产生，可以直接杀伤肿瘤细胞，而且对正常细胞无明显毒性。因为这些细胞因子能够介导并调节机体免疫应答，所以细胞因子水平可以反映机体的免疫状态。zein@T/GA 纳米颗粒剂量依赖性地提高了免疫低下小鼠血清中 IL-6、IL-10、IFN-γ 和 TNF-α 水平，提示其可以通过调节机体细胞因子的水平发挥免疫调节作用，其中 zein@T/GA 高剂量组（121.4 mg/kg）效果最佳。

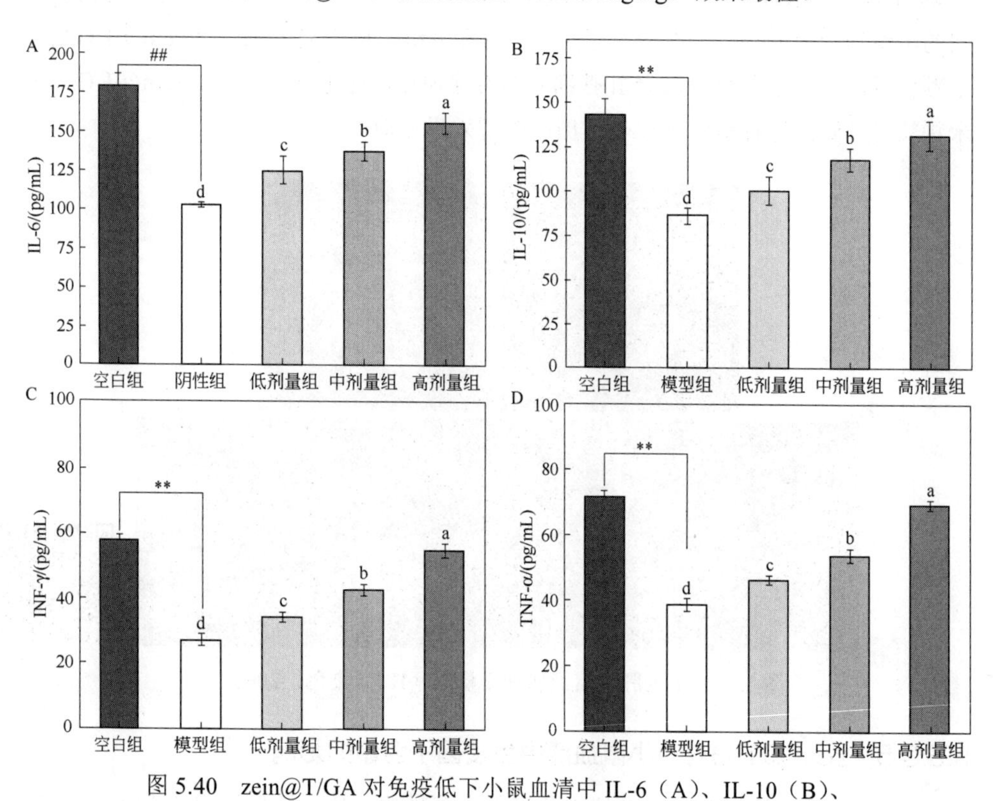

图 5.40　zein@T/GA 对免疫低下小鼠血清中 IL-6（A）、IL-10（B）、IFN-γ（C）及 TNF-α（D）含量的影响

**表示与空白组比较差异具有极显著性，$P<0.01$；不同字母代表差异具有显著性，$P<0.05$

5.5.3.6　zein@T/GA 对脾脏中免疫因子 mRNA 表达的影响

采用 qRT-PCR 对 CTX 所致免疫低下小鼠的脾脏细胞中免疫因子的 mRNA 表达量进行测定，结果如图 5.41 所示。如图所示，与空白组相比，模型组小鼠的脾脏组织中 IL-6、IL-10、IFN-γ 及 TNF-α 的 mRNA 的相对表达量都大幅度降低，与空

白组相比差异具有显著性。zein@T/GA 纳米颗粒可以诱导 IL-6、IL-10、IFN-γ 及 TNF-α 的 mRNA 相对表达量上升，差异具有显著性，这与上述血清中四种因子含量的变化趋势基本一致，说明 zein@T/GA 纳米颗粒具有缓解 CTX 毒性的作用。但是 zein@T/GA 纳米颗粒的剂量对四种免疫因子的 mRNA 的相对表达量存在影响，在高剂量（121.4mg/kg）zein@T/GA 纳米颗粒组时，相对表达量达到最高。而 IL-6 的相对表达量与纳米颗粒的剂量关系不明显，在中剂量（60.7 mg/kg）组时相对表达量达到最高。四种免疫因子的相对表达量达到最大时，与空白组相近，但仍低于空白组，说明 CTX 对小鼠造成的免疫损伤不可逆，但是 zein@T/GA 纳米颗粒可缓解小鼠的免疫损伤。

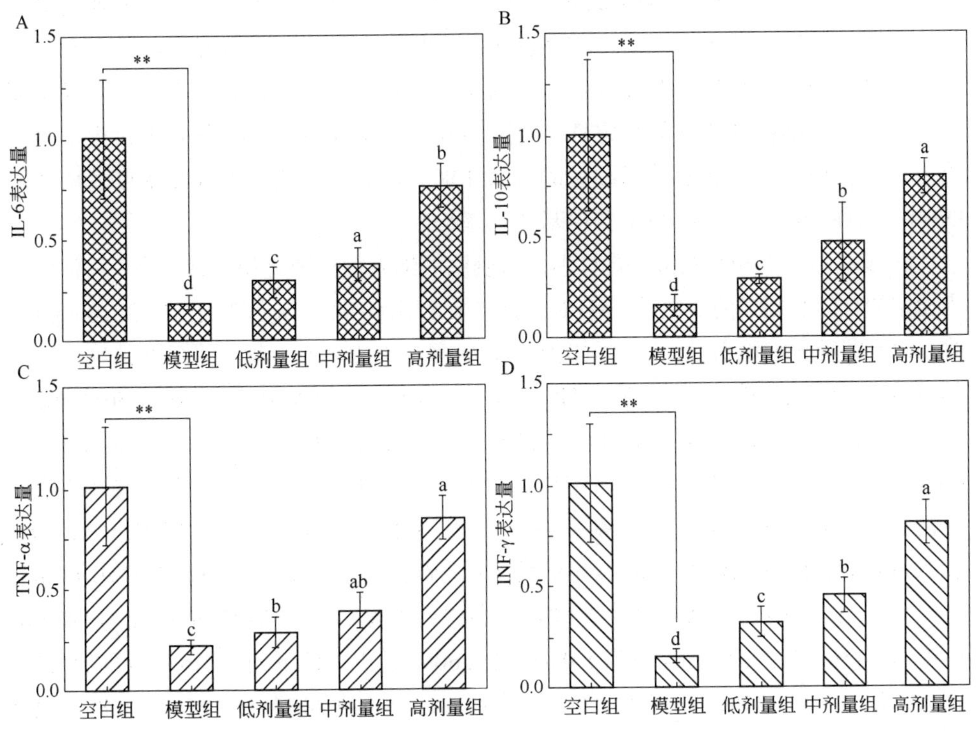

图 5.41　zein@T/GA 对免疫低下小鼠脾脏中 IL-6（A）、IL-10（B）、TNF-α（C）及 IFN-γ（D）mRNA 相对表达量的影响

**表示与空白组比较，差异具有极显著性，$P<0.01$；不同字母代表差异具有显著性，$P<0.05$

5.6　小结

Ly/XG 复合物可以通过静电相互作用形成不同尺寸的纳米颗粒或凝聚体。碱性条件（pH 12）更有利于 Ly/XG 复合物形成尺寸较小的纳米颗粒。在此条件下，加热

处理能显著降低复合物的粒径至 214nm。碱联合热处理 Ly/XG 复合物可制备椭圆形貌、尺寸可控（60nm）的纳米颗粒，该纳米颗粒电位绝对值高（30mV）、分散性好（PDI<0.3）。各种表征显示，XG 分子通过多糖链缠绕在 Ly 分子表面构成 H-NPs 的骨架。热处理破坏了 Ly/XG 复合物原有的构象，暴露出 Ly 更多的疏水性区域。Ly 的二级结构被破坏，显示出从 α-螺旋向 β-折叠转变的趋势。Ly/XG 复合物的结构在氢键和静电力的相互作用下发生重排，从而生成具有稳定结构的 H-NPs 纳米颗粒体系。

将利用加热 Ly/XG 静电自组装复合物制备的球形纳米颗粒用于包埋大米硒肽以增强其生物可给性。纳米颗粒对 SHP 的包埋效率和负载能力高于 STP。包埋大米硒肽后，H-NPs-SHP 和 H-NPs-STP 的粒径、电位变化不大。大米硒肽主要通过静电相互作用被包埋于纳米颗粒内，STP 以无定形状态存在，SHP 以晶形状态存在。包埋大米硒肽的纳米颗粒具有良好的储藏稳定性，在不同的环境条件下纳米颗粒主要通过静电斥力维持乳状液的稳定性。通过 DPPH•、ABTS•$^{+}$、•O^{2-}和•OH^{-}自由基清除能力评价包埋大米硒肽的纳米颗粒的抗氧化能力，结果表明随着样品浓度的增加，DPPH•、ABTS•$^{+}$、•O^{2-}和•OH^{-}自由基清除率提高。

在模拟的胃液和小肠液中，包埋大米硒肽的纳米颗粒消化稳定性更高，具体表现为稳定的粒径和较大的负电荷。MTT 试验结果表明，包埋大米硒肽的浓度在 100μg/mL 时，纳米颗粒无细胞毒性。通过测定细胞内抗氧化能力可知包埋大米硒肽的纳米颗粒具有较强的抗氧化能力，H-NPs-STP 和 H-NPs-SHP 的 CAA 值为(42.76±1.56) μmol/g 和(43.32±1.46) μmol/g，对应的 EC_{50} 为(50.55±2.90) μg/mL 和(58.27±2.55) μg/mL。在 Caco-2 细胞中，H-NPs-STP 和 H-NPs-SHP 可以通过网格蛋白和细胞膜穴样凹陷介导的内吞作用进入细胞，并分别提高 STP 和 SHP 的表观渗透系数至(2.19±0.19)×10^{-6}cm/s 和(2.21±0.12)×10^{-6}cm/s，累计转运量提高至(26.04±0.52) μg 和(27.63±0.43) μg。

当 zein 与 GA 的浓度比为 1∶1 时，制备得到 zein/GA 纳米颗粒的粒径为 187nm，PDI 为 0.156。当溶液的 pH 值为 8.0 时，在 360W 超声条件下处理 5min，可以得到包埋大米硒肽 TSeMMM 的 zein@T/GA 纳米颗粒，粒径为 98.73nm，PDI 为 0.89，包埋效率最高达到 59.9%。氢键作用、疏水相互作用和静电排斥是影响 zein@T/GA 纳米颗粒形成的主要作用力，形成的 zein@T/GA 是均匀的球状体。

通过模拟胃肠消化实验，发现 zein@T/GA 在 120min 内对大米硒肽的累计释放率为 28.49%，在 120～240min 的释放率逐渐增加，到 240min 累计释放率为 76.43%，在 360min 时累计释放率达到了 80.69%。将 zein@T/GA 纳米颗粒溶液灌胃小鼠，发现小鼠组织中 Se 含量和 GSH 含量随纳米颗粒剂量变化呈不同程度的变化，其中血清中 Se 含量增加最多（0.744μg/kg），肝脏组织中 GSH 含量最多（70.38μmol/L）。zein@T/GA 纳米颗粒在体外消化过程中具有控释的效果，在肠道开始释放大米硒肽，提高了

TSeMMM 在小鼠体内的生物利用度。

将不同浓度的 zein@T/GA 纳米颗粒对免疫低下小鼠连续灌胃 21d，发现其可以改善小鼠的体重，增加脾脏指数和胸腺指数，其中高剂量组（121.4mg/kg）升高程度最显著。zein@T/GA 纳米颗粒可以上调 $CD3^+$、$CD4^+$、$CD4^+/CD8^+$的比例，其中中剂量组（60.7mg/kg）效果最好，可以上调 $CD4^+/CD8^+$的比例 47%，但各剂量纳米颗粒对 $CD8^+$的影响不显著。检测小鼠血清中免疫因子含量发现，高剂量组（121.4mg/kg）zein@T/GA 纳米颗粒可以显著促进血清中免疫因子 IL-6、IL-10、TNF-α、IFN-γ 的分泌，上调脾脏组织中 IL-10、TNF-α、IFN-γ 的 mRNA 表达。zein@T/GA 纳米颗粒可以提高肝脏组织中 GSH 的含量，高剂量组可以增加 158.99%，还能减轻肝脏细胞的炎性浸润和细胞水肿，促进细胞再生。zein@T/GA 纳米颗粒主要通过对免疫因子的调控，促进机体免疫功能的恢复，通过影响免疫细胞增殖分化和免疫器官发育而发挥调节作用。

参考文献

[1] Hong Y H, McClements D J. Formation of hydrogel particles by thermal treatment of β-lactoglobulin-chitosan complexes[J]. Journal of Agricultural and Food Chemistry, 2007, 55(14): 5653-5660.

[2] Chen Y, Xue J, Luo Y. Encapsulation of phloretin in a ternary nanocomplex prepared with phytoglycogen-caseinate-pectin via electrostatic interactions and chemical cross-linking[J]. Journal of Agricultural and Food Chemistry, 2020, 68(46): 13221-13230.

[3] Huang X, Huang X, Gong Y, et al. Enhancement of curcumin water dispersibility and antioxidant activity using core-shell protein-polysaccharide nanoparticles[J]. Food Research International, 2016, 87: 1-9.

[4] Chen S, Li Q, McClements D J, et al. Co-delivery of curcumin and piperine in zein-carrageenan core-shell nanoparticles: Formation, structure, stability and in vitro gastrointestinal digestion[J]. Food Hydrocolloids, 2020, 99: 105334.

[5] Jones O G, Decker E A, McClements D J. Formation of biopolymer particles by thermal treatment of β-lactoglobulin-pectin complexes[J]. Food Hydrocolloids, 2009, 23(5): 1312-1321.

[6] Xiong W, Ren C, Li J, et al. Characterization and interfacial rheological properties of nanoparticles prepared by heat treatment of ovalbumin-carboxymethylcellulose complexes[J]. Food Hydrocolloids, 2018, 82: 355-362.

[7] 朱益清. 溶菌酶/黄原胶纳米颗粒递送体系改善大米硒肽体外消化吸收特性的研究[D]. 南京：南京财经大学, 2021

[8] Wang J, Lian S, He X, et al. Selenium deficiency induces splenic growth retardation by deactivating the IGF-1R/PI3K/Akt/mTOR pathway[J]. Metallomics, 2018, 10(11): 1570-1575.

[9] 李晓旭, 张强, 武海棠, 黄晓华. 漆蜡乳液制备工艺的研究及其应用[J]. 应用化工, 2019, 48(05): 989-994.

[10] Shi X, Zou H, Sun S, et al. Application of high-pressure homogenization for improving the physicochemical, functional and rheological properties of myofibrillar protein[J]. International Journal of Biological Macromolecules, 2019, 138: 425-432.

[11] Luo X, Fan F, Sun X, et al. Effect of ultrasonic treatment on the stability and release of Selenium-containing peptide TSeMMM-encapsulated nanoparticles in vitro and in vivo[J]. Ultrasonics Sonochemistry, 2022, 83: 105923.

[12] Du Z, Liu J, Zhai J, et al. Fabrication of N-acetyl-l-cysteine and l-cysteine functionalized chitosan-casein nanohydrogels for entrapment of hydrophilic and hydrophobic bioactive compounds[J]. Food Hydrocolloids, 2019, 96: 377-384.

[13] Fang Y, Pan X, Zhao E, et al. Isolation and identification of immunomodulatory Selenium-containing peptides from selenium-enriched rice protein hydrolysates[J]. Food Chemistry, 2019, 275: 696-702.

[14] 王俊强, 孔祥珍, 华欲飞. 大豆肽钙螯合物的制备、稳定性及表征[J]. 中国油脂, 2019, 44(10): 46-50.

[15] 吴迪, 杜先锋. 醋蛋中 ACE 抑制肽的分离及其活性保护的研究[J]. 安徽农业大学学报, 2017, 44(05): 775-779.

[16] Pan X, Fang Y, Wang L, et al. Effect of enzyme types on the stability of oil-in-water emulsions formed with rice protein hydrolysates[J]. Journal of the Science of Food and Agriculture, 2019, 99(15): 6731-6740.

[17] Ren X, Wei X, Ma H, et al. Effects of a dual-frequency frequency-sweeping ultrasound treatment on the properties and structure of the zein protein[J]. Cereal Chemistry, 2015, 92(2): 193-197.

[18] Visentini F F, Ferrado J B, Perez A A, et al. Simulated gastrointestinal digestion of inclusion complexes based on ovalbumin nanoparticles and conjugated linoleic Acid[J]. Food & Function, 2019, 10(5): 2630-2641.

[19] 方勇, 夏季, 李红梅, 等. 基于体外模拟消化/Caco-2 细胞模型测定大米中铅的生物有效性[J]. 食品科学, 2016, 37(16): 199-204.

[20] Kaakoush N O. Insights into the role of erysipelotrichaceae in the human host[J]. Frontiers in Cellular and Infection Microbiology, 2015, 5.

[21] 姚晓慧, 陈绍占, 刘丽萍, 等. 高效液相色谱-电感耦合等离子体质谱法分析人血清中的硒形态[J]. 质谱学报, 2022, 43(3): 381-388.